"十四五"职业教育国家规划教材

 "十二五"职业教育国家规划教材 修订版

经全国职业教育教材审定委员会审定

高职高专"十三五"电子信息类专业系列教材

机械工业出版社精品教材

传感器与自动检测技术

第 3 版

主　编　张玉莲
副主编　宋双杰
参　编　王宏军　王　莹　陈　伟　李　颖
主　审　曲　波

U0379510

机械工业出版社

本书是高职高专"十三五"系列教材,"十二五"职业教育国家规划教材修订版。全书共分14章,主要介绍了传感器的基本知识,力、压力、温度、位移、物位、光电式、磁电式、波式、生物、化学物质、机器人等传感器的基本工作原理及其在工业生产和日常生活中的应用,传感器输出信号的处理技术,传感器的标定以及传感器的发展展望,传感器的综合应用——小制作,最后实战演练介绍了常见参数的检测方法。全书主要根据被测参数进行分类讲解,以便于使用者根据被测参数选取相应的传感器。

本书可作为高职高专院校电气自动化、机电一体化、楼宇智能化、仪器仪表、计算机控制以及电子与信息技术类等专业用书;由于教材中各章节具有一定的独立性,所以其他有关专业如数控、机械、汽车、航空电子等专业也可根据需要选用不同章节。本书亦可供从事检测、控制等方面的工程技术人员参考。

为方便教学,本书配有免费电子课件、章后习题解答和模拟试卷及答案,凡选用本书作为授课教材的老师均可来电索取,咨询电话:010-88379375。Email:cmpgaozhi@sina.com。

图书在版编目(CIP)数据

传感器与自动检测技术/张玉莲主编. —3 版. —北京:机械工业出版社,2020.1(2024.8 重印)

"十二五"职业教育国家规划教材 经全国职业教育教材审定委员会审定 高职高专"十三五"电子信息类专业系列教材 机械工业出版社精品教材

ISBN 978-7-111-63815-5

Ⅰ.①传… Ⅱ.①张… Ⅲ.①传感器—高等职业教育—教材 ②自动检测—高等职业教育—教材 Ⅳ.①TP212②TP274

中国版本图书馆 CIP 数据核字(2019)第 213196 号

机械工业出版社(北京市百万庄大街22 号 邮政编码100037)
策划编辑:于 宁 责任编辑:于 宁
责任校对:张晓蓉 封面设计:陈 沛
责任印制:邓 博
北京华宇信诺印刷有限公司印刷
2024 年 8 月第 3 版第 23 次印刷
184mm×260mm · 18 印张 · 446 千字
标准书号:ISBN 978-7-111-63815-5
定价:49.00 元

电话服务 网络服务
客服电话:010-88361066 机 工 官 网:www.cmpbook.com
010-88379833 机 工 官 博:weibo.com/cmp1952
010-68326294 金 书 网:www.golden-book.com
封底无防伪标均为盗版 机工教育服务网:www.cmpedu.com

关于"十四五"职业教育
国家规划教材的出版说明

为贯彻落实《中共中央关于认真学习宣传贯彻党的二十大精神的决定》《习近平新时代中国特色社会主义思想进课程教材指南》《职业院校教材管理办法》等文件精神，机械工业出版社与教材编写团队一道，认真执行思政内容进教材、进课堂、进头脑要求，尊重教育规律，遵循学科特点，对教材内容进行了更新，着力落实以下要求：

1. 提升教材铸魂育人功能，培育、践行社会主义核心价值观，教育引导学生树立共产主义远大理想和中国特色社会主义共同理想，坚定"四个自信"，厚植爱国主义情怀，把爱国情、强国志、报国行自觉融入建设社会主义现代化强国、实现中华民族伟大复兴的奋斗之中。同时，弘扬中华优秀传统文化，深入开展宪法法治教育。

2. 注重科学思维方法训练和科学伦理教育，培养学生探索未知、追求真理、勇攀科学高峰的责任感和使命感；强化学生工程伦理教育，培养学生精益求精的大国工匠精神，激发学生科技报国的家国情怀和使命担当。加快构建中国特色哲学社会科学学科体系、学术体系、话语体系。帮助学生了解相关专业和行业领域的国家战略、法律法规和相关政策，引导学生深入社会实践、关注现实问题，培育学生经世济民、诚信服务、德法兼修的职业素养。

3. 教育引导学生深刻理解并自觉实践各行业的职业精神、职业规范，增强职业责任感，培养遵纪守法、爱岗敬业、无私奉献、诚实守信、公道办事、开拓创新的职业品格和行为习惯。

在此基础上，及时更新教材知识内容，体现产业发展的新技术、新工艺、新规范、新标准。加强教材数字化建设，丰富配套资源，形成可听、可视、可练、可互动的融媒体教材。

教材建设需要各方的共同努力，也欢迎相关教材使用院校的师生及时反馈意见和建议，我们将认真组织力量进行研究，在后续重印及再版时吸纳改进，不断推动高质量教材出版。

机械工业出版社

前　言

本书是高职高专"十三五"系列教材。本书从使用者的角度出发，对高职高专学生坚持**"理论联系实际，以技术应用为主"**；着眼于提高高职高专学生的应用能力和解决实际问题的能力，使学生在学完本课程后，能成为适应生产、建设、管理、服务第一线需要的，能够掌握传感器与检测技术的基本知识，具有较高素质的高等技术应用性专门人才。

本书简单介绍了工业常用传感器的工作原理、测量转换电路，着重介绍传感器的应用。在取材方面，参照了国内、国外大量先进的测量技术，收集了各种先进的测试产品技术资料，融理论与实践于一体，保证了知识的先进性与前沿性。压缩了大量的理论推导，突出了高职高专教材的实用性。本书语言简洁、精炼，通俗易懂。在 2009 年陕西省普通高等学校优秀教材评比中获得了优秀教材一等奖。2014 年被评为"十二五"职业教育国家规划教材，经全国职业教育教材审定委员会审定。

针对目前学生社会经验比较缺乏，对检测知识认识上的不足，本次修订在第 2 版的基础上增加、更换了大量的图片，进一步用图形配合文字来增加学生的感知力。打造互联网＋新形态教材的理念，15 个图形增加了扫二维码观看动画演示，形象地演示工作过程，提高学生的学习兴趣与理解力。加强数字化资源建设，增加了多个微课视频。第 2 章增加了电涡流效应在电磁炉中的应用；第 3 章辐射测温做了更新；第 5 章增加了条形码的阅读与识别、光纤液位传感器、声光双控照明灯等内容；第 6 章增加了霍尔压力传感器；第 7 章增加了超声波用于高效清洗、微波天线；对多普勒雷达测速、多普勒天气雷达、多普勒测量流体速率等内容做了深入解析；第 14 章对超声波测距做了细化。其他各章节也做了一定的更新与解析，使知识更加贴近生活，提高读者阅读兴趣与理解力。

全书共分 14 章。参考学时为 60～104 学时，其中实验学时 44 学时。第 1 章介绍传感器的基本知识；第 2 章～第 10 章分别介绍了力、压力传感器，温度传感器，位移、物位传感器，光电式传感器，磁电式传感器，波式传感器，生物传感器，化学物质传感器，机器人传感器；第 11 章介绍了传感器输出信号的处理技术；第 12 章介绍了传感器的标定和传感器的发展展望；第 13 章介绍了传感器的综合应用——小制作；第 14 章为实战演练——常见参数的检测，详细介绍了针对本书各章节的传感器的实验。全书主要根据被测参数进行分类讲解，以便于使用者根据被测参数选取相应的传感器。

　　本书由西安航空职业技术学院张玉莲教授担任主编并统稿，其中，第1、4、7、13、14章由张玉莲编写；第2、3章由西安航空职业技术学院宋双杰编写；第5、6章由西安航空职业技术学院宋双杰与山东职业学院李颖编写；第8、9章由烟台职业学院王莹编写；第10章由四川信息职业技术学院陈伟编写；第11、12章及附录由西安航空职业技术学院王宏军编写。这次的修订工作参阅了大量的国内外相关资料，调研了部分企事业单位，力求使全书的内容保持前沿性、先进性。各章的修订全部由张玉莲、宋双杰老师来完成。全书由苏州大学曲波担任主审。主审以高度的责任心审阅了全文，提出了许多宝贵意见，此外，还得到悉尼科技大学博士生导师汪建国研究员的指导，在此一并表示衷心感谢。

　　由于传感器技术发展较快，检测技术涉及的知识面较广，加之作者的水平有限，所以在编写中难免有遗漏和不妥之处，恳请广大读者提出宝贵意见。请您将意见或建议发到邮箱：zylian999@126.com，或微信联系：13772117670，以便和广大读者及时交流与探讨。

编　者

目　录

第1章 传感器的基本知识

学习目的

1) 掌握传感器的概念及组成。
2) 熟悉传感器的分类方法。
3) 了解传感器的命名方法。
4) 掌握传感器的一般特性。

传感器的
基本知识

1.1 传感器的作用与地位

人类的发展经历了漫长的岁月，在人类漫长的发展过程中，充满了惊险和坎坷。人类要生存和发展，就避免不了与自然界接触，就要有能力应对自然的变化。适应自然变化的前提就是认识自然、从而达到利用自然和改造自然。

世界是由物质组成的，各种事物都是物质的不同形态。人们为了从外界获得信息，必须借助于感觉器官。人的"五官"——眼、耳、鼻、舌、皮肤分别具有视、听、嗅、味、触觉等直接感受周围事物变化的功能，人的大脑对"五官"感受到的信息进行加工、处理，从而调节人的行为活动。

人们在研究自然现象、规律以及生产活动中，有时需要对某一事物的存在与否作定性了解，有时需要进行大量的实验测量以确定对象的量值的确切数据，所以单靠人的自身感觉器官的功能是远远不够的，需要借助于某种仪器设备来完成，这种仪器设备就是传感器。传感器是人类"五官"的延伸，是信息采集系统的首要部件。

表征物质特性及运动形式的参数很多，根据物质的电特性，可分为电量和非电量两类。电量一般是指物理学中的电学量，例如电压、电流、电阻、电容及电感等；非电量则是指除电量之外的一些参数，例如压力、流量、尺寸、位移量、重量、力、速度、加速度、转速、温度、浓度及酸碱度等。人类为了认识物质及事物的本质，需要对物质特性进行测量，其中大多数是对非电量的测量。

非电量不能直接使用一般的电工仪表和电子仪器进行测量，因为一般的电工仪表和电子仪器只能测量电量，要求输入的信号为电信号。非电量需要转化成与其有一定关系的电量，再进行测量，实现这种转换技术的器件就是传感器。传感器是获取自然或生产中信息的关键器件，是现代信息系统和各种装备不可缺少的信息采集工具。采用传感器技术的非电量电测方法，就是目前应用最广泛的测量技术。

随着科学技术的发展，传感器技术、通信技术和计算机技术构成了现代信息产业的三大支柱产业，分别充当信息系统的"感官""神经"和"大脑"，它们构成了一个完整的自动检测系统。在利用信息的过程中，首先要解决的问题就是获取可靠、准确的信息，而传感器精度的高低直接影响计算机控制系统的精度，可以说没有性能优良的传感器，就没有现代化技术的发展。

1.2 传感器的应用与发展

传感器几乎渗透到所有的技术领域，如工业生产、宇宙开发、海洋探索、环境保护、资源利用、医学诊断、生物工程和文物保护等领域，并逐渐深入到人们的生活中。如在机器人的技术发展中，传感器采用与否及采用数量的多少是衡量机器人是否具有智能的标志，现代智能机器人因为采用了大量性能更好的、功能更强的、集成度更高的传感器，才使得其具有自我诊断、自我补偿、自我学习等能力，机器人通过传感器实现类似于人的知觉作用。传感器被称为机器人的"电五官"。

在航空、航天技术领域，仅阿波罗 10 号飞船就使用了数千个传感器对 3 295 个测量参数进行监测。在兵器领域中，使用了诸如机械式、压电、电容、电磁、光纤、红外、激光、生物、微波等传感器，以实现对周围环境的监测与目标定位信息的收集，从而更好地实现了安全、可靠的防卫能力。

在民用工业生产中，传感器也起着至关重要的作用，如一座大型炼钢厂就需要 2 万多台传感器和检测仪表；大型的石油化工厂需要 6 千多台传感器和检测仪表；一部现代化汽车需要 90 多个传感器；一台复印机需要 20 多个传感器；日常生活中的电冰箱、洗衣机、电饭煲、音像设备、电动自行车、空调器、照相机、电热水器、报警器等家用电器都安装了传感器；在医学上，人体的体温、血压、心脑电波及肿瘤等的准确诊断与监测都需要借助各种传感器来完成。

当今信息时代，随着电子计算机技术的飞速发展，自动检测、自动控制技术显露出非凡的能力，传感器是实现自动检测和自动控制的首要环节；是物联网、大数据等感知技术的基础和数据来源。没有传感器对原始信息进行精确可靠的捕获和转换，就没有现代化的自动检测和自动控制系统；没有传感器就没有现代科学技术的迅速发展。

自 1980 年以来，世界传感器的产值年增长率达 15%~30%，1985 年世界传感器市场的年产值为 50 亿美元，1990 年为 155 亿美元，2010 年突破 825 亿美元，产品达 2 万多种。预计到 2025 年，全球传感器市场将达到万亿级。传感器的发展及应用势如破竹，不可阻挡，它是衡量一个国家经济发展及现代化程度的重要标志。

1.3 传感器的定义与组成

1.3.1 传感器的定义

传感器的作用是将被测量转换成与其有一定关系的易于处理的电量，它获得的信息正确与否，直接关系到整个系统的准确度。依照中华人民共和国国家标准（GB/T 7665—2005 传感器通用术语）的规定，传感器的定义是："能感受（或响应）规定的被测量并按照一定的规律转换成可用输出信号的器件或装置"。

这一定义包含了 4 个方面的含义：①传感器是测量装置，能完成测量任务；②它的输入量是某一被测量，可能是物理量、化学量、生物量等；③它的输出量是某一物理量，这种量要便于传输、转换、处理和显示等，这就是所谓的"可用信号"的含义；④输出与输入有一定的对应关系，这种关系要有一定的规律。根据字义可以理解传感器为一感二传，即感受信息并传递出去。

1.3.2　传感器的组成

传感器通常由敏感元器件、转换元器件、转换电路及辅助电源组成，如图 1-1 所示。其中敏感元器件是指传感器中能直接感受或响应被测量的部分；转换元器件是指传感器中能将敏感元器件感受或响应的被测量转换成适于传输或测量的电信号部分。转换电路是把转换元器件输出的电信号变换为便于处理、显示、记录、控制和传输的可用电信号。其电路的类型视转换元器件的不同而

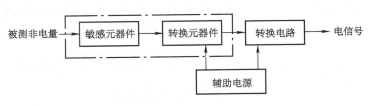

图 1-1　传感器组成框图

定，经常采用的有电桥电路和其他特殊电路，例如高阻抗输入电路、脉冲电路和振荡电路等。辅助电源提供转换能量，有的传感器需要外加电源才能工作，例如应变片组成的电桥、差动变压器等；有的传感器则不需要外加电源便能工作，例如压电晶体等。

图 1-2 所示为电感式压力传感器结构简图。当被测压力 p 变化时，膜盒上半部产生位移变化，通过测杆带动铁心在线圈中上下移动，从而使线圈产生感应电动势，再通过转换电路进行放大整形等处理，输出与被测压力 p 成比例的直流电压

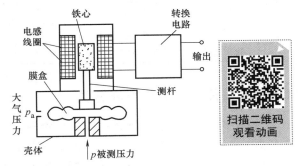

图 1-2　压力传感器结构简图

信号。在这个传感器测量系统中，膜盒为敏感元器件，它将压力转换成位移。线圈为转换元器件，它将位移转换为电信号的变化。

应该指出的是，并不是所有的传感器必须包括敏感元器件和转换元器件。如果敏感元器件直接输出的是电量，它就同时兼为转换元器件；如果转换元器件能直接感受被测量而输出与之成一定关系的电量，它就同时兼为敏感元器件。例如压电晶体、热电偶、热敏电阻及光敏器件等。敏感元器件与转换元器件两者合二为一的传感器是很多的。

1.4　传感器的分类

根据某种原理设计的传感器可以同时测量多种非电物理量，而有时一种非电物理量又可以用几种不同的传感器来测量。因而传感器有许多分类方法，但常用的分类方法有两种，一种是按被测物理量来分，另一种是按传感器的工作原理来分。

1.4.1　按被测物理量分类

这种方法是根据被测量的性质进行分类，如温度传感器、湿度传感器、压力传感器、位

移传感器、流量传感器、液位传感器、力传感器、加速度传感器及转矩传感器等。

这种分类方法把种类繁多的被测量分为基本被测量和派生被测量。例如力可视为基本被测量,从力可派生出压力、重量、应力和力矩等派生被测量。当需要测量这些被测量时,只要采用力传感器就可以了。了解基本被测量和派生被测量的关系,对于系统使用何种传感器是很有帮助的。

常见的非电基本被测量和派生被测量见表1-1。这种分类方法的优点是比较明确地表达了传感器的用途,便于使用者根据其用途选用。其缺点是没有区分每种传感器在转换机理上有何共性和差异,不便于使用者掌握其基本原理及分析方法。

表1-1 基本被测量和派生被测量

基本被测量		派生被测量	基本被测量		派生被测量
位移	线位移	长度、厚度、应变、振动、磨损、平面度	力	压力	重量、应力、力矩
	角位移	旋转角、偏转角、角振动	时间	频率	周期、记数、统计分布
速度	线速度	速度、振动、流量、动量	温度		热容、气体速度、涡流
	角速度	转速、角振动、角动量	光		光通量与密度、光谱分布
加速度	线加速度	振动、冲击、质量	湿度		水分、水气、露点
	角加速度	角振动、转矩、转动惯量			

1.4.2 按传感器工作原理分类

这种分类方法是以工作原理划分,将物理、化学、生物等学科的原理、规律和效应作为分类的依据。这种分类的优点是对传感器的工作原理表达得比较清楚,而且类别少,有利于传感器专业工作者对传感器进行深入的研究分析。其缺点是不便于使用者根据用途选用。具体划分如下。

1. 电学式传感器

电学式传感器是应用范围较广的一种传感器,常用的有电阻式传感器、电容式传感器、电感式传感器、电磁式传感器及电涡流式传感器等。

电阻式传感器是利用变阻器将被测非电量转换成电阻信号的原理制成的。电阻式传感器一般有电位器式、触点变阻式、电阻应变片式及压阻式等。电阻式传感器主要用于位移、压力、力、应变、力矩、气体流速、液位和液体流量等参数的测量。

电容式传感器是利用改变极板间几何尺寸或改变介质的性质和含量,从而使电容量发生变化的原理制成的。电容式传感器主要用于压力、位移、液体、厚度及水分含量等参数的测量。

电感式传感器是利用改变磁路几何尺寸、磁体位置来改变线圈的电感或互感,或利用压磁效应原理制成的。电磁式传感器主要用于位移、压力、力、振动及加速度等参数的测量。

磁电式传感器是利用电磁感应原理,把被测非电量转换成电量而制成。磁电式传感器主要用于流量、转速和位移等参数的测量。

电涡流式传感器是利用金属导体在磁场中运动,在金属内形成涡流的原理而制成。电涡流式传感器主要用于位移及厚度等参数的测量。

2. 磁学式传感器

磁学式传感器是利用铁磁物质的一些物理效应而制成的。磁学式传感器主要用于位移、转矩等参数的测量。

3. 光电式传感器

光电式传感器在非电量电测及自动控制技术中占有重要的地位。它是利用光电器件的光电效应和光学原理制成的。光电式传感器主要用于发光强度、光通量、位移和浓度等参数的测量。

4. 电动势型传感器

电动势型传感器是利用热电效应、光电效应及霍耳效应等原理而制成的。电动势型传感器主要用于温度、磁通量、电流、速度、光通量及热辐射等参数的测量。

5. 电荷型传感器

电荷型传感器是利用压电效应原理而制成的，主要用于力及加速度的测量。

6. 半导体型传感器

半导体型传感器是利用半导体的压阻效应、内光电效应、电磁效应及半导体与气体接触产生物质变化等原理而制成的。半导体型传感器主要用于温度、湿度、压力、加速度、磁场和有害气体的测量。

7. 谐振式传感器

谐振式传感器是利用改变电或机械固有参数来改变谐振频率的原理而制成的，主要用来测量压力。

8. 电化学式传感器

电化学式传感器是以离子导电原理为基础而制成的。根据其电特性的形成不同，电化学式传感器可分为电位式传感器、电导式传感器、电量式传感器、极谱（极化）式传感器和电解式传感器等。电化学式传感器主要用于分析气体成分、液体成分、溶于液体的固体成分、液体的酸碱度、电导率及氧化还原电位参数的测量。

除了上述两种分类方法外，还有按能量的关系分类，将传感器分为有源传感器和无源传感器；有源传感器指的是直接由被测对象输入能量使其工作，例如热电偶温度计，压电式加速度计等。无源传感器指的是从外部供给能量并由被测量控制外部供给能量的变化，例如电阻应变片传感器。按敏感元件与被测对象之间的能量关系可以分为物性型和结构型，物性型是依靠敏感元件材料本身物理性质的变化来实现信号变换，如水银温度计。结构型是依靠传感器结构参数的变化实现信号转变，如传声器等。按输出信号的性质分类，将传感器分为模拟式传感器和数字式传感器。数字式传感器输出为数字量，便于与计算机连接，且抗干扰性较强，例如盘式角度数字传感器、光栅传感器等。

本书主要按被测量分类编写，适当加以工作原理的分析，重点讲述各种传感器的应用，使读者学会使用传感器。

1.5　传感器的命名及代号

1.5.1　传感器命名法的构成

一种传感器产品的名称，应由主题词及 4 级修饰语构成。

（1）主题词　传感器。

（2）第 1 级修饰语　被测量，包括修饰被测量的定语。

（3）第2级修饰语　转换原理，一般可后续以"式"字。

（4）第3级修饰语　特征描述，指必须强调的传感器结构、性能、材料特征、敏感元器件及其他必须的性能特征，一般可后续以"型"字。

（5）第4级修饰语　主要技术指标（量程、准确度、灵敏度等）。

本命名法在有关传感器的统计表格、图书索引、检索以及计算机汉字处理等特殊场合使用。

例1：传感器，绝对压力，应变式，放大型，1~3500kPa。

例2：传感器，加速度，压电式，±20g。

要注意的是并不是每种传感器都必须包含四级修饰语！

在技术文件、产品样书、学术论文、教材及书刊的陈述句子中，作为产品名称应采用与上述相反的顺序。

例3：1~3500kPa放大型应变式绝对压力传感器。

例4：±20g压电式加速度传感器。

在侧重传感器科学研究的文献、报告及有关教材中，为方便对传感器进行原理及其分类的研究，允许只采用第2级修饰语，省略其他各级修饰语。

1.5.2　传感器代号的标记方法

一般规定用大写汉语拼音字母和阿拉伯数字构成传感器的完整代号。传感器的完整代号应包括以下4个部分：①主称（传感器）；②被测量；③转换原理；④序号。4部分代号格式为

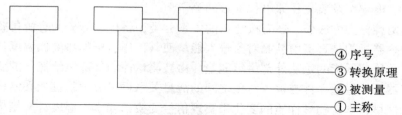

④ 序号
③ 转换原理
② 被测量
① 主称

在被测量、转换原理、序号3部分代号之间有连字符"–"连接。

例5：应变式位移传感器，代号为CWY–YB–10。

例6：光纤压力传感器，代号为CY–GQ–1。

例7：温度传感器，代号为CW–01A。

例8：电容式加速度传感器，代号为CA–DR–2。

有少数代号用其英文的第一个字母表示，如加速度用"A"表示。

1.6　传感器的基本特性

在生产和科学实验中，要对各种各样的参数进行检测和控制，就要求传感器能感受被测非电量的变化并不失真地变换成相应的电量，这主要取决于传感器的基本特性，即输入–输出特性。传感器的基本特性通常可分为静态特性和动态特性。静态特性是指被测量不随时间变化或随时间变化缓慢时输入与输出间的关系。动态特性是指被测量随时间快速变化时传感

器输入与输出间的关系。

传感器作为感受被测量信息的器件，总是希望它能按照一定的规律输出有用的信号，因此需要研究其输入-输出之间的关系及特性，以便用理论指导其设计、制造、校准与使用。在理论和技术上表征输入-输出之间的关系通常是建立数学模型，这也是研究科学问题的基本出发点。

1.6.1　传感器的静态特性

1. 传感器的静态数学模型

静态数学模型是指在静态信号作用下，传感器输出量与输入量之间的一种函数关系。如果不考虑迟滞特性和蠕动效应，传感器的静态数学模型一般可用 n 次多项式来表示为

$$y = a_0 + a_1 x + a_2 x^2 + \cdots + a_n x^n \tag{1-1}$$

式中，x 是输入量，即被测量；y 是传感器的理论输出量；a_0 是零输入时的输出，也叫零位输出；a_1 是传感器线性项系数也称线性灵敏度，常用 K 或 S 表示；a_2，$\cdots$，a_n 是非线性项系数，其数值由具体传感器非线性特性决定；$n = 0$，1，2，$\cdots$

传感器静态数学模型有 4 种有用的特殊形式：

（1）理想的线性特性　其线性度最好，通常是所有传感器都希望具有的特性，只有具备这样的特性才能准确无误地反映被测量的真值。其数学模型为

$$y = a_1 x \tag{1-2}$$

具有该特性的传感器，其特性曲线是一条通过原点的直线，如图 1-3a 所示。其灵敏度为直线 $y = a_1 x$ 的斜率，其中 a_1 为常数。

（2）线性特性　当 $a_2 = a_3 = \cdots = a_n = 0$，$a_0 \neq 0$ 时，特性曲线是一条不过原点的直线，如图 1-3b 所示，这是线性传感器的特性。其数学模型为

$$y = a_0 + a_1 x \tag{1-3}$$

（3）仅有偶次非线性项　其线性范围较窄，线性度较差，灵敏度为相应曲线的斜率，特性曲线对 Y 轴对称，如图 1-3c 所示。一般传感器设计很少采用这种特性。其数学模型为

$$y = a_0 + a_2 x^2 + a_4 x^4 + \cdots + a_{2n} x^{2n}, \quad n = 0, 1, 2, \cdots \tag{1-4}$$

（4）仅有奇次非线性项　其线性范围较宽，且特性曲线相对坐标原点对称，如图 1-3d 所示。线性度较好，灵敏度为该曲线的斜率。其数学模型为

$$y = a_0 + a_1 x + a_3 x^3 + \cdots + a_{2n+1} x^{2n+1}, \quad n = 0, 1, 2, \cdots \tag{1-5}$$

具有这种特性的传感器使用时应采取线性补偿措施。

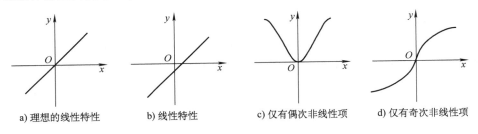

a) 理想的线性特性　　b) 线性特性　　c) 仅有偶次非线性项　　d) 仅有奇次非线性项

图 1-3　传感器典型静态特性曲线

2. 传感器的静态性能指标

传感器的静态特性主要由线性度、灵敏度、重复性、迟滞、分辨力和阈值、稳定性、漂移、测量范围和量程等几种性能指标来描述。

（1）线性度　线性度是传感器输出量与输入量之间的实际关系曲线偏离理论拟合直线的程度，又称非线性误差。通常用相对误差表示其大小，线性度可用式(1-6)表示为

$$e_L = \pm \frac{\Delta_{max}}{\bar{y}_{F.S}} \times 100\% \tag{1-6}$$

式中，Δ_{max} 是实际曲线与拟合直线之间的最大偏差；$\bar{y}_{F.S}$ 是满量程输出平均值，$\bar{y}_{F.S} = \bar{y}_{max} - \bar{y}_0$；$\bar{y}_{max}$ 是最大输出平均值；$\bar{y}_0$ 是最小输出平均值。

需要指出的是：线性度是以拟合直线作为基准来确定的，拟合方法不同，线性度的大小也不同，常用的拟合方法有理论直线法、端点连线法、割线法、最小二乘法等。其中端点连线法简单直观，应用比较广泛，但没有考虑所有测量数据的分布，拟合精度较低。最小二乘法拟合精度最高，但计算繁琐，需要借助计算机来完成。图 1-4 所示为不同拟合直线的线性度。

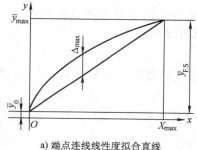 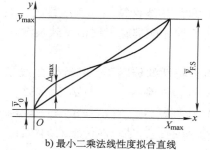

a) 端点连线线性度拟合直线　　　　　　b) 最小二乘法线性度拟合直线

图 1-4　传感器的线性度

（2）灵敏度　灵敏度是指传感器在稳态下，输出增量与输入增量的比值。对于线性传感器，其灵敏度就是它的静态特性曲线的斜率，如图 1-5a 所示，其中

$$K = \frac{\Delta y}{\Delta x} \tag{1-7}$$

对于非线性传感器，其灵敏度是一个随工作点而变的变量，它是特性曲线上某一点切线的斜率。如图 1-5b 所示，其表达式为

$$K = \frac{\mathrm{d}y}{\mathrm{d}x} \tag{1-8}$$

K 值越大，表示传感器越灵敏。

（3）重复性　重复性是传感器在输入量按同一方向作全量程多次测试时，所得特性曲线不一致的程度，如图 1-6 所示。图中 Δ_{max1} 和 Δ_{max2} 分别为正、反行程多次测试的最大不重复误差，多次测试的曲线越重合，其重复性越好。重复性误差可用式(1-9)计算

$$e_R = \pm \frac{\Delta_{max}}{\bar{y}_{F.S}} \times 100\% \qquad \Delta_{max} = \max(\Delta_{max1}, \Delta_{max2}) \tag{1-9}$$

式中，Δ_{max} 是输出最大不重复误差；$\bar{y}_{F.S}$ 是满量程输出平均值。

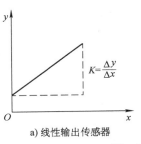

a) 线性输出传感器

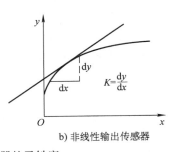

b) 非线性输出传感器

图 1-5　传感器的灵敏度

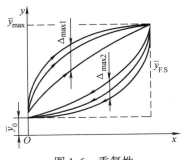

图 1-6　重复性

重复性误差反映的是校准数据的离散程度，属随机误差，按上述方法计算就不太合理。由于测量次数不同，其最大偏差也不一样。因此一般按标准偏差来计算重复性误差，其表达式为

$$e_R = \pm \frac{(2 \sim 3)\sigma_{max}}{\overline{y}_{F.S}} \times 100\% \tag{1-10}$$

式中，σ_{max} 是全部校准点正、反行程输出值标准偏差中的最大值。

标准偏差常用贝塞尔公式计算：

$$\sigma = \sqrt{\frac{\sum_{i=1}^{n} (y_i - \overline{y}_i)^2}{n-1}} \tag{1-11}$$

式中，y_i 是某校准点的输出值；$\overline{y}_i$ 是在第 i 个校准点上输出量的平均值；n 是测量次数。

传感器输出特性的不重复性主要由传感器的机械部分的磨损、间隙、松动、部件的内摩擦、积尘、电路老化、工作点漂移等原因产生。

（4）迟滞　迟滞是传感器在正向行程（输入量增大）和反向行程（输入量减小）期间，输出-输入特性曲线不一致的程度，如图 1-7 所示。也就是说，对于同一大小的输入信号，传感器正反行程的输出信号大小不相等。在行程中同一输入量 x_i 对应的不同输出量 y_i、y_d 的差值叫滞环误差，最大滞环误差用 Δ_{max} 表示，它与满量程输出值的比值称迟滞误差，用 e_H 表示，则

$$e_H = \frac{\Delta_{max}}{\overline{y}_{F.S}} \times 100\% \quad \text{或} \quad e_H = \pm \frac{\Delta_{max}}{2\overline{y}_{F.S}} \times 100\% \tag{1-12}$$

迟滞反映了传感器机械部分不可避免的缺陷，如轴承摩擦、间隙、螺钉松动、元器件腐蚀或碎裂、材料内摩擦、积尘等。

（5）分辨力和阈值　实际测量时，传感器的输入输出关系不可能保持绝对连续。有时输入量开始变化了，但输出量并不立刻随之变化，而是在输入量变化到某一程度时输出才突然产生一小的阶跃变化。实际上传感器的特性曲线并不是十分平滑，而是呈阶梯形变化的，如图 1-8 所示。传感器的分辨力是指在规定测量范围内所能检测的输入量的最小变化量 Δ_{min}。有时也用该值相对满量程输入值的百分数表示，称为分辨率。

对于数字仪表而言，指示数字的最后一位数字所代表的值就是它的分辨力，当被测量的变化小于分辨力时，仪表的最后一位数字保持不变。分辨力是一个可反映传感器能否精密测

量的性能指标，既可用输入量来表示，也可用输出量来表示。造成传感器具有有限分辨力的因素很多，如机械运动造成的干摩擦和卡塞等。

阈值通常又称为死区、失灵区、灵敏限、灵敏阈、钝感区，是输入量由零变化到使输出量开始发生可观变化的输入量的值，如图1-8中的Δ值。

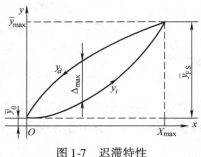

图1-7　迟滞特性

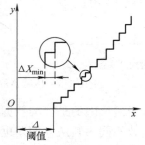

图1-8　分辨力和阈值

（6）稳定性　稳定性有短期稳定性和长期稳定性之分。传感器常用长期稳定性表示，它是指在室温条件下，经过相当长的时间间隔，如一天、一月或一年，传感器的输出与起始标定时的输出之间的差异。通常又用其不稳定度来表征其输出的稳定度。

（7）漂移　传感器的漂移是指在外界的干扰下，输出量发生与输入量无关的、不需要的变化。漂移包括零点漂移和灵敏度漂移。零点漂移和灵敏度漂移又可分为时间漂移和温度漂移。时间漂移是指在规定的条件下，零点或灵敏度随时间而缓慢变化的情况；温度漂移指因环境温度变化而引起的零点或灵敏度的变化。

（8）测量范围和量程　传感器所能测量的最大被测量（输入量）的数值称为测量上限，最小被测量的数值称为测量下限，上限与下限之间的区间，则称为测量范围。测量范围可能是单向的（只有正向与负向）、也可能是双向的、双向不对称的和无零值的等。测量上限与下限的代数差称为量程。例如：

1）测量范围为0 ~ +10N，量程为10N。

2）测量范围为 -20 ~ +20℃，量程为40℃。

3）测量范围为 -5 ~ +10g，量程为15g。

4）测量范围为100 ~1000Pa，量程为900Pa。

通过测量范围，可以知道传感器的测量上限与下限，以便正确使用传感器；通过量程，可以知道传感器的满量程输入值，而其对应的满量程输出值，乃是决定传感器性能的一个重要数据。

1.6.2　传感器的动态特性

1. 传感器的动态数学模型

在实际测量中，大多数被测量是随时间变化的动态信号。传感器的动态数学模型是指在随时间变化的动态信号作用下，传感器输出量与输入量间的函数关系，它通常称为响应特性。动态数学模型一般采用微分方程和传递函数来描述。

（1）微分方程　绝大多数传感器都属于模拟（连续变化信号）系统，描述模拟系统的一般方法是微分方程。对于线性系统的动态响应研究，可将传感器作为线性定常（时间不变）

系统来考虑，因而其动态数学模型可以用线性常系数微分方程来表示，其通式为

$$a_n \frac{d^n y}{dt^n} + a_{n-1} \frac{d^{n-1} y}{dt^{n-1}} + \cdots + a_1 \frac{dy}{dt} + a_0 y = b_m \frac{d^m x}{dt^m} + b_{m-1} \frac{d^{m-1} x}{dt^{m-1}} + \cdots + b_1 \frac{dx}{dt} + b_0 x \qquad (1-13)$$

式中，$a_0, a_1, \cdots, a_n$ 和 $b_0, b_1, \cdots, b_m$ 分别是与传感器的结构有关的常数；t 是时间；y 是输出量 $y(t)$；x 是输入量 $x(t)$。

对于复杂的系统，其微分方程的建立和求解都是很困难的。但是一旦求出微分方程的解就能得知其暂态响应和稳态响应。数学上常采用拉普拉斯变换将实数域的微分方程变成复数域（S 域）的代数方程，求解代数方程就容易多了。另外，也可采用传递函数的方法研究传感器的动态特性。

（2）传递函数　动态特性的传递函数在线性定常系统中是初始条件为 0 时，系统输出量的拉氏变换与输入量的拉氏变换之比。

由数学理论知，如果当 $t \leqslant 0$ 时，$y(t) = 0$，则 $y(t)$ 的拉普拉斯变换可定义为

$$Y(S) = \int_0^\infty y(t) e^{-st} dt \qquad (1-14)$$

式中，$S = \sigma + j\omega$，$\sigma > 0$。

对式（1-13）两边取拉普拉斯变换，得

$$Y(s)(a_n s^n + a_{n-1} s^{n-1} + \cdots + a_0) = X(s)(b_m s^m + b_{m-1} s^{m-1} + \cdots + b_0)$$

则系统的传递函数 $H(s)$ 为

$$H(s) = \frac{Y(s)}{X(s)} = \frac{b_m s^m + b_{m-1} s^{m-1} + \cdots + b_0}{a_n s^n + a_{n-1} s^{n-1} + \cdots + a_0} \qquad (1-15)$$

传递函数 $H(s)$ 表达了检测系统本身固有的动态特性，与输入无关，而只与系统结构参数有关。条件是当 $t \leqslant 0$ 时，$y(t) = 0$，即传感器被激励之前所有储能元件如质量块、弹性元件、电气元件均没有积存能量。这样只要给出一个激励 $x(t)$，得到系统对 $x(t)$ 的响应 $y(t)$，由它们的拉普拉斯变换就可以确定系统的传递函数 $H(s)$。对于多环节串联或并联组成的传感器或检测系统，如果各环节阻抗匹配适当，就可略去相互之间的影响，总的传递函数可由各环节传递函数相乘或相加求得。当传感器比较复杂的基本参数未知时，可以通过实验求得传递函数。

2. 动态特性

在动态（快速变化）的输入信号作用下，要求传感器不仅能精确地测量信号的幅值大小，而且能测量出信号变化的过程。这就要求传感器能迅速准确地响应和再现被测信号的变化。也就是说，传感器要有良好的动态特性。具体研究传感器的动态特性时，通常从时域和频域两方面采用阶跃响应法和频率响应法来分析。最常用的是几种特殊的输入时间函数，例如阶跃信号和正弦信号。以阶跃信号作为系统的输入、研究系统输出波形的方法称为阶跃响应法；以正弦信号作为系统的输入、研究系统稳态响应的方法称为频率响应法。

（1）阶跃响应特性（时域）　给传感器输入一个单位阶跃函数信号

$$x(t) = \begin{cases} 0 & t \leqslant 0 \\ 1 & t > 0 \end{cases} \qquad (1-16)$$

其输出特性称为阶跃响应特性。表征阶跃响应特性的主要技术指标有：时间常数、延迟时间、上升时间、峰值时间、最大超调量和响应时间等，如图 1-9 和图 1-10 所示。

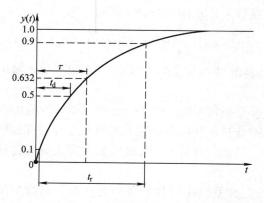

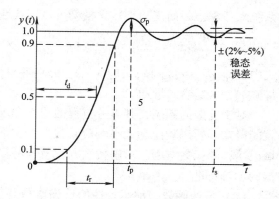

图 1-9　一阶传感器阶跃响应特性　　　　　图 1-10　二阶传感器阶跃响应特性

阶跃响应的动态性能指标的含义如下：

1）时间常数 τ：一阶传感器阶跃响应曲线由零上升到稳态值的 63.2% 所需要的时间。

2）延迟时间 t_d：阶跃响应曲线达到稳态值的 50% 所需要的时间。

3）上升时间 t_r：阶跃响应曲线从稳态值的 10% 上升到 90% 所需要的时间。

4）峰值时间 t_p：阶跃响应曲线上升到第一个峰值所需要的时间。

5）最大超调量 σ_p：阶跃响应曲线偏离稳态值的最大值，常用百分数表示，能说明传感器的相对稳定性。

6）响应时间 t_s：阶跃响应曲线逐渐趋于稳定，到与稳态值之差不超过 ±（2%~5%）所需要的时间，也称过渡过程时间。

（2）频率响应特性　给传感器输入各种频率不同而幅值相同、初相位为零的正弦信号 $x(t) = A\sin\omega t$，其输出的正弦信号的幅值和相位与频率之间的关系 $y(t) = B\sin(\omega t + \phi)$，称为频率响应特性。也就是在稳态下 B/A 幅值比和相位 ϕ 随 ω 而变化的状态，如图 1-11 所示。将 $s = j\omega$ 代入式（1-15）中，传递函数 $H(s)$ 变为 $H(j\omega)$，可得系统的频率响应特性为

$$H(j\omega) = \frac{Y(j\omega)}{X(j\omega)} = \frac{Be^{j(\omega t + \phi)}}{Ae^{j\omega t}} = \frac{B}{A}e^{j\phi} = |H(j\omega)| \underline{/\phi(\omega)} \tag{1-17}$$

式中，$\dfrac{B}{A} = |H(j\omega)|$ 是幅频特性；$\phi(\omega)$ 是相频特性。

式（1-17）表明，在任何频率 ω 下，$H(j\omega)$ 的幅值在数值上等于 B/A，幅角 ϕ 则是输出滞后于输入的角度。

传感器的频率响应特性参数如下。

1）带宽频率 $\omega_{0.707}$：传感器在对数幅频特性曲线上幅值衰减 3dB 时所对应的频率范围，如图 1-12 所示。

2）工作频带 $\omega_{0.95}$（或 $\omega_{0.90}$）：当传感器幅值误差为 ±5%（或 ±10%）时其增益保持在一定值内的频率范围。

3）固有频率 ω_n：二阶传感器系统无阻尼自然振荡频率。

4）跟随角 $\phi_{0.707}$：当 $\omega = \omega_{0.707}$ 时，对应相频特性上的相位角即为跟随角。

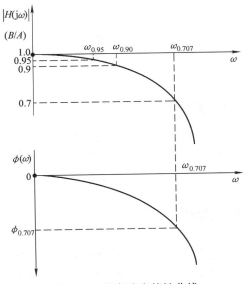

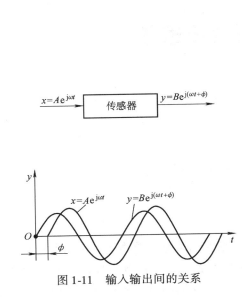

图 1-11　输入输出间的关系

图 1-12　频率响应特性曲线

习　题

1. 简述传感器的概念、作用及组成。

2. 传感器的分类有哪几种？各有什么优缺点？

3. 传感器是如何命名的？其代号包括哪几部分？在各种文件中如何应用？

4. 传感器的静态性能指标有哪些？其含义是什么？

5. 传感器的动态特性主要从哪两方面来描述？采用什么样的激励信号？其含义是什么？

第2章 力、压力传感器

学习目的

1) 了解力的概念及力的测量原理。
2) 掌握常用力、压力传感器的测量原理。
3) 熟悉应变式、压电式、电容式、电感式等传感器的应用。

2.1 概述

力是物体之间的一种相互作用。物体之间相互作用的结果是：使物体产生变形；在物体内产生应力、应变；同时也可以改变物体的机械运动状态；或改变物体所具有的动能和势能。力是一种非电物理量，不能用电工仪表直接测量，需要借助某一装置将力转换为电量进行测量，能实现这一功能的装置就是力传感器。力传感器主要由力敏感元件、转换元件和测量、显示电路组成，如图 2-1 所示。

图 2-1　力传感器测量示意图

力的计量单位为牛顿，国际单位制规定，使 1kg 质量的物体产生 $1m/s^2$ 加速度的力称为 1 牛顿，即为 $1N = 1kg \cdot m/s^2$。

力的测量所依据的原理是力的静力效应和动力效应。力的静力效应是指弹性物体受力后产生变形的一种物理现象。由胡克定律 $F = kx$ 知：在弹性范围内，弹性物体在力的作用下产生的变形(x)，与所受的力(F)成正比(k 为弹性元件的劲度系数)。因此，只要通过一定的手段测出物体的弹性变形量，就可间接确定物体所受力的大小。力的动力效应是指具有一定质量的物体受到力的作用时，其动量将发生变化，从而产生相应加速度的物理现象。由牛顿第二定律 $F = ma$ 可知：当物体质量(m)确定后，物体受到的力(F)与所产生的加速度(a)成单值对应关系。只要测出物体的加速度，就可间接测得物体所受力的大小。

由此可见，测量力的方法有多种，从力-电变换原理来看，有电阻式(电位器式、电阻应变片式)、电感式(自感式、互感式、涡流式)、电容式、压电式、压磁式和压阻式等。其中大多需要弹性敏感元件或其他敏感元件的转换。

力传感器在生产、生活和科学实验中广泛用于测力和称重。例如在钢铁工业生产中，安装在大型轧钢机上的力传感器，可以测定轧制力，并提供进轧与自动控制钢板厚度的信号；在运输行业中，安装在滑车和大型吊车上的力传感器，一方面可以实现自称重，另一方面可以在超重时发出报警信号，避免事故发生；在桥梁建设工程中，测力传感器可以检测斜拉桥上的斜拉绳的应变，以便调节钢丝绳的长度，使各绳受力均匀；在航空、航天等科学技术领域，力传感器常用于自动控制、自动检测系统。

2.2 弹性敏感元件

弹性敏感元件把力或压力转换为应变或位移，然后再由转换电路将应变或位移转换为电信号。弹性敏感元件是力传感器中一个关键性部件，应具有良好的弹性、足够的精度，应保证长期使用下和温度变化时的稳定性。

2.2.1 弹性敏感元件的特性

1. 刚度

刚度是弹性元件在外力作用下变形大小的量度，反映弹性元件抵抗变形的能力，一般用 k 表示为

$$k = \frac{\mathrm{d}F}{\mathrm{d}x} \tag{2-1}$$

式中，F 是作用在弹性元件上的外力；x 是弹性元件产生的变形。

2. 灵敏度

灵敏度是指弹性敏感元件在单位力作用下产生变形的大小，在弹性力学中称为弹性元件的柔度。它是刚度的倒数，用 K 表示为

$$K = \frac{\mathrm{d}x}{\mathrm{d}F} \tag{2-2}$$

在测控系统中希望 K 是常数。

3. 弹性滞后

实际的弹性元件在加载卸载的正反行程中变形曲线是不重合的，这种现象称为弹性滞后现象，它会给测量带来误差，如图 2-2 所示。

弹性滞后的原因：弹性元件在工作过程中分子间存在内摩擦。当比较两种弹性材料时，应统一用加载变形曲线或统一用卸载变形曲线来比较，这样才有可比性。

4. 弹性后效

当载荷从某一数值变化到另一数值时，弹性元件的变形不是立刻完成，而是要经过一定的时间间隔后才逐渐完成相应的变形，这种现象称为弹性后效，如图 2-3 所示。

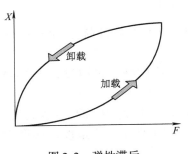

图 2-2　弹性滞后

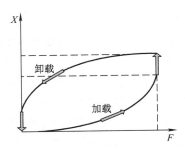

图 2-3　弹性后效

弹性后效造成的结果：由于弹性后效的存在，弹性敏感元件的变形始终不能迅速跟上力的变化，在动态测量时将引起测量误差。造成这一现象的原因是由于弹性敏感元件中的分子

间存在内摩擦。

5. 固有振荡频率

弹性敏感元件都有自己的固有振荡频率 f_0，它将影响传感器的动态特性。传感器的工作频率应避开弹性敏感元件的固有振荡频率，往往希望 f_0 较高。

在实际选用和设计弹性敏感元件时，常遇到弹性敏感元件特性之间相互矛盾、相互制约的问题。因此必须根据测量的对象和要求综合考虑，在满足主要要求的条件下兼顾次要特性。

2.2.2 弹性敏感元件的分类

弹性敏感元件在形式上可分为两类，即力转换为应变或位移的变换力的弹性敏感元件和压力转换为应变或位移的变换压力的弹性敏感元件。

1. 变换力的弹性敏感元件

常用的变换力的弹性敏感元件有实心圆柱式、空心圆柱式、矩形柱式、等截面圆环式、等截面悬臂梁、变截面悬臂梁和扭转轴等，如图2-4所示。

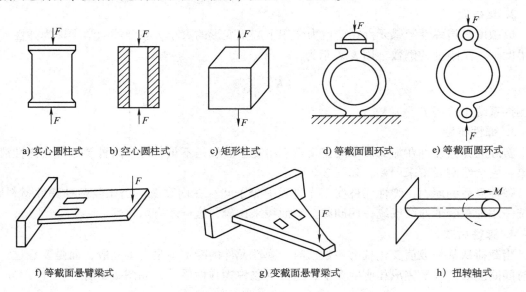

a) 实心圆柱式　　b) 空心圆柱式　　c) 矩形柱式　　d) 等截面圆环式　　e) 等截面圆环式

f) 等截面悬臂梁式　　　　　g) 变截面悬臂梁式　　　　　h) 扭转轴式

图2-4　变换力的弹性敏感元件

（1）圆柱式　圆柱式弹性敏感元件，根据截面形状可分为实心圆柱及空心圆柱等，如图2-4a、b所示。

特点：结构简单，可承受较大的载荷，便于加工，实心圆柱形可测量大于10kN的力，空心圆柱形可测量 1～10kN 的力，且应力变化均匀。

（2）圆环式　圆环式弹性敏感元件比圆柱式输出的位移量大，因而具有较高的灵敏度，适用于测量较小的力。但它的工艺性较差，加工时不易得到较高的精度，如图2-4d、e所示。

由于圆环式弹性敏感元件各变形部位应力不均匀，采用应变片测力时，应将应变片贴在其应变最大的位置上。

（3）悬臂梁式 悬臂梁弹性敏感元件如图 2-4f、g 所示。它的一端固定，一端自由，结构简单，加工方便，应变和位移较大，适用于测量 1~5kN 的力。

图 2-4f 为等截面悬臂梁，梁上各处的变形大小不同，不便于粘贴应变片。

图 2-4g 为变截面悬臂梁（也称等强度悬臂梁），梁上各处的截面不等，但沿整个长度方向上各处的应变相等，便于粘贴应变片。

（4）扭转轴式 扭转轴是一个专门用来测量扭矩的弹性元件。扭矩是一种力矩，其大小用转轴与作用点的距离和力的乘积来表示，如图 2-4h 所示。扭转轴弹性敏感元件主要用来制作扭矩传感器，它利用扭转轴弹性体把扭矩变换为角位移，再把角位移变换为电信号输出。

2. 变换压力的弹性敏感元件

变换压力的弹性敏感元件是将流体（气体、液体）的压力转换为应变或位移的弹性敏感元件，主要有弹簧管、波纹管、波纹膜片、膜盒、薄壁圆筒、薄壁半球等，如图 2-5 所示。

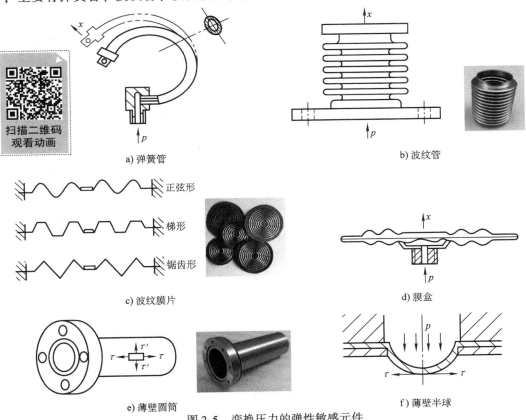

a) 弹簧管　　　　　　　　　　　　　　b) 波纹管

c) 波纹膜片　　　　　　　　　　　　　d) 膜盒

e) 薄壁圆筒　　　　　　　　　　　　　f) 薄壁半球

图 2-5　变换压力的弹性敏感元件

（1）弹簧管 弹簧管又叫布尔登管，它常弯成各种形状的空心管，管子的截面形状有许多种，但使用最多的是 C 形薄壁空心管，如图 2-5a 所示。

C 形弹簧管的一端密封但不固定，成为自由端，另一端连接在管接头上且固定。当流体压力通过管接头进入弹簧管后，在压力 p 作用下，弹簧管的横截面力图变成圆形截面，截面的短轴力图伸长，使弹簧管趋向伸直，一直伸展到管弹力与压力的作用相平衡为止。这样自由端便产生了位移，通过测量位移的大小，可得到压力的大小。

使用弹簧管时应注意以下两点：

① 静止压力测量时，不得高于最高标称压力的 2/3；动态压力测量时，要低于最高标称压力的 1/2。

② 对于腐蚀性流体等特殊测量对象，要了解弹簧管使用的材料能否满足使用要求。

（2）波纹管　波纹管是许多同心环状皱纹的薄壁圆管。波纹管的轴向在流体压力作用下极易变形，有较高的灵敏度，如图 2-5b 所示。

在变形允许范围内，管内压力与波纹管的伸缩力成正比，利用这一特性，可以将压力转换为位移量。

波纹管主要用作测量和控制压力的弹性敏感元件，由于其灵敏度高，常用作小压力和差压测量中。

（3）波纹膜片和膜盒　平膜片在压力或力作用下位移量小，因而常把平膜片加工制成具有环状同心波纹的圆形薄膜，这就是波纹膜片，如图 2-5c 所示。膜片的厚度在 0.05 ~ 0.3mm 之间，波纹的高度在 0.7 ~ 1mm 之间，以保证线性度好、灵敏度高及各种误差小，膜片的常用材料是锡青铜。

膜片中心有一个平面，可焊上一块金属片，便于同其他部件连接。当膜片两面受到不同压力时，膜片弯向压力低的一面，其中心产生位移。

为了增加位移量，常将两个膜片焊接在一起组成膜盒，如图 2-5d 所示。它的位移是单个膜片的两倍，提高了输出灵敏度。

膜片和膜盒多用于动态压力测量。

（4）薄壁圆筒　薄壁圆筒弹性敏感元件的结构如图 2-5e 所示。薄壁圆筒弹性敏感元件的灵敏度取决于圆筒的半径和壁厚，而与圆筒长度无关。

当筒内腔受流体压力时，筒壁均匀受力，并均匀向外扩张，所以在筒壁的轴线方向产生拉伸力和应变。筒壁厚通常为 0.07 ~ 0.12mm。

2.3　电阻应变式传感器

电阻应变式传感器是一种利用电阻材料的应变效应，将工程结构件的内部变形转换为电阻变化的传感器，此类传感器主要是在弹性元件上通过特定工艺粘贴电阻应变片来组成。通过一定的机械装置将被测量转化为弹性元件的变形，然后由电阻应变片将变形转换为电阻的变化，再通过测量电路进一步将电阻的变化转换为电压或电流信号输出。可用于能转化为变形的各种非电物理量的检测，如力、压力、加速度、力矩、重量等，在机械加工、计量、建筑测量等行业应用十分广泛。

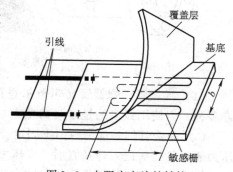

图 2-6　电阻应变片的结构

2.3.1　电阻应变片的结构

电阻应变片的作用是把导体的机械应变转换为电阻变化。电阻应变片的典型结构如图 2-6 所示。由敏感栅、基底、覆盖层和引线等部分组成。敏感栅由直径为 0.01~0.05mm、高电阻系数的细丝弯曲而成栅状，它实际上是一个电阻元件，是电阻应变片感受构件应变的敏感部分。用粘接剂将敏感栅牢固地粘贴在绝缘基底上，两端通过引线引出，丝栅上面再粘贴一层绝缘保护膜。基底的作用应能保证将构件上的应变准确地传递到敏感栅上去，因此必须做得很薄，一般为 0.03~0.06mm，使它能与试件及敏感栅牢固地粘接在一起。另外基底还应有良好的绝缘性能、抗潮性能和耐热性能。

图中 l 为应变片的工作基长，b 为应变片的基宽，$l \times b$ 为应变片的有效使用面积。应变片规格一般是以有效使用面积和敏感栅的电阻值来表示的，如 $3 \times 100\text{mm}^2$、120Ω、350Ω 等。

测试时，将应变片用粘接剂牢固地粘贴在被测试件的表面上，随着试件受力变形，应变片的敏感栅也获得同样的变形，从而使其电阻值随之发生变化，而此电阻的变化是与试件应变成比例的，因此如果通过一定的测量线路将这种电阻的变化转换为电压或电流的变化，然后再用显示记录仪表将其显示记录下来，就能

图 2-7 电阻应变片的测试与原理图

求得被测试件应变量的大小。其原理图如图 2-7 所示。

在工程结构(如车辆、船舶、飞机、发动机、桥梁、建筑物、机械设备等)的设计、制造和使用中，为了验证理论计算结果，选定设计方案，分析破坏原因，对产品强度进行鉴定等，除了理论计算外，还必须用实验的方法进行实际应力测量。利用电阻应变片测量工程结构中的应力，是多种实验应力方法中最广泛采用的一种。它具有分辨率高、误差小、尺寸小、重量轻、测量范围大、可测量快速交变的应力、能在各种严酷环境中工作、便于传输和记录、价格低廉、品种多样、便于选择和使用等优点。

2.3.2 电阻应变片的分类

电阻应变片品种繁多，按其敏感栅不同可分为丝式应变片、箔式应变片和半导体应变片三大类，如图 2-8 所示；按使用温度可分为低温、常温、中温及高温应变片；按用途可分为单向力测量应变片、平面应力分析应变片(应变花)及各种特殊用途应变片等。应变片的结构及形状如图 2-9 所示。

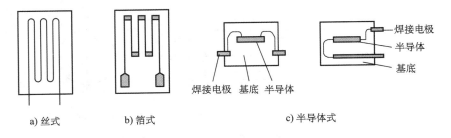

a) 丝式   b) 箔式   c) 半导体式

图 2-8 电阻应变片的类型

2.3.3 电阻应变片的工作原理

电阻应变片式传感器是利用金属和半导体材料的"应变效应"进行工作的。金属和半

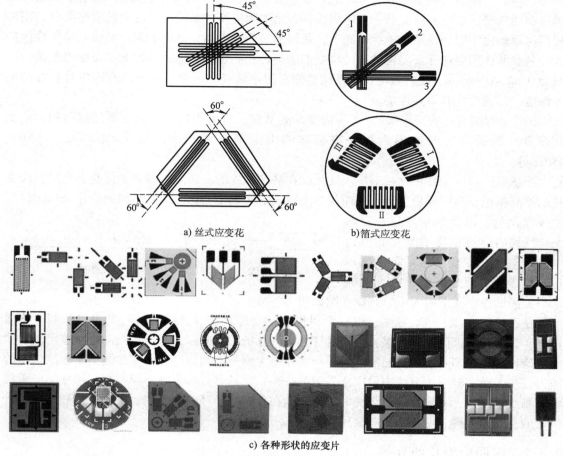

a) 丝式应变花   b)箔式应变花

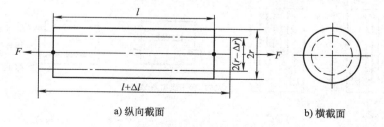

c) 各种形状的应变片

图 2-9 应变片的结构及形状

导体材料的电阻值随它承受的机械变形大小而发生变化的现象就称为"应变效应"。

如图 2-10 所示，当电阻丝受到拉力 F 时，其阻值发生变化。材料电阻值的变化，一是因受力后材料几何尺寸发生了变化；二是因受力后材料的电阻率也发生了变化。

a) 纵向截面   b) 横截面

图 2-10 金属电阻丝的应变效应

根据电阻的定义，有

$$R = \rho \frac{l}{A} = \rho \frac{l}{\pi r^2} \tag{2-3}$$

式中，ρ 是电阻丝的电阻率（$\Omega\cdot m$）；l 是电阻丝的长度（m）；A 是电阻丝截面积（m^2）；r 是电阻丝半径（m）。

当导体因某种原因产生应变时，其长度 l、截面积 A 和电阻率 ρ 的变化为 $\mathrm{d}l$、$\mathrm{d}A$、$\mathrm{d}\rho$，相应的电阻变化为 $\mathrm{d}R$。对式（2-3）全微分，得电阻变化率 $\mathrm{d}R/R$ 为

$$\frac{\mathrm{d}R}{R} = \frac{\mathrm{d}l}{l} - 2\frac{\mathrm{d}r}{r} + \frac{\mathrm{d}\rho}{\rho} \tag{2-4}$$

式中，$\dfrac{\mathrm{d}l}{l} = \varepsilon$ 为材料的轴向应变，$\dfrac{\mathrm{d}r}{r} = \varepsilon'$ 为材料的径向应变。由材料力学得 $\varepsilon' = -\mu\varepsilon$，$\mu$ 为电阻丝材料的泊松比，即横向收缩与纵向伸长之比，由此可得

$$\frac{\mathrm{d}R}{R} = \left(1 + 2\mu + \frac{\mathrm{d}\rho/\rho}{\varepsilon}\right)\varepsilon = k_0\varepsilon \tag{2-5}$$

式中，$1 + 2\mu$ 表示电阻丝几何尺寸形变所引起的变化——几何效应；$\dfrac{\mathrm{d}\rho/\rho}{\varepsilon}$ 表示材料的电阻率 ρ 随应变所引起的变化——压阻效应。这是由于材料发生变化时，其自由电子的活动能力和数量均发生了变化的缘故；k_0 是金属材料的灵敏度系数，表示单位应变所引起的电阻相对变化。不同的材料，k_0 也不相同。k_0 是通过实验求得的，一般为常数。金属导体 k_0 主要取决于其几何效应，k_0 取 $1.7 \sim 3.6$。

由式（2-5）可知，在金属电阻丝的拉伸极限内，电阻的相对变化与应变成正比。从而可以通过测量电阻的变化，得知金属材料应变的大小。

当我们将金属丝做成电阻应变片后，电阻-应变特性与金属单丝是不同的，实验证明，电阻的相对变化 $\dfrac{\Delta R}{R}$ 与应变 ε 的关系在很大范围内仍然有很好的线性关系，即

$$\frac{\Delta R}{R} = k\varepsilon \tag{2-6}$$

式中，k 为电阻应变片的灵敏系数，其值恒小于金属单丝的灵敏度系数 k_0。究其原因，除了应变片使用时胶体粘贴传递变形失真外，另一重要原因是由于存在着所谓横向效应的缘故。

2.3.4　电阻应变片的测量电路

电阻应变片传感器输出电阻的变化较小，一般为 $5 \times 10^{-4} \sim 10^{-1}\Omega$，要精确地测量出这些微小电阻的变化，常采用桥式测量电路。根据电桥电源的不同，电桥可分为直流电桥和交流电桥，可采用恒压源或恒流源供电。由于直流电桥比较简单，交流电桥原理与它相似，所以我们只分析直流电桥的工作原理。

1. 恒压源供电的直流电桥的工作原理

图 2-11a 所示为恒压源供电的直流电桥的测量电路。其特点是，当被测量无变化时，电桥平衡，输出为零。当被测量发生变化时，电桥平衡被打破，有电压输出，输出的电压与被测量的变化成比例。电桥的输出电压为

$$U_\mathrm{o} = U_\mathrm{ba} - U_\mathrm{da} = \frac{R_1 R_3 - R_2 R_4}{(R_1 + R_2)(R_3 + R_4)}U_\mathrm{i} \tag{2-7}$$

当输出电压为零时，电桥平衡，因此有

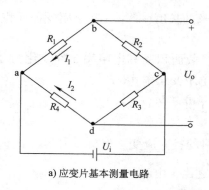

a) 应变片基本测量电路

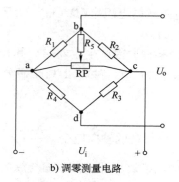

b) 调零测量电路

图 2-11　恒压源供电的直流电桥测量电路

$$R_1 R_3 - R_2 R_4 = 0 \quad 或 \quad \frac{R_1}{R_4} = \frac{R_2}{R_3} \tag{2-8}$$

式(2-8)为电桥平衡条件。

为了获得最大的电桥输出，在设计时常使 $R_1 = R_2 = R_3 = R_4 = R$(称为等臂电桥)。当 4 个桥臂电阻都发生变化时，电桥的输出为

$$U_o = \frac{U_i}{4}\left(\frac{\Delta R_1}{R_1} - \frac{\Delta R_2}{R_2} + \frac{\Delta R_3}{R_3} - \frac{\Delta R_4}{R_4}\right) = \frac{kU_i}{4}(\varepsilon_1 - \varepsilon_2 + \varepsilon_3 - \varepsilon_4) \tag{2-9}$$

实际应用时，R_1、R_2、R_3、R_4 不可能严格成比例关系，所以即使在未受力时，桥路输出也不一定为零，因此一般测量电路都设有调零装置，如图 2-11b 所示。调节 RP 可使电桥达到平衡，输出为零。图中 R_5 是用于减小调节范围的限流电阻。

2. 恒流源供电的直流电桥的工作原理

图 2-12 所示为恒流源供电的直流电桥测量电路。电桥输出为

$$U_o = I_1 R_1 - I_2 R_4 = \frac{R_1 R_3 - R_2 R_4}{R_1 + R_2 + R_3 + R_4} I \tag{2-10}$$

同样当 $R_1 R_3 - R_2 R_4 = 0$ 或 $\frac{R_1}{R_4} = \frac{R_2}{R_3}$ 时电桥平衡。取 $R_1 = R_2 = R_3 = R_4 = R$(等臂电桥)。当桥臂电阻发生变化时，电桥有输出，输出大小与桥臂电阻变化成比例。

3. 电桥的类型

根据电桥工作桥臂的不同，分为单臂电桥、差动双臂电桥(半桥)、差动全桥 3 种类型。

图 2-12　恒流源供电的
直流电桥测量电路

(1) 单臂电桥　如图 2-13a 所示，电桥 4 个桥臂中只有一个为应变片，设 $\Delta R_1 = \Delta R$，$R_1 = R_2 = R_3 = R_4 = R$，此时电桥的输出电压为

$$U_o = \frac{1}{4}\frac{\Delta R}{R}U_i = \frac{1}{4}k\varepsilon U_i \tag{2-11}$$

(2) 差动双臂电桥(半桥)　如图 2-13b 所示，电桥的相邻两个桥臂为应变片工作桥臂，其中一个受拉，一个受压。桥臂电阻变化大小相等，方向相反，设均为 ΔR，则电桥的输出为

$$U_o = \frac{1}{2}\frac{\Delta R}{R}U_i = \frac{1}{2}k\varepsilon U_i \tag{2-12}$$

（3）差动全桥　如图 2-13c 所示，电桥的 4 个桥臂均为应变片工作桥臂，相邻两个桥臂其中一个受拉，一个受压。桥臂电阻变化大小相等，方向相反，设均为 ΔR，则电桥的输出为

$$U_o = \frac{\Delta R}{R} U_i = k\varepsilon U_i \qquad (2-13)$$

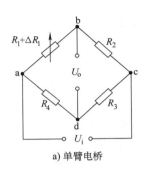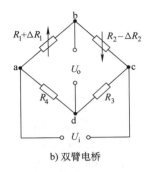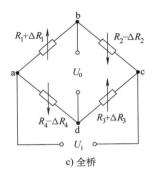

a) 单臂电桥　　　　　　　b) 双臂电桥　　　　　　　c) 全桥

图 2-13　电桥测量电路

由以上分析可知，双臂电桥输出灵敏度是单臂电桥的两倍，全桥输出是双臂电桥的两倍。并且采用双臂和全桥测量，可以补偿由于温度变化引起的测量误差。

2.3.5　应变片的温度误差及补偿

1. 应变片的温度误差

电阻应变片传感器是靠电阻值来度量应变的，所以希望它的电阻只随应变而变，不受任何其他因素影响。实际上，虽然用作电阻丝材料的铜、康铜温度系数很小，其温度系数 $\alpha = (2.5 \sim 5.0) \times 10^{-5}/{}^\circ\!C$，但与所测应变电阻的变化比较，仍属同一量级。如不补偿，会引起很大误差。这种由于测量现场环境温度的变化而给测量带来的误差，称之为应变片的温度误差。造成温度误差的原因主要有下列两个方面：

1）敏感栅的金属丝电阻本身随温度变化。

2）试件材料与应变片材料的线膨胀系数不一致，使应变片产生附加变形，从而造成电阻变化。

另外，温度变化也会影响粘接剂传递变形的能力，从而对应变片的工作特性产生影响，过高的温度甚至使粘接剂软化而使其完全丧失传递变形的能力，也会造成测量误差，但以上述两个原因为主。

2. 电阻应变片的温度补偿方法

应变片的温度补偿方法通常有两种，即线路补偿和应变片自补偿。

（1）线路补偿　最常用和效果较好的是电桥补偿法。测量时，在被测试件上安装工作应变片，而在另外一个不受力的补偿件上安装一个完全相同的应变片称补偿片，补偿件的材料与被测试件的材料相同，且使其与被测试件处于完全相同的温度场中，然后再将两者接入电桥的相邻桥臂上，如图 2-14 所示。当温度变化使测量片电阻变化时，补偿片电阻也发生同样变化，用补偿片的温度效应来抵消测量片的温度效应，输出信号也就不受温度影响。

图 2-14a 为单臂电桥，R_1 为测量片，贴在传感器弹性元件表面上，R_B 为补偿片，它贴

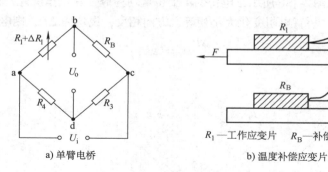

图 2-14 电桥补偿法

在不受应变作用的试件上，并放在弹性元件附近，R_3、R_4 为配接精密电阻，通常取 $R_1 = R_B$，$R_3 = R_4$，在不测应变时电路平衡，即 $R_1 \cdot R_3 = R_B \cdot R_4$，输出电压为零。当电阻由于温度变化由 R_1 变为 $(R_1 + \Delta R_1)$ 时，电阻 R_B 变为 $(R_B + \Delta R_B)$，由于 R_1 与 R_B 的温度效应相同，即 $(\Delta R_1 = \Delta R_B)$，所以温度变化后电路仍呈平衡，$(R_1 + \Delta R_1)R_3 = (R_B + \Delta R_B)R_4$，此时输出电压为零。

当 R_1 有应变时，将打破桥路平衡，产生输出电压，但其温度误差依然受到补偿。故输出只反应纯应变量的大小。

在实际传感器的测量中，多采用双臂电桥或全桥，其中一个(对)为正应变(受拉)，另一个(对)为负应变(受压)，如图 2-15 所示，并将其接在电桥两个相邻的桥臂上，如图 2-13b、c所示。这样的电路不但补偿了温度效应，而且可以得到较大的输出信号。

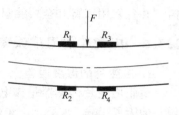

图 2-15 全桥补偿法

（2）应变片自补偿 这种补偿法是利用自身具有补偿作用的应变片(称之为温度自补偿应变片)来补偿的。这种自补偿应变片制造简单，成本较低，但必须在特定的构件材料上才能使用，不同材料试件必须用不同的应变片。

2.3.6 应变片的粘接剂及粘贴、固化和检查

应变片是通过粘接剂粘贴在试件上的。在测量应变时，粘接剂所形成的胶层起着非常重要的作用，它要正确无误地将试件的应变传递到敏感栅上。试验的成败往往取决于粘接剂的选用及粘贴方法是否正确。

1. 粘接剂的种类

常用的粘接剂可分为有机粘接剂和无机粘接剂两大类。有机粘接剂通常用于低温、常温和中温，无机粘接剂用于高温。选择时要根据基底材料、工作温度、潮湿程度、稳定性要求、加温加压的可能性和粘贴时间的长短等因素来考虑。主要粘接剂牌号有万能胶、501、502、914、509、J06-2、JSF-2、1720、J-12、30-14、GJ-14、LN-3、P10-6 等。

2. 应变片的粘贴、固化和检查

应变片的粘贴质量直接影响应变测量的精度。粘贴好的应变片应有一定的粘贴强度，才能准确地传递试件的变形，还要有一定的绝缘电阻，才能进行电阻的正确测量。具体粘贴工艺简述如下：

（1）试件表面的处理 粘贴之前，应先将试件表面清理干净，用细砂纸将试件表面打磨平整，再用丙酮、四氯化碳或氟利昂彻底清洗试件表面的灰尘、油渍，清理面积约为应变片的 3～5 倍。

（2）确定贴片位置 根据试验要求在试件上划线，以确定贴片的位置。

（3）粘贴 在清理完的试件表面上均匀涂刷一薄层粘接剂作为底层，待其干燥固化后，再在此底层及应变片基底的底面上均匀涂刷一薄层粘接剂，等粘接剂稍干，即将应变片贴在画线位置，用手指滚压，把气泡和多余的粘接剂挤出。

注意：应变片的底面也要清理。

（4）固化 粘贴好的应变片按规定压力、升降温度速率及保温时间等进行固化处理。

（5）稳定处理 粘接剂在固化过程中会膨胀和收缩，致使应变片产生残余应力。为使应变片的工作性能良好，还应进行一次稳定处理，称为后固化处理，即将应变片加温至比最高工作温度高 10～20℃，但不用加压。

（6）检查 经固化和稳定处理后，测量应变片的阻值，以检查贴片过程中敏感栅和引线是否损坏。另外还应测量引线和试件之间的绝缘电阻，一般情况下，绝缘电阻为 50MΩ 即可，对于高精度测量，则需在 2000MΩ 以上。

（7）引线的焊接与防护 应变片引线最好采用中间连接片引出，引线要适当固定，为了保证应变片工作的长期稳定性，应采取防潮、防水等措施，如在应变片及其引线上涂以石蜡、石蜡松香混合剂、环氧树脂、有机硅、清漆等保护层，或在试件上焊上金属箔，将应变片全部覆盖。

2.3.7 电阻应变片传感器的应用

1. 利用全桥电路测量桥梁的上下表面应变

如图 2-16 所示，将应变片对称地粘贴在桥梁的上下表面，设起始应变片的电阻 $R_1 = R_2 = R_3 = R_4 = R$，当桥梁上受到外力作用时，$R_1$、$R_3$ 与 R_2、R_4 感受到的应变绝对值相等、符号相反。每一应变片电阻变化为 ΔR，则电桥的输出为

$$U_o = \frac{\Delta R}{R} U_i = k\varepsilon U_i$$

从而测出桥梁的应变 ε。

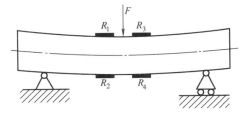

图 2-16 应变片测量桥梁应变示意图

2. 应变式力传感器

应变片和弹性敏感元件一起可以构成应变式力、压力、加速度等传感器。

应变式力传感器主要作为各种电子秤（约占 90%）和材料试验机的测力元件，或用于发动机的推力测试等。根据弹性元件的形状不同，可以制成柱式、环式和梁式等荷重和力传感器。图 2-17 所示为应变式力传感器制成的电子秤工作示意图。图 2-18 所示为荷重传感器上应变片工作示意图。荷重传感器上的应变片在重力作用下产生变形，轴向变短，径向变长。

3. 应变式压力传感器

应变式压力传感器主要用于液体、气体动态和静态压力的测量，如内燃机管道和动力设备管道的进气口、出气口气体和液体压力的测量，常与筒式、薄板式、膜片式等弹性元件组

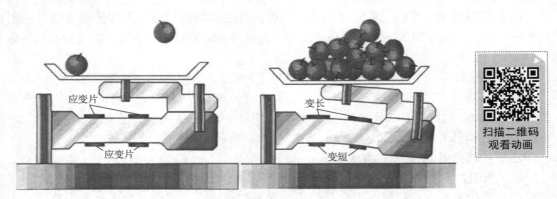

图 2-17　应变式力传感器制成的电子秤

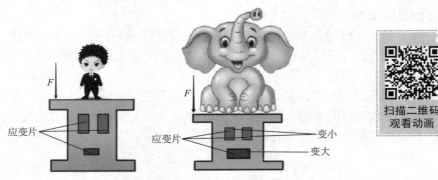

图 2-18　荷重传感器上应变片工作示意图

合。图 2-19 所示为平膜式弹性元件组成的压力传感器测量示意图。ε_r、ε_τ 分别为径向应变和切向应变。在平膜片的圆心处沿切向贴 R_1、R_3 两个应变片，在边缘处沿径向贴 R_2、R_4 两个应变片。要求 R_2、R_4 和 R_1、R_3 产生的应变大小相等、极性相反，以便接成差动全桥测量电路。

4. 应变式加速度传感器

图 2-20 所示为应变式加速度传感器。传感器由应变片、基座、弹性悬臂梁和质量块组成。

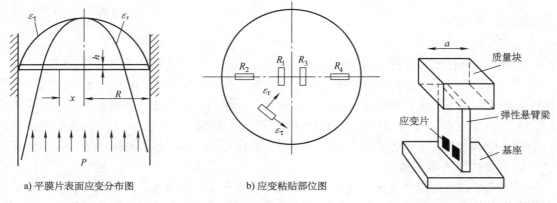

a) 平膜片表面应变分布图　　　　b) 应变粘贴部位图

图 2-19　平膜片式压力传感器测量示意图　　　图 2-20　应变式加速度传感器

测量时将其固定在被测物上，当被测物做水平加速度运动时，由于质量块的惯性（$F = ma$）使悬臂梁发生弯曲变形，通过应变片即可检测出悬臂梁的应变量。当振动频率小于传感器的固有振动频率时，悬臂梁的应变量与加速度成正比。

2.3.8　常见电阻应变式传感器

图 2-21 为常见电阻应变式传感器外形图。

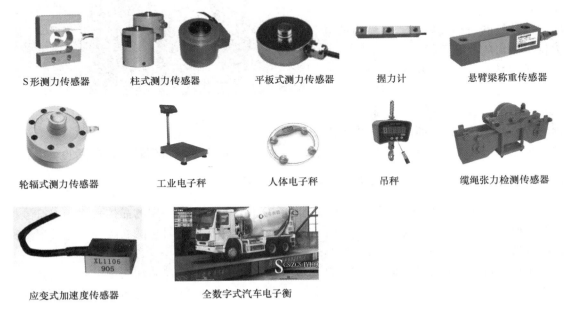

S 形测力传感器　　柱式测力传感器　　平板式测力传感器　　握力计　　悬臂梁称重传感器

轮辐式测力传感器　　工业电子秤　　人体电子秤　　吊秤　　缆绳张力检测传感器

应变式加速度传感器　　全数字式汽车电子衡

图 2-21　常见电阻应变式传感器外形图

2.4　压电式传感器

　　压电式传感器是一种典型的有源传感器，它以某些电介质的压电效应为基础，在外力作用下，材料受力变形时，其表面会有电荷产生，从而实现非电量检测的目的。压电传感元件是一种力敏感元件，凡是能够变换为力的物理量，如应力、压力、振动、加速度等，均可进行测量，但不能用于静态力测量。由于压电效应的可逆性，压电元件又常用作超声波的发射与接收装置。

　　自然界中与压电效应有关的现象很多。例如，在完全黑暗的环境中，用锤子敲击一块干燥的冰糖，可以看到在冰糖破碎的一瞬间，会发出蓝色闪光，这是强电场放电所产生的闪光，产生闪光的机理就是晶体的压电效应。又如，在敦煌的鸣沙丘，当许多游客在沙丘上蹦跳或从鸣沙丘上往下滑时，可以听到雷鸣般的隆隆声。产生这个现象的原因是无数干燥的沙粒（S_iO_2 晶体）在重压下引起振动，表面产生电荷，在某些时刻，恰好形成电压串联，产生很高的电压，并通过空气放电而发出声音。再如，在电子打火机中，多片串连的压电材料受到敲击，产生很高的电压，通过尖端放电，而点燃火焰。音乐贺卡中的发声就是利用压电片的逆压电效应。

发明家伊丽莎白·雷蒙德(Elizabeth Redmond)发明了"可以被转换城市人行道的概念POWERleap",他设计了一种压电板,如图2-22所示,利用压电技术将人们每天在城市中步行、跑步、蹦跳等一切活动产生的能量转换成电信号,让城市的每一个人都成为负责任的、可持续的自动发电器,为城市的电力供给做出应有的贡献。

压电传感器具有体积小、重量轻、工作频带宽、灵敏度及测量精度高等特点,又由于没有运动部件,因此结构坚固、可靠性和稳定性高。在各种动态

图2-22 产能人行道

力、机械冲击与振动测量,以及声学、医学、力学、宇航等领域得到越来越广泛的应用。

2.4.1 压电式传感器的工作原理——压电效应

某些晶体受一定方向外力作用而发生机械变形时,相应地在一定的晶体表面产生符号相反的电荷,外力去掉后,电荷消失,力的方向改变时,电荷的符号也随之改变,这种现象称为压电效应(正向压电效应),如图2-23a所示。

压电材料还具有与此效应相反的效应,即在电介质的极化方向施加交变电场,它会产生机械变形,当去掉外加电场,电介质变形随之消失,这种现象称为逆压电效应(电致伸缩效应),如图2-23b所示。

在自然界中大多数晶体都具有压电效应,但压电效应大多微弱。用于传感器的压电材料或元件可分为三类:一类是单晶压电晶体(如石英晶体)——天然存在;另一类是极化的多

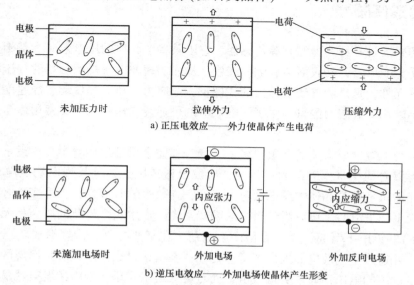

图2-23 压电效应示意图

晶压电陶瓷，如钛酸钡、锆钛酸钡——人工制造。第三类是高分子压电材料——近年来发展的新型材料。

1. 石英晶体的压电效应

石英晶体是一种应用广泛的压电晶体。它是二氧化硅单晶体，图 2-24 是天然石英晶体的外形图，它为规则的正六角棱柱体。石英晶体有 3 个相互垂直的晶轴：z 轴——光轴，它与晶体的纵轴线方向一致，该轴方向上没有压电效应；x 轴——电轴，它通过六面体相对的两个棱线并垂直于光轴，垂直于该轴晶面上的压电效应最明显；y 轴——机械轴，它垂直于两个相对的晶柱棱面，在电场作用下，沿此轴方向的机械变形最明显。

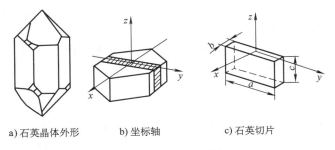

a) 石英晶体外形　　b) 坐标轴　　c) 石英切片

图 2-24　石英晶体结构

在正常情况下，石英晶体的每一个晶体单元中，有 3 个硅离子和 6 个氧离子，正负离子分布在正六边形的顶角上，当无外力作用时，正、负电荷中心重合，对外不显电性。当在 x 轴方向施加压力时，如图 2-25a 所示，各晶格上的带电粒子均产生相对位移，氧离子挤入两个硅离子之间，而硅离子也挤入两个氧离子之间，正电荷中心向 B 面移动，负电荷中心向 A 面移动，因而 B 面呈现正电荷，A 面呈现负电荷。当在 x 轴方向施加拉力时，

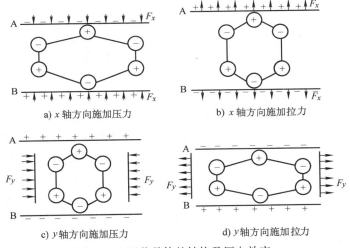

a) x 轴方向施加压力　　　　b) x 轴方向施加拉力

c) y 轴方向施加压力　　　　d) y 轴方向施加拉力

图 2-25　石英晶体的结构及压电效应

如图 2-25b 所示，各晶格上的带电粒子均沿 x 轴向外产生位移，因而 A 面呈现正电荷，B面呈现负电荷。在 y 轴方向施加压力时，如图 2-25c 所示，晶格沿 y 轴被向内压缩，A 面呈现正电荷，B 面呈现负电荷。在 y 轴方向施加拉力时，如图 2-25d 所示，晶格在 y 向被拉长，x 向缩短，B 面呈现正电荷，A 面呈现负电荷。若沿 z 轴方向施加力的作用时，由于硅离子和氧离子是对称地平移，故在表面没有电荷出现，因而不产生压电效应。这就是石英晶体压电效应产生的过程。

从晶体上沿 xyz 轴线切下一片平行六面体的薄片称为晶体切片，如图 2-24c 所示。当沿着 x 轴对压电晶片施加力时，将在垂直于 x 轴的表面上产生电荷，这种现象称为纵向压电效应。当沿着 y 轴施加力的作用时，电荷仍出现在与 x 轴垂直的表面上，这称之为横向压电效应。当沿着 z 轴方向受力时不产生压电效应。

纵向压电效应产生的电荷为

$$Q_{xx} = d_{xx}F_x \tag{2-14}$$

式中，Q_{xx} 是垂直于 x 轴平面上的电荷（C）；d_{xx} 是纵向压电系数，$d_{xx} = 2.3 \times 10^{-12} \, \mathrm{C/N}$；$F_x$ 是沿晶轴 x 方向施加的压力（N）。下标的含义为产生电荷的面的轴向及施加作用力的轴向。

由式（2-14）看出，当晶片受到 x 轴向的压力作用时，Q_{xx} 与作用力 F_x 成正比，而与晶片的几何尺寸无关。如果作用力 F_x 改为拉力时，则在垂直于 x 轴的平面上仍出现等量电荷，但极性相反。

如果沿 y 轴方向作用压力 F_y 时，电荷仍出现在与 x 轴相垂直的平面上，横向压电效应产生的电荷量为

$$Q_{xy} = d_{xy}\frac{a}{b}F_y \tag{2-15}$$

式中，Q_{xy} 是在垂直于 x 轴平面上的电荷；d_{xy} 是在垂直于 x 轴平面上产生电荷时的压电系数（称为横向压电系数）；F_y 是沿晶轴 y 方向施加的压力；a 是晶体切片的长度；b 是晶体切片的厚度。

根据石英晶体的对称条件 $d_{xy} = -d_{xx}$，所以有

$$Q_{xy} = -d_{xx}\frac{a}{b}F_y \tag{2-16}$$

石英晶体的介电常数和压电系数的温度稳定性相当好，其机械强度很高，绝缘性能也相当好，一般都作为标准传感器或高精度传感器中的压电元件，比压电陶瓷昂贵。

2. 压电陶瓷的压电效应

压电陶瓷是人工制造的一种多晶压电体，它由无数的单晶组成，各单晶的自发极化方向是任意排列的，如图 2-26a 所示。因此，虽然每个单晶具有强的压电性质，但组成多晶后，各单晶的压电效应却互相抵消了，所以，原始的压电陶瓷是一个非压电体，不具有压电效应。为了使压电陶瓷具有压电效应，就必须进行极化处理。所谓极化处理就是在一定的温度条件下，对压电陶瓷施加强电场，使极性轴转动到接近电场方向，规则排列，如图 2-26b 所示。这个方向就是压电陶瓷的极化方向，这时压电陶瓷就具有了压电性，在极化电场去除后，留下了很强的剩余极化强度。当压电陶瓷受到力的作用时，极化强度就发生变化，在垂直于极化方向的平面上就会出现电荷。对于压电陶瓷，通常取它的极化方向为 z 轴。

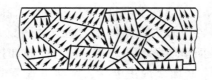

电场方向

a）极化前　　　　　　　　　　　　　b）极化后

扫描二维码
观看动画

图 2-26　压电陶瓷的极化

当压电陶瓷在沿极化方向受力时，则在垂直于 z 轴的表面上将会出现电荷，如图 2-27 所示。电荷量 Q_{zz} 与作用力 F_z 成正比，即

$$Q_{zz} = d_{zz}F_z \tag{2-17}$$

式中，d_{zz} 为压电陶瓷的纵向压电系数，其数值比石英晶体的压电系数大得多，所以采用压

电陶瓷制作的压电式传感器灵敏度较高。

当沿 x 轴方向施加作用力 F_x 时，如图 2-27b 所示，产生的电荷同样出现在垂直于 z 轴的表面上，其大小为

$$Q_{zx} = \frac{A_z}{A_x} d_{zx} F_x \qquad (2\text{-}18)$$

同理，当沿 y 轴方向施加作用力 F_y 时，在垂直于 z 轴的表面上产生的电荷量为

$$Q_{zy} = \frac{A_z}{A_y} d_{zy} F_y \qquad (2\text{-}19)$$

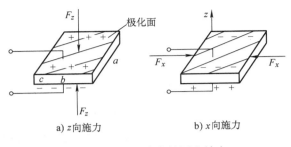

a) z向施力   b) x向施力

图 2-27 压电陶瓷的压电效应

式中，A_z、A_x、A_y 为分别垂直于 z 轴、x 轴、y 轴的晶片面积；d_{zx}、d_{zy} 为横向压电系数，均为负值。

3. 高分子的压电材料

高分子的压电材料是一种新型的材料，有聚偏二氟乙烯（PVF2）、聚偏氟乙烯（PVDF）、聚氟乙烯（PVF）、改性聚氟乙烯（PVC）等，其中以 PVF2 和 PVDF 的压电系数最高，有的材料比压电陶瓷还要高几十倍，其输出脉冲电压有的可以直接驱动 CMOS 集成门电路。高分子压电材料的最大特点是具有柔软性，可根据需要制成薄膜或电缆套管等形状，经极化处理后就出现压电特性。它不易破碎，具有防水性，动态范围宽，频响范围大，但工作温度不高（一般低于 100℃，且随温度升高，灵敏度降低），机械强度也不高，容易老化，因此常用于对测量精度要求不高的场合，例如水声测量、防盗、振动测量等方面。

2.4.2 压电式传感器的等效电路

由压电式传感器的工作原理可知，只要测得压电元件上的电荷量，就可得知作用力的大小，压电元件就相当于一个电荷源。如果在压电元件上沿电荷面的两面覆以金属，那么压电元件就相当于以压电材料为介质的电容器，其电容值为

$$C_a = \frac{\varepsilon A}{b} \qquad (2\text{-}20)$$

式中，A 是电容器极板面积（m^2）；b 是压电元件厚度（m）；ε 是压电材料的介电常数（C/m）；C_a 是压电传感器的内部电容（F）。

因此压电元件可以等效为一个与电容相并联的电荷源，如图 2-28a 所示。由于电容器上的电压 U_a（开路电压）、电荷 Q 与电容 C_a 存在下列关系：

$$U_a = \frac{Q}{C_a} \qquad (2\text{-}21)$$

因此，压电元件也可以等效为电压源和一个电容串联的等效电路，如图 2-28b 所示。压电传感器在实际测量时要与测量仪表连接，因此还必须考虑连接电缆电容 C_C，放大器的输入电阻 R_i 和放大器输入电容 C_i 以及传感器的泄漏电阻 R_a。这样压电传感器实际的等效电路如图 2-29 所示。

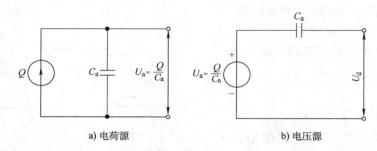

a) 电荷源   b) 电压源

图 2-28   压电元件的等效电路

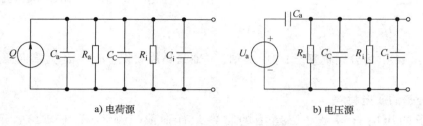

a) 电荷源   b) 电压源

图 2-29   压电传感器实际的等效电路

2.4.3　压电式传感器的测量电路

1. 压电元件的串联与并联

压电元件的串联与并联相当于电容的串联与并联，如图 2-30 所示。

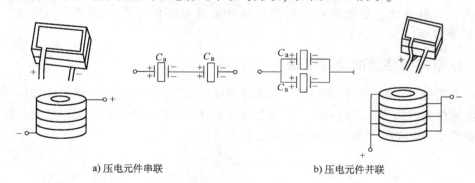

a) 压电元件串联   b) 压电元件并联

图 2-30   压电元件的串联与并联

串联时输出总电容为 $C = \dfrac{1}{n} C_a$，总电荷量为 $Q = Q_a$，总电压为 $U = n U_a$。（n 为压电元件的个数）

并联时输出总电容为 $C = n C_a$，总电荷量为 $Q = n Q_a$，总电压为 $U = U_a$。

在这两种接法中，并联接法输出电荷量大，本身电容也大，因此时间常数大，宜用于测量缓变信号，并且适用于以电荷作为输出量的场合。串联接法输出电压高，自身电容小，适用于以电压为输出量以及测量电路输入阻抗很高的场合。

2. 压电式传感器的测量电路

压电式传感器本身的内阻抗很高，而输出能量较小，因此它的测量电路通常需要接入一个高输入阻抗的前置放大器，其作用为：一是把它的高输出阻抗变换为低输出阻抗；二是放大传感器输出的微弱信号。根据压电式传感器的工作原理和等效电路，压电式传感器的输出可以是电压信号，这时可以把传感器看作电压发生器；也可以是电荷信号，这时可以把传感器看作电荷发生器。因此前置放大器也有两种形式：电压放大器和电荷放大器。

（1）电压放大器　压电式传感器接电压放大器的等效电路如图 2-31a 所示。图 2-31b 是简化后的等效电路，其中，u_i 为放大器输入电压。

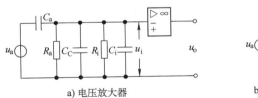
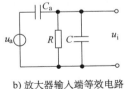

a) 电压放大器　　　　　　　b) 放大器输入端等效电路

图 2-31　电压放大器电路原理图及其等效电路

在等效电路图 2-31b 中，等效电阻 R 为

$$R = \frac{R_a R_i}{R_a + R_i} \tag{2-22}$$

等效电容为

$$C = C_i + C_C \tag{2-23}$$

如果压电式传感器受力为 $f_x = F_m \sin\omega t$，则在压电元件上产生的电荷量为

$$Q = df_x = dF_m \sin\omega t$$

压电元件上产生的电压为

$$u_a = \frac{Q}{C_a} = \frac{dF_m \sin\omega t}{C_a} = U_m \sin\omega t \tag{2-24}$$

式中，U_m 是压电元件输出电压幅值，$U_m = \frac{dF_m}{C_a}$；d 是压电系数。

由此得到放大器输入端电压为

$$U_i = \frac{j\omega R}{1 + j\omega R(C + C_a)} = \frac{j\omega R}{1 + j\omega R(C_i + C_C + C_a)} dF_m \tag{2-25}$$

其幅值 U_{im} 为

$$U_{im} = \frac{dF_m \omega R}{\sqrt{1 + \omega^2 R^2 (C_i + C_C + C_a)^2}} \tag{2-26}$$

在理想情况下，传感器的电阻 R_a、放大器的输入电阻 R_i 均为无穷大，即 $\omega R(C_i + C_C + C_a) \gg 1$，由式（2-26）可知，理想情况下放大器的输入电压为

$$U_{im} \approx \frac{d}{C_i + C_C + C_a} F_m \tag{2-27}$$

由式（2-27）可以看出放大器输入电压幅度与被测频率无关。但根据式（2-25）可知，当作用在压电元件上的力为静态力时（$\omega = 0$），放大器的输入电压为零。因为在实际测量时，放大器的输入电阻 R_i 和传感器的泄漏电阻 R_a 不可能为无穷大，因此电荷就会通过放大器的输入电阻 R_i 和传感器的泄漏电阻 R_a 漏掉，所以压电传感器不能用于静态力测量，但其高频响应特性非常好。由式（2-27）可知，当改变连接传感器与前置放大器的电缆长度时，C_C 将改变，从而引起放大器的输入电压 U_{im} 也发生变化。在设计时，通常把电缆长度定为一常数，使用时如要改变电缆长度或更换电缆，则必须重新校正电压灵敏度值，否则会造成测量误差。

（2）电荷放大器 电荷放大器是一种输出电压与输入电荷量成正比的前置放大器。它实际上是一个具有反馈电容的高增益运算放大器。图2-32a所示是压电传感器与电荷放大器连接的等效电路。图中C_f为放大器的反馈电容，其余符号的意义与电压放大器相同。由于放大器的输入阻抗高达$10^{10} \sim 10^{12}\,\Omega$，放大器输入端几乎没有分流，实际的等效电路如图2-32b所示，电荷Q只对反馈电容C_f充电，充电电压接近放大器的输出电压。

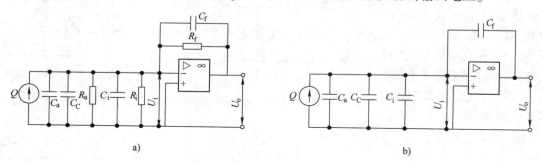

a)　　　　　　　　　　　　　　　b)

图2-32　电荷放大器等效电路

电荷放大器的输出为

$$U_o = \frac{-AQ}{C_i + C_C + C_a + (1 + A)C_f} \tag{2-28}$$

式中，A为开环放大倍数，常为$10^4 \sim 10^6$。

因为$A \gg 1$，故$(1 + A)C_f \gg C_i + C_C + C_a$，放大器的输出电压可以表示为

$$U_o \approx -\frac{Q}{C_f} \tag{2-29}$$

由式（2-29）可以看出电荷放大器的输出电压与电缆电容无关。因此电缆可以很长，可长达数百米，甚至上千米，灵敏度却无明显损失，这是电荷放大器的一个突出优点。因此在测量时，不必考虑传感器与放大器配套的问题，放大器与传感器可以任意互换。

2.4.4　压电式传感器的应用

1. 压电式单向测力传感器

图2-33所示为压电式单向测力传感器结构图，被测力通过传力上盖使石英晶片受压力作用而产生电荷。石英晶片通常采用两片（或两片以上）粘结在一起。这种传感器主要用于变化频率不太高的动态力的测量。

2. 压电式振动加速度传感器

图2-34所示为一种压电式振动加速度传感器结构图，主要有压电元件、质量块、弹簧、基座及外壳等组成。外壳上有一个螺纹孔，使用时用螺栓将传感器固定在被测部件上。当被测部件振动时，传感器一起同频率地振动，压电元件受质量块惯性力的作用，根据牛顿第二定律有

$$F = ma \tag{2-30}$$

式中，F是质量块产生的惯性力；m是质量块的质量；a是物体的加速度。

质量块产生的惯性力F作用在压电元件上，从而使压电元件产生电荷Q，Q的大小与加速度的关系为

$$Q = dF = dma \tag{2-31}$$

式中，d 为压电元件的压电系数。

由式（2-31）可知，当传感器选定后，质量 m 为常数，所以传感器的输出电荷与被测物体的振动加速度成正比。

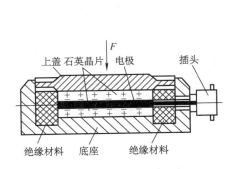

图 2-33　压电式单向测力传感器结构图

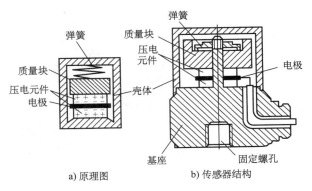

a) 原理图　　　　b) 传感器结构

图 2-34　压电式振动加速度传感器结构图

图 2-35 为压电加速度传感器测量电路。电路由电荷放大器和电压调整放大电路组成。第一级是电荷放大器，其低频响应由反馈电容 C_1 和反馈电阻 R_2 决定。低频截止频率为

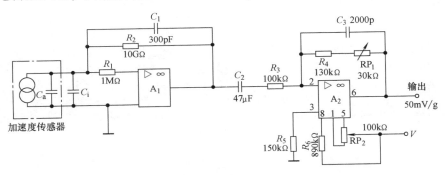

图 2-35　压电加速度传感器测量电路

0.053Hz。R_1 为过载保护电阻。第二级为输出调整放大器，调整电位器可以使输出约为 50mV/g。A_2 为多用途可编程运算放大器的低功耗型运算放大器。图中 C_i 为电缆电容，C_a 为传感器电容。

3. 玻璃破碎报警装置

采用高分子压电薄膜振动感应片，如图 2-36 所示，将其粘贴在玻璃上，当玻璃遭暴力打碎的瞬间，会发出几千赫兹甚至更高频率的振动。压电薄膜感受到这一振动，并将这一振动转换成电压信号传送给报警系统。

这种压电薄膜振动感应片透明且小，不易察觉，所以可用于贵重物品、展馆、博物馆等橱窗的防盗报警。

4. 高分子压电电缆测速

图 2-37 所示为高分子压电电缆测量汽车的行驶速度

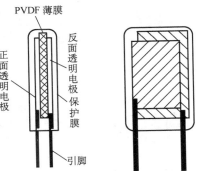

图 2-36　高分子压电薄膜振动感应片

示意图，两根高分子压电电缆 A、B 相距 L（m），平行埋设于柏油公路的路面下约 50mm，如图 2-37a 所示 。根据输出信号波形的幅度及时间间隔，如图 2-37b 所示，可以测量汽车车速及其载重量，并根据存储在计算机内部的档案数据，根据汽车前后轮的距离 d 可判定汽车的车型。

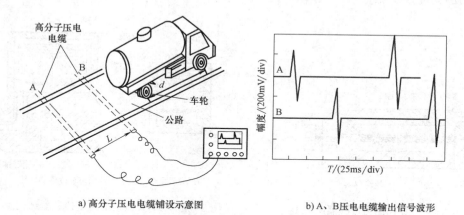

a) 高分子压电电缆铺设示意图   b) A、B压电电缆输出信号波形

图 2-37 高分子压电电缆测速原理图

2.4.5 常见压电式传感器

图 2-38 为常见压电式传感器及压电元件外形图。

a) 振动加速度传感器

b) 多轴振动加速度传感器   c) 压电陶瓷振动传感器

d) 压电测力传感器

e) 尼龙冲击锤垫   f) 力锤垫   g) 压电测力锤   h) 压电式传声器

图 2-38 常见压电式传感器及压电元件外形图

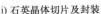
i) 石英晶体切片及封装

j) 压电陶瓷片及封装

k) 打孔机用压电陶瓷

l) 高分子压电薄膜及电缆

m) 压电式超声波发射器与接收器

图 2-38　常见压电式传感器及压电元件外形图（续）

2.5　电容式传感器

电容式传感器元件是指能将被测物理量的变化转换为电容变化的一种传感元件。电容式传感器的测量原理框图如图 2-39 所示。

一个平行板电容器，如图 2-40 所示。如果不考虑其边缘效应，则电容器的电容量为

$$C = \frac{\varepsilon A}{d} = \frac{\varepsilon_0 \varepsilon_r A}{d} \tag{2-32}$$

式中，ε 是电容器极板间介质的介电常数；ε_r 是极板间介质的相对介电常数；ε_0 是真空介电常数，$\varepsilon_0 = 8.85 \times 10^{-12} \mathrm{F/m}$；$A$ 是两平行板所覆盖的面积；d 是两平行板之间的距离，也称极距。

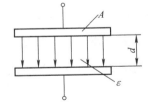

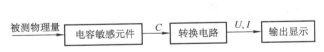

图 2-39　电容式传感器的测量原理框图

图 2-40　平行板电容器

由式（2-32）可知，电容 C 是 A、d、ε 的函数，即 $C = f(\varepsilon, d, A)$。当 A、d、ε 改变时，电容量 C 也随之改变。若保持其中两个参数不变，通过被测量的变化改变其中一个参数，就可把被测量的变化转换为电容量的变化。这就是电容式传感器的基本工作原理。

电容式传感器根据工作原理不同，可分为变间隙式、变面积式和变介电常数式 3 种。按极板形状不同有平板形和圆柱形两种。图 2-41 所示为电容式传感元件的各种结构类型。

特点：电容式传感器的结构简单，分辨率高，工作可靠，非接触测量，并能在高温、辐射、强烈振动等恶劣条件下工作，易于获得被测量与电容量变化的线性关系，可用于力、压力、压差、振动、位移、加速度、液位、料位和成分含量等测量。

| a) 线位移 | b) 线位移 | c) 角位移 | d) 角位移 | e) 差动线位移 | f) 差动变面积 |

| g) 差动变面积 | h) 差动变面积 | i) 变介电常数 | j) 变介电常数 | k) 变介电常数 | l) 变介电常数 |

图 2-41　电容式传感元件的各种结构类型

2.5.1　变间隙式电容传感器

如图 2-40 所示，当平行板电容器的 ε 和 A 不变，而只改变电容器两极板之间距离 d 时，电容器的容量 C 将发生变化。利用电容器的这一特性制作的传感器，称为变间隙式电容传感器。该类型的传感器常用于压力的测量。

设 ε 和 A 不变，初始状态下极板间隙为 d_0 时，电容器容量 C_0 为

$$C_0 = \frac{\varepsilon A}{d_0}$$

如图 2-42 所示，当电容器受外力作用，使极板间的间隙减小 Δd 后，其电容量变为 C_x，其大小为

$$C_x = \frac{\varepsilon A}{d_0 - \Delta d} = \frac{C_0}{1 - \frac{\Delta d}{d_0}} = \frac{1 + \frac{\Delta d}{d_0}}{1 - \left(\frac{\Delta d}{d_0}\right)^2} C_0 \tag{2-33}$$

由式 (2-32) 可知，电容量 C 与极板间的距离 d 成非线性关系，如图 2-43 所示。所以在工作时，动极板不能在整个间隙范围内变化，而是限制在一个较小的范围内，以使电容量的相对变化与间隙的相对变化接近线性。若 $\frac{\Delta d}{d_0} \ll 1$，则 $1 - \left(\frac{\Delta d}{d_0}\right)^2 \approx 1$，那么式 (2-33) 可简化为

$$C_x = C_0 \left(1 + \frac{\Delta d}{d_0}\right) \tag{2-34}$$

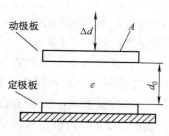

图 2-42　变间隙式电容传感器

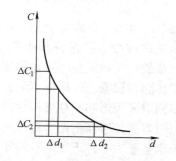

图 2-43　电容量 $C = f(d)$ 曲线

$$\frac{\Delta C}{C_0} = \frac{\Delta d}{d_0} \tag{2-35}$$

即电容量的相对变化与间隙的相对变化成正比。

当 d 较小时，该类型的传感器灵敏度较高，微小的位移即可产生较大的电容变化量。同理，当外力使极板间距离增大时，电容量的相对变化为

$$\frac{\Delta C}{C_0} = -\frac{\Delta d}{d_0} \tag{2-36}$$

为了提高测量的灵敏度，减小非线性误差，实际应用时常采用差动式结构。如图 2-44 所示，两个定极板对称安装，中间极板为动极板。当中间极板不受外力作用时，由于 $d_1 = d_2 = d_0$，所以 $C_1 = C_2$。当中间电极向上移动 x 时，C_1 增加，C_2 减小，总电容的变化量 ΔC 为

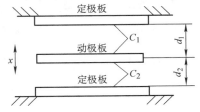

图 2-44　差动式电容器结构图

$$\Delta C = C_1 - C_2 = \frac{2\Delta d}{d_0}C_0$$

$$\frac{\Delta C}{C_0} = \frac{2\Delta d}{d_0} \tag{2-37}$$

式 (2-37) 与式 (2-35) 相比，输出灵敏度提高了一倍。

变间隙式电容传感器的特点：起始电容在 $20 \sim 100\text{pF}$ 之间，只能测量微小位移（微米级），$d_0 = 25 \sim 200\,\mu\text{m}$，$\Delta d \ll \frac{1}{10}d_0$，$d_0$ 过小时，电容容易击穿，可在极板间放置云母片来改善。云母片的相对介电常数是空气的 7 倍，击穿电压不小于 1000kV/mm，而空气仅为 3kV/mm。有了云母片，极板间起始间距可大大减小，传感器的输出线性度可得到改善。

2.5.2　变面积式电容传感器

当极板的相对面积发生变化时，电容器的电容也发生变化。变面积式电容传感器的结构原理如图 2-45 所示。

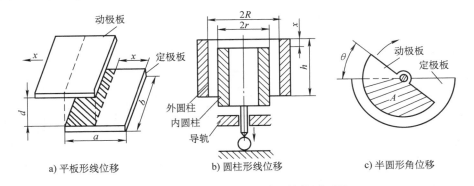

a) 平板形线位移　　　　b) 圆柱形线位移　　　　c) 半圆形角位移

图 2-45　变面积式电容传感器结构原理图

1. 平板形变面积电容式传感器

对于图 2-45a 所示的平板形变面积电容式传感器而言，当动极板受到外力作用而产生位移 x 后，电容量由 $C_0\left(C_0 = \frac{\varepsilon ab}{d}\right)$ 变为 C_x，则

$$C_x = \frac{\varepsilon(a-x)b}{d} = C_0\left(\frac{a-x}{a}\right) = C_0\left(1-\frac{x}{a}\right) \tag{2-38}$$

电容量的相对变化为

$$\frac{\Delta C}{C_0} = -\frac{x}{a} \tag{2-39}$$

由式(2-39)可知，平板形变面积电容式位移传感器电容的相对变化量与位移 x 成线性关系。

2. 圆柱形变面积电容式传感器

对于图 2-45b 所示的圆柱形变面积电容式传感器而言，$C_0 = \dfrac{2\pi\varepsilon h}{\ln(R/r)}$，当外力使电容器的动极板(内圆柱)发生位移后，电容器的电容量变为

$$C_x = \frac{2\pi\varepsilon(h-x)}{\ln(R/r)} = C_0\left(1-\frac{x}{h}\right) \tag{2-40}$$

电容量的相对变化为

$$\frac{\Delta C}{C_0} = -\frac{x}{h} \tag{2-41}$$

由式(2-41)可知，圆柱形变面积电容式位移传感器电容的相对变化量与位移 x 成线性关系。

3. 半圆形变面积电容式传感器

对于图 2-45c 所示的半圆形变面积电容式传感器而言，当两个极板重合时，$C_0 = \dfrac{\varepsilon A_0}{d}$，当动极板转动 θ 角后，电容变为

$$C_x = C_0\left(1-\frac{\theta}{\pi}\right) \tag{2-42}$$

电容量的相对变化为

$$\frac{\Delta C}{C_0} = -\frac{\theta}{\pi} \tag{2-43}$$

由上述 3 种类型的变面积电容式传感器可以看出，电容的相对变化与位移的大小成正比，但方向相反，因为面积变化总是在减小。

变面积电容式位移传感器的特点：可以测量较大位移的变化，常为厘米级位移量。为了提高测量灵敏度，变面积电容式传感器也常做成差动式结构，如图 2-46 所示，这样其输出灵敏度可提高一倍。

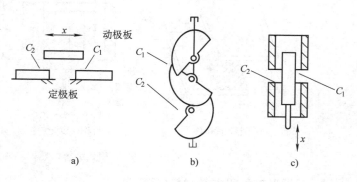

图 2-46　变面积差动电容式传感器结构图

2.5.3　变介电常数式电容传感器

当电容器两极板中的电介质改变时，其介电常数变化，从而引起电容量发生变化。此类传感器的结构形式有很多种，图 2-47 所示为介质位移变化的电容式传感器。这种传感器可用来测量物位或液位，也可测量位移。

假设电容器为平板式，极板长为 a、宽为 b，由图 2-47 可以看出，极板间无介质 ε_1 时的电容量为

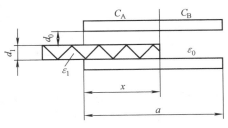

图 2-47　变介质电容式传感器

$$C_0 = \frac{\varepsilon_0 ab}{d_0 + d_1} \tag{2-44}$$

当厚度为 d_1 的介质 ε_1 插入两极板 x 深度后，总电容为

$$C_x = C_A + C_B$$

$$C_A = \frac{bx}{\dfrac{d_1}{\varepsilon_1} + \dfrac{d_0}{\varepsilon_0}}; \qquad C_B = \frac{\varepsilon_0 b(a-x)}{d_1 + d_0} \tag{2-45}$$

则

$$C_x = C_A + C_B = C_0 \left(1 + \frac{1 - \dfrac{\varepsilon_0}{\varepsilon_1}}{\dfrac{d_0}{d_1} + \dfrac{\varepsilon_0}{\varepsilon_1}} \frac{x}{a} \right)$$

电容量的相对变化为

$$\frac{\Delta C}{C_0} = \frac{\left(1 - \dfrac{\varepsilon_0}{\varepsilon_1} \right)}{\dfrac{\varepsilon_0}{\varepsilon_1} + \dfrac{d_0}{d_1}} \frac{x}{a} \tag{2-46}$$

式 (2-46) 表明，电容的相对变化量与介质在极板间的位移 x 成线性关系。由上述可知也可测量介质的厚度 d_1。

图 2-48a 为电容式液位计原理图。在被测介质中放入两个同心圆柱状电极 1 和 2。设容器中被测液体的介电常数为 ε_1，液面上气体的介电常数为 ε_0，当容器内液面高度发生变化时，两极板间的电容也发生变化，总电容为气体介质间电容量和液体介质间电容量之和。其输入/输出特性如图 2-48b 所示。

设气体介质间电容量为 C_0，则

a) 结构原理示意图　　　b) 输入/输出特性

图 2-48　电容式液位计原理图

$$C_0 = \frac{2\pi (H - h)\varepsilon_0}{\ln \dfrac{D}{d}} \tag{2-47}$$

液体介质间电容量 C_1 为

$$C_1 = \frac{2\pi h \varepsilon_1}{\ln \dfrac{D}{d}} \qquad (2\text{-}48)$$

因此总电容为

$$C = C_0 + C_1 = \frac{2\pi H \varepsilon_0}{\ln \dfrac{D}{d}} + \frac{2\pi h\,(\varepsilon_1 - \varepsilon_0)}{\ln \dfrac{D}{d}} \qquad (2\text{-}49)$$

式中，H 是电容器极板高度（m）；h 是液面高度（m）；d、D 是圆柱形电极的内、外直径（m）；ε_1 是被测液体的介电常数（F/m）；ε_0 是液面上气体的介电常数（F/m）。

设

$$a = \frac{2\pi H \varepsilon_0}{\ln \dfrac{D}{d}} \qquad b = \frac{2\pi\,(\varepsilon_0 - \varepsilon_1)}{\ln \dfrac{D}{d}}$$

则式（2-49）可写作 $C = a + bh$，由此可见，输出电容与液面高度 h 成线性关系。

2.5.4　电容式传感器的测量转换电路

电容式传感器把被测物理量转换为电容变化后，还要经测量转换电路将电容量转换成电压或电流信号，以便记录、传输、显示、控制等。常见的电容式传感器测量转换电路有桥式电路、调频电路、运算放大器电路等。

1. 桥式测量电路

将电容式传感器接在电桥的一个桥臂或两个桥臂，其他桥臂可以是电阻、电容或电感，就可以构成单臂电桥或差动电桥，如图 2-49 所示。

根据电桥的输出特点，当电桥的 4 个桥臂阻抗相等时，电桥输出灵敏度最大。所以对于图2-49a 所示的单臂电桥，设初始状态下 $Z_1 = Z_2 = Z_3 = Z_4 = Z_0$，电桥的输出 $U_o = 0$，当检测电容 C_x 发生变化 ΔC 时，电桥失去平衡，输出为

$$U_o = \frac{(Z_1 Z_3 - Z_2 Z_4)}{(Z_1 + Z_2)(Z_3 + Z_4)} U_i \qquad (2\text{-}50)$$

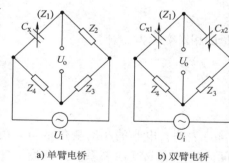

a) 单臂电桥　　　b) 双臂电桥

图 2-49　桥式测量电路

因为

$$Z_1 = \frac{1}{j\omega(C_0 + \Delta C)} \qquad Z_0 = \frac{1}{j\omega C_0}（设 C_x 初始电容为 C_0）$$

所以

$$U_o \approx \frac{1}{4} \frac{\Delta C}{C_0} U_i \qquad (2\text{-}51)$$

对于图 2-49b 所示的双臂电桥，当桥臂电容 C_{x1}、C_{x2} 发生变化时，$\Delta C_{x1} = -\Delta C_{x2} = \Delta C$，则

$$Z_1 = \frac{1}{j\omega(C_0 + \Delta C)} \qquad Z_2 = \frac{1}{j\omega(C_0 - \Delta C)}$$

电桥输出为

$$U_o = \frac{\Delta C}{2C_0} U_i \qquad (2\text{-}52)$$

由式(2-51)、式(2-52)可知电桥的输出与电容的相对变化量成正比，且差动电桥的输出是单臂电桥的两倍。

2. 调频电路

将电容式传感器接入高频振荡器的 LC 谐振回路中，作为回路的一部分。当被测量变化使传感器电容改变时，振荡器的振荡频率随之改变，即振荡器频率受传感器的电容所调制，因此称为调频电路。调频振荡器的振荡频率由式(2-53)决定：

$$f = \frac{1}{2\pi \sqrt{LC}}$$ (2-53)

式中，L 是振荡回路的电感(H)；C 是振荡回路的总电容(F)。

C 是传感器电容、谐振回路中微调电容和传感器电缆分布电容之和。调频电路的原理框图如图 2-50 所示。

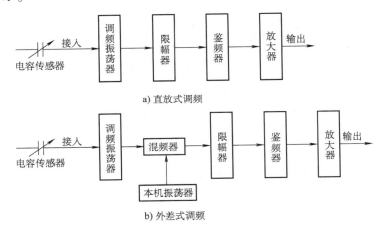

图 2-50　调频电路系统原理框图

3. 运算放大器测量电路

将电容式传感器接入开环放大倍数为 A 的运算放大电路中，作为电路的反馈组件，如图 2-51 所示。图中 U_i 是交流电源电压，C_0 是固定电容，C_x 是传感器电容，U_o 是放大器输出电压。由运算放大器的工作原理可得

$$U_o = -\frac{C_0}{C_x}U_i$$

对于平板式电容器有　　$C_x = \dfrac{\varepsilon A}{d_x}$

图 2-51　运算放大器测量电路

则　　　　$U_o = -\dfrac{C_0}{C_x}U_i = -\dfrac{C_0 U_i}{\varepsilon A}d_x$　　　(2-54)

由式(2-54)可知，运算放大器的输出电压与极板间距 d_x 成线性关系，式中符号"－"表示输出与输入电压反向。运算放大器电路从原理上解决了变间隙式电容传感器特性的非线性问题，但要求放大器的开环放大倍数和输入阻抗足够大。为了保证仪器的准确度，还要求电源的电压幅值和固定电容的容量稳定。

2.5.5 电容式传感器的应用

1. 电容式测厚仪

电容式测厚仪是用来测量金属带材在轧制过程中的厚度的传感器。其工作原理如图 2-52 所示。在被测带材的上下两边对称放置两块平行极板，与带材组成变间隙式差动电容传感器。把两块极板用导线连起来就成为一块极板，而带材则是电容器的另一极板，其总电容 $C_x = C_1 + C_2$。当带材的厚度发生变化时，导致带材与两块极板的间距发生变化，总电容 $C_x = C_1 + C_2$ 也发生相应的改变。

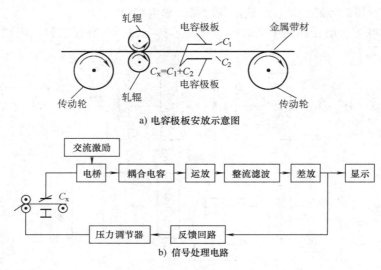

a) 电容极板安放示意图

b) 信号处理电路

图 2-52 电容式测厚仪原理图

如果总电容量 C_x 作为交流电桥的一个桥臂，电容的变化将引起电桥的输出不平衡，经过放大、检波、滤波，最后在仪表上显示出带材的厚度。一方面通过反馈回路将偏差信号送给压力调节器，调节板材的厚度，使板材厚度控制在规定的范围内。如图 2-52b 所示。

2. 电容式压力传感器

图 2-53 所示为差动式电容压力传感器的结构原理图。图中所示膜片为动电极，两个在凹形玻璃上的金属镀层为固定电极，从而构成差动电容器。将两个电容分别接在电桥的两个桥臂上，构成差动电桥，如图 2-49b 所示。

当被测压力 p_0、p 作用于膜片上时，如果 $p_0 = p$，则膜片静止不动，传感器输出电容 $C_1 = C_2$，电桥输出为零。当 $p_0 \neq p$ 时，膜片产生位移，从而使两个电容器的电容一个增大，一个减小，电桥失去平衡，电桥的输出与 p_0、p 的压差成正比。

3. 电容式加速度传感器

图 2-54 所示为差动电容式加速度传感器结构图，它的两个固定电极与壳体绝缘，中间有一个用弹簧支撑的质量块，质量块的两端面经磨平抛光后作为电容器的动极板与壳体相连。使用时，将传感器固定在被测物体上，当被测物体振动时，传感器随被测物体一起振动，质量块在惯性空间中相对静止，而两个固定电极相对于质量块在垂直方向产生位移的变化，从而使两个电容器极板间距发生变化，电容器的电容 C_1、C_2 产生大小相等、符号相反

的增量。将 C_1、C_2 接到图 2-49b 所示的差动电桥上，电桥的输出正比于被测加速度的大小。

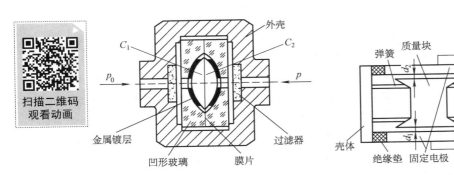

图 2-53　差动式电容压力传感器结构原理图　　图 2-54　差动电容式加速度传感器结构图

电容式加速度传感器的主要特点是频率响应快、测量范围宽，大多采用空气或其他气体作为阻尼物质。

4. 电容式荷重传感器

图 2-55 所示为电容式荷重传感器结构示意图。它是在镍铬钼钢块上加工出一排等尺寸等间距的圆孔，在圆孔内壁粘贴上有绝缘支架的平板式电容器，再将每个电容器并联连接。当钢块上有外力作用时，将产生变形，从而使圆孔中的电容器极板间距发生变化，电容器的电容发生变化，且电容的变化量与作用力成正比。

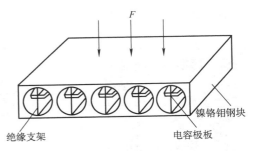

这种传感器的主要优点是受接触面的影响小，测量准确度高。由于电容器放在钢块的孔内，从而提高了抗干扰能力。该传感器在地球物理、表面状态检测以及自动检测和控制中得到了广泛的应用。

图 2-55　电容式荷重传感器结构示意图

5. 电容式油量表

图 2-56 为电容式油量表的示意图，可以用于测量油箱中的油位。

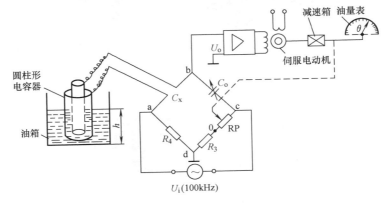

图 2-56　电容式油量表示意图

当油箱中无油时，电容传感器的电容量 $C_x = C_{xo}$，调节匹配电容 C_o 使 $C_o = C_{xo}$，$R_4 = R_3$；并调节电位器 RP 的滑动臂，使其输出电阻值为 0。此时，电桥满足 $C_x / C_o = R_4 / (R_3 + RP)$ 的平衡条件，输出为零，伺服电动机不转动，油量表指针偏转角 $\theta = 0$。

当油箱中注入油时，液位上升至某一高度 h 处，电容传感器的电容量变为 $C_x = C_{xo} + \Delta C_x$，而 ΔC_x 与油位高度 h 成正比，此时电桥失去平衡，电桥的输出电压 U_o 经放大后驱动伺服电动机转动，再由减速箱减速后带动指针顺时针偏转，同时带动 RP 的滑动臂移动，从而使 RP 阻值增大，当 RP 阻值达到一定值时，电桥又达到新的平衡状态，电桥的输出 $U_o = 0$，于是伺服电动机停转，指针停留在某一角度 θ 处。

由于指针及可变电阻的滑动臂同时为伺服电动机所带动，因此，RP 的阻值与 θ 角间存在着确定的一一对应关系，即 θ 角与 RP 的阻值成正比，而 RP 的阻值与液位高度 h 成正比，因此可直接从刻度盘上读得液位高度 h。

当油箱中的油位降低时，伺服电动机反转，指针逆时针偏转(示值减小)，同时带动 RP 的滑动臂移动，使 RP 阻值减小。当 RP 阻值达到一定值时，电桥又达到新的平衡状态，$U_o = 0$，于是伺服电动机再次停转，指针停留在与该液位相对应的转角 θ 处。从以上分析可知，该装置采用了类似于天平的零位式测量方法，所以放大器的非线性及温漂对测量准确度影响不大。

2.5.6 常见电容式传感器

图 2-57 所示为常见电容式传感器的外形图。

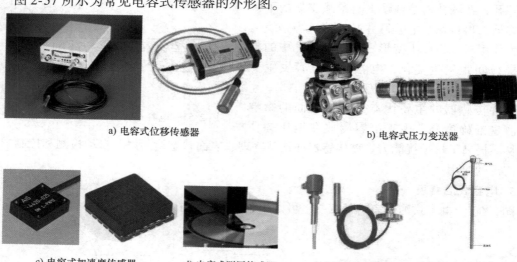

a) 电容式位移传感器　　　　　　　　　　　　　b) 电容式压力变送器

c) 电容式加速度传感器　　d) 电容式测厚传感器　　e) 电容式物位传感器　　f) 电容式油位传感器

g) 电容式液位传感器

图 2-57　常见电容式传感器的外形图

2.6 电感式传感器

电感式传感器的基本原理是电磁感应原理，即利用电磁感应将被测非电量(如压力、位移等)转换为电感量的变化输出，再经测量转换电路，将电感量的变化转换为电压或电流的变化，来实现非电量电测的。图 2-58 为电感式传感器工作原理框图。

被测物理量 → 电感敏感元件 →$L、M$→ 转换电路 →$U、I$→ 输出显示

图 2-58　电感式传感器工作原理框图

电感式传感器的分类：根据信号的转换原理，电感式传感器可以分为自感式和互感式两大类，主要有变气隙式电感传感器、差动螺线管式电感传感器、差动变压器式电感传感器、电涡流式电感传感器等。

电感式传感器结构简单、工作可靠、灵敏度高、分辨率大，能测出 $0.1\mu m$ 甚至更小的机械位移变化，测量准确度高，线性度好，可以把输入的各种机械物理量如位移、振动、压力、应变、流量、比重等参数转换为电量输出，因而在工程实践中应用十分广泛。但电感式传感器自身频率响应低，不适用于快速动态的测量中。

本节主要介绍自感式、互感式和电涡流式 3 种电感式传感器。

2.6.1　自感式电感传感器

自感式电感传感器(也称变磁阻式电感传感器)种类繁多，常见的有变隙式、变截面式、螺线管式及差动式 4 种。自感式传感器常用来测量位移，主要由线圈、铁心及衔铁等组成，如图 2-59 所示。

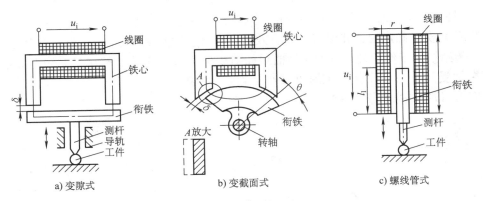

a) 变隙式　　　　　　　b) 变截面式　　　　　　c) 螺线管式

图 2-59　自感式电感传感器结构示意图

1. 自感式传感器的工作原理

自感式传感器是利用自感量随气隙变化而改变的原理制成的，图 2-60 是最简单的自感式传感器。当衔铁受到外力而产生位移时，磁路中气隙的磁阻发生变化，从而引起线圈的电感变化，其电感量的变化与衔铁位置相对应。因此，只要能测出电感量的变化，就能判定衔铁位移量的大小，这就是自感式传感器的基本工作原理。

根据磁路的基本知识，线圈的自感为

$$L = \frac{N^2}{R_\mathrm{m}} \qquad (2\text{-}55)$$

式中，N 是线圈的匝数；R_m 是磁路总磁阻（H^{-1}）。

对于图 2-60，因为气隙厚度 δ 较小，可以认为气隙磁场是均匀的，故磁路中的总磁阻为铁心磁阻、衔铁磁阻和空气隙磁阻之和。

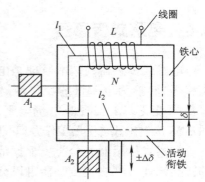

图 2-60 闭磁路式自感式传感器结构

$$R_\mathrm{m} = \frac{l_1}{\mu_1 A_1} + \frac{l_2}{\mu_2 A_2} + \frac{2\delta}{\mu_0 A_0} \qquad (2\text{-}56)$$

式中，l_1 和 l_2 是各段导磁体的长度（m）；μ_1 和 μ_2 是各段导磁体的磁导率（H/m）；A_1 和 A_2 是各段导磁体的截面积（m^2）；δ 是空气隙的厚度（m）；μ_0 是空气磁导率，$\mu_0 = 4\pi \times 10^{-7}\mathrm{H/m}$；$A_0$ 是空气隙有效截面积（m^2）。

由于导磁体的磁导率远远大于空气的磁导率，即 $\mu_1 \gg \mu_0$ 和 $\mu_2 \gg \mu_0$，所以铁心磁阻、衔铁磁阻远远小于空气隙磁阻，即 $\dfrac{l_1}{\mu_1 A_1}$、$\dfrac{l_2}{\mu_2 A_2} \ll \dfrac{2\delta}{\mu_0 A_0}$，所以式（2-56）可以写为

$$R_\mathrm{m} \approx \frac{2\delta}{\mu_0 A_0} \qquad (2\text{-}57)$$

将式（2-57）代入式（2-55）得

$$L = \frac{N^2}{R_\mathrm{m}} = \frac{N^2 \mu_0 A_0}{2\delta} \qquad (2\text{-}58)$$

式（2-58）表明，自感 L 是气隙厚度 δ 和气隙有效截面积 A_0 的函数，即 $L = f(\delta, A_0)$。

1）保持 A_0 不变，则 L 为 δ 的单值函数，可构成变气隙式传感器。

2）保持 δ 不变，使 A_0 随位移而变化，则可构成变截面式传感器。

在线圈匝数 N 确定后，如保持气隙有效截面积 A_0 为常数，则 $L = f(\delta)$，这就是变气隙式电感式传感器的工作原理。它的特性曲线如图 2-61 所示。输入、输出呈非线性关系。

当衔铁受到外力作用使气隙厚度减小 $\Delta\delta$ 时，线圈电感量变为（设初始条件下 $\delta = \delta_0$）

$$L_x = \frac{N^2 \mu_0 A_0}{2(\delta_0 - \Delta\delta)} = L_0 \frac{\delta_0}{\delta_0 - \Delta\delta} = L_0 \frac{1 + \dfrac{\Delta\delta}{\delta_0}}{1 - \left(\dfrac{\Delta\delta}{\delta_0}\right)^2} \qquad (2\text{-}59)$$

当 $\Delta\delta \ll \delta_0$ 时，$1 - \left(\dfrac{\Delta\delta}{\delta_0}\right)^2 \approx 1$，所以电感的相对变化量：

图 2-61 变气隙式电感式
传感器输出特性曲线

$$\frac{\Delta L}{L_0} \approx \frac{\Delta\delta}{\delta_0} \qquad (2\text{-}60)$$

同理，当衔铁受到外力的作用，使气隙变大时，电感的相对变化量为

$$\frac{\Delta L}{L_0} \approx -\frac{\Delta\delta}{\delta_0} \qquad (2\text{-}61)$$

为了保证一定的线性度，变隙式电感式传感器仅能工作在很小一段区域内，因而只

能用于微小位移的测量，一般取 $\delta_0 = 0.1 \sim 0.5\,\mathrm{mm}$，$\Delta\delta = 0.1 \sim 0.2\delta_0$。实际应用时，为了减小非线性误差，提高测量灵敏度，常采用差动测量技术，如图 2-62 所示。衔铁随被测量移动而偏离中间位置，使两个磁回路中的磁阻发生大小相等、符号相反的变化，导致一个线圈的电感量增加，另一个线圈的电感量则减小，形成差动形式。电感的相对变化量为

$$\frac{\Delta L}{L_0} = 2\frac{\Delta\delta}{\delta_0} \tag{2-62}$$

由式(2-62)可知，差动式输出是单线圈输出的两倍，从而减小了非线性误差，提高了测量准确度。

2. 自感式传感器的测量转换电路

自感式传感器实现了将被测非电量转变为电感量的变化，还需要测量转换电路将电感量的变化转换为容易测量的电压或电流信号。常用的测量转换电路有桥式测量电路、调幅、调频、调相电路。在自感式传感器中，用得较多的是桥式测量电路和调幅电路。

（1）交流电桥测量电路 交流电桥是电感式传感器的主要测量电路，它的作用是将线圈电感的变化转换为电桥电路的电压或电流输出。

前面已提到差动式结构可以提高灵敏度，改善非线性，所以交流电桥也多采用双臂工作形式。图 2-63 所示是交流电桥测量电路，通常将传感器作为电桥的两个工作臂，电桥的平衡臂可以是纯电阻，也可以是变压器的二次绕组。

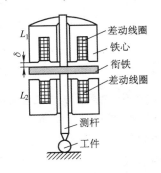

图 2-62 差动式电感传感器

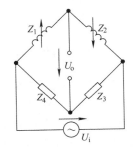

图 2-63 交流电桥测量电路

图 2-63 中，Z_1、Z_2 为传感器阻抗，$Z_1 = R_1 + \mathrm{j}\omega L_1$，$Z_2 = R_2 + \mathrm{j}\omega L_2$，其中，$R_1$、$R_2$ 为单个线圈的铜电阻。L_1、L_2 为单个线圈的电感。

当衔铁处于中间位置时，电桥平衡。

$$Z_1 = Z_2 = Z_0 = R_0 + \mathrm{j}\omega L_0，\quad Z_3 = Z_4 = Z$$

当衔铁受力而发生移动时，其中一个线圈电感量增加，另一个减小，其变化量大小相等，方向相反，设 $Z_1 = Z_0 + \Delta Z$、$Z_2 = Z_0 - \Delta Z$，电桥的输出为

$$U_o = \frac{Z_1}{Z_1 + Z_2}U_i - \frac{Z_4}{Z_3 + Z_4}U_i = \frac{1}{2}\frac{\Delta Z}{Z_0}U_i = \frac{1}{2}\frac{\mathrm{j}\omega\Delta L}{R_0 + \mathrm{j}\omega L_0}U_i \tag{2-63}$$

设 $Q = \dfrac{\omega L_0}{R_0}$ 为电感式传感器的品质因数。因为 Q 值一般很大，即 $R_0 << \omega L_0$，所以

式（2-63）可以写为

$$U_o = \frac{1}{2} \frac{\Delta Z}{Z_0} U_i = \frac{1}{2} \frac{j\omega\Delta L}{R_0 + j\omega L_0} U_i \approx \frac{\Delta L}{2L_0} U_i = \frac{\Delta\delta}{2\delta_0} U_i \qquad (2\text{-}64)$$

由式（2-64）可知，交流电桥的输出电压与传感器线圈电感的相对变化量是成正比的，与气隙的变化量也成正比。

（2）变压器式交流电桥 图 2-64 所示是变压器式交流电桥测量电路，相邻两工作臂 Z_1、Z_2 是差动电感式传感器的两个线圈阻抗，另两臂阻抗为变压器的次级绕组阻抗的 $1/2$。当负载阻抗为无穷大时，桥路输出电压为

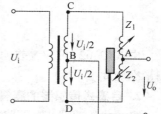

$$U_o = U_{AD} - U_{BD} = \frac{Z_2}{Z_1 + Z_2} U_i - \frac{U_i}{2} = \frac{U_i}{2} \frac{Z_2 - Z_1}{Z_1 + Z_2} \qquad (2\text{-}65)$$

衔铁处于中间位置时，由于线圈完全对称，因此 $L_1 = L_2 = L_0$，即 $Z_1 = Z_2 = Z_0$，桥路平衡，输出电压 $U_o = 0$。

图 2-64 变压器式交流电桥

当衔铁上、下移动时，$L_1 = L_0 \pm \Delta L$，$L_2 = L_0 \mp \Delta L$，即 $Z_1 = Z_0 \pm \Delta Z$、$Z_2 = Z_0 \mp \Delta Z$，输出电压为

$$U_o = \mp \frac{1}{2} \frac{\Delta Z}{Z_0} U_i = \mp \frac{1}{2} \frac{\Delta L}{L_0} U_i = \mp \frac{1}{2} \frac{\Delta\delta}{\delta_0} U_i \qquad (2\text{-}66)$$

式（2-66）的输出电压反映了传感器线圈阻抗的变化，当衔铁上、下移动时，输出电压相位相反。由于输出的是交流信号，无法判断位移的方向，还要经过相敏检波电路才能判别衔铁位移的大小及方向。

2.6.2 互感式电感传感器——差动变压器式传感器

互感式电感传感器是把被测量的变化转换为线圈的互感变化，其本身就是一个变压器，有一次绕组和二次绕组。一次侧接入激励电源后，二次侧因互感而产生电压输出。当绕组间互感随被测量变化时，输出电压将产生相应的变化。这种传感器的二次绕组一般有两个，接线方式又是差动的，故又称为差动变压器式传感器。其结构形式较多，在非电量测量中，常采用螺线管式差动变压器。

1. 工作原理

图 2-65 是螺线管式差动变压器的结构，它主要由一个一次绕组、两个二次绕组、活动衔铁及导磁外壳组成。

图 2-66 是理想的螺线管式差动变压器的原理图，变压器的输出为

$$U_o = E_{21} - E_{22}$$

因为

$$E_{21} = -j\omega M_1 I_i、E_{22} = -j\omega M_2 I_i$$

所以

$$U_o = E_{21} - E_{22} = j\omega(M_2 - M_1) I_i \qquad (2\text{-}67)$$

式中，E_{21}、E_{22} 是二次绕组 N_{21}、N_{22} 中产生的感应电动势；M_1、M_2 是一次绕组与两个二次绕组的互感系数；I_i 是一次绕组激励电流。

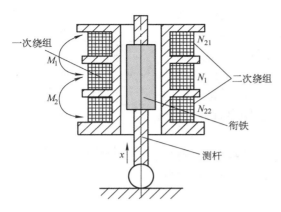

图 2-65　螺线管式差动变压器的结构图

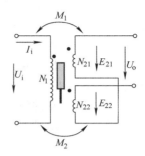

图 2-66　螺线管式差动变压器原理图

若工艺上保证变压器结构完全对称，则当活动衔铁处于中间平衡位置时，必然会使两个二次绕组磁回路的磁阻相等，磁通相同，互感系数 $M_1 = M_2 = M$。根据电磁感应原理，由于两个二次绕组反向串联，因而差动变压器输出电压为零。

当活动衔铁向二次绕组 N_{21} 方向（向上）移动时，$M_1 = M + \Delta M$，$M_2 = M - \Delta M$。变压器的输出为

$$U_o = j\omega(M_2 - M_1)I_i = -2j\omega\Delta M I_i \tag{2-68}$$

同理，当活动衔铁向二次绕组 N_{22} 方向（向下）移动时，$M_1 = M - \Delta M$，$M_2 = M + \Delta M$。变压器的输出为

$$U_o = j\omega(M_2 - M_1)I_i = 2j\omega\Delta M I_i \tag{2-69}$$

式（2-69）和式（2-68）中的正负号表示输出电压与激励电压同相或反相。

应该指出的是，当衔铁处于初始平衡位置时，变压器的输出并不等于零，而是有一个很小的电压输出，如图2-67所示，这个输出称为零点残余电压。这主要是由差动变压器的两个二次绕组的电气参数和几何尺寸的不对称造成的。另外导磁材料存在铁损、不均质，一次绕组有铜损耗电阻，线圈间存在寄生电容，这均使差动变压器的输入电流与磁通不同相。可采用提高加工工艺精度，以及外电路补偿法来减小零点残余电压。

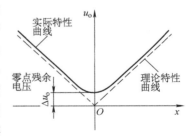

图 2-67　差动变压器输出特性曲线

2. 测量电路

差动变压器的输出电压可直接用交流电压表接在反相串联的两个二次绕组上测量，如图 2-66 所示，此时空载输出电压为 $U_o = E_{21} - E_{22}$。也可采用如图 2-68 所示的电桥电路来测量。图中 R_1、R_2 是桥臂电阻，RP是调零电位器。当不考虑电位器RP时，设 $R_1 = R_2$，则输出电压为

$$U_o = \frac{E_{21} - (-E_{22})}{R_1 + R_2}R_2 - E_{22} = \frac{1}{2}(E_{21} - E_{22}) \tag{2-70}$$

由上述分析可知，电桥输出是差动变压器输出的1/2，但其优点是可利用调零电位器RP进行调零，不再需要另配调零电路。但由于差动变压器输出的是交流电压，若用交流电

压表直接测量，只能反映衔铁位移的大小，而不能反映移动方向。另外，其测量值中将包含零点残余电压。为了达到能辨别移动方向及消除零点残余电压的目的，实际测量时，常采用差动整流电路和相敏检波电路，如图2-69所示。这种电路是把差动变压器的两个二次绕组的输出电压分别整流，然后将整流电压或电流的差值作为输出，再经滤波放大电路，输出直流电压。图中的RP是调零电位器。

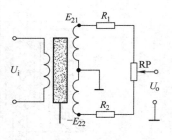

图2-68 电桥电路

差动变压器式传感器的特点：结构简单、灵敏度高、测量准确度高、性能可靠、测量范围宽，可以测量1~100mm的机械位移。

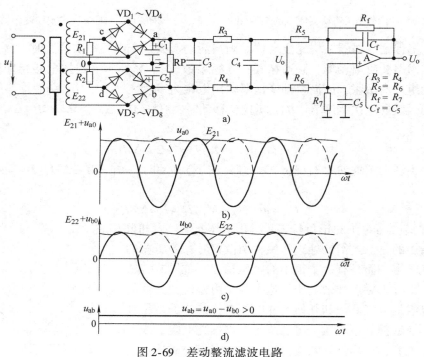

图2-69 差动整流滤波电路

2.6.3 电感式传感器的应用

电感式传感器不仅可以直接测量位移的变化，也可以测量与位移有关的任何机械量，如振动、加速度、应变、压力、张力、比重及厚度等参数。

1. 振动与加速度的测量

图2-70所示为测量加速度的差动变压器原理图，传感器由悬臂梁和差动变压器构成。悬臂梁起支撑与动平衡作用。测量时，将衔铁与被测振动体相连，其他部位固定。当被测体发生振动时，衔铁随着一起振动，从而使差动变压器的输出电压发生变化，输出电压的大小及频率与振动物体的振幅与频率有关。

应该指出的是，用于测量振动物体的频率与振幅时，激励频率必须是振动频率的十倍，这样测量结果才精确。一般可测振动物体的振幅为0.1~0.5mm，振动频率一般为 0 ~ 150 Hz。

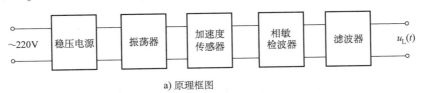

a) 原理框图

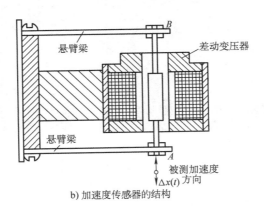

b) 加速度传感器的结构

图 2-70 差动变压器测量加速度的原理图

2. 压力的测量

图 2-71 所示为差动压力式传感器结构原理图。它是用于测量各种生产流程中液体、水蒸气及气体的压力等。

传感器的敏感元件为波纹膜盒,差动变压器的衔铁与膜盒相连。差动压力传感器的工作原理如图 2-72 所示。

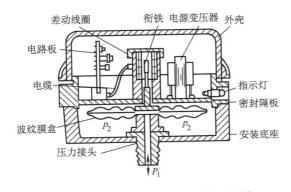

图 2-71 差动压力式传感器结构原理图

图 2-72 差动压力传感器原理框图

当被测压力 p_1 输入到膜盒中,膜盒的自由端面便产生一个与压力 p_1 成正比的位移,此位移带动衔铁上下移动,从而使差动变压器有正比于被测压力的电压输出。该传感器的信号输出处理电路与传感器组合在一个壳体内,输出信号可以是电压,也可以是电流。由于电流信号不易受干扰,且便于远距离传输,所以在使用中多采用电流输出型。

3. 机械式电感门铃

图 2-73 所示是一种新型交流 220V 机械式电感门铃,由固定座及分别设置在固定座上的

电感线圈、磁音锤、发音片等构成。其特征在于：固定座两边分别设有两对支脚，两支脚上设有发音片，其中发音片通过橡胶螺栓固定在支脚上。当接通电源开关时，电感线圈通电，瞬间产生很大的电磁力，磁音锤在该电磁力的作用下在电感线圈中高速运动，从而撞击两边的发音片发出叮咚的门铃声。这种门铃不仅能提高音量，且能扩宽音域，使门铃产生动听的共鸣音效果，达到改善音质的目的。

扫描二维码
观看视频

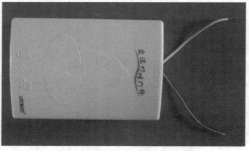

a) 机械式电感门铃外形

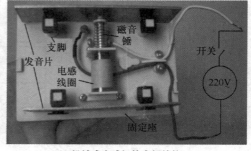

b) 机械式电感门铃内部结构

图 2-73　机械式电感门铃

2.6.4　常见电感式传感器

图 2-74 所示为常见电感式传感器的外形图。

a) 电感式位移传感器

b) 电感式压力传感器

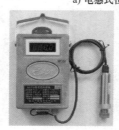

c) 电感式振动传感器

d) 其他种类电感传感器

图 2-74　常见电感式传感器的外形图

54

2.6.5　电涡流式传感器及其应用

根据法拉第电磁感应定律，块状金属导体置于变化的磁场中或在磁场中做切割磁力线运动时，导体内将产生感应电流，这种电流的流线在金属体内自行闭合，类似于水中的漩涡，所以称为电涡流。电涡流的存在必然要消耗一部分磁场的能量，从而使激励线圈的阻抗发生变化，这种现象称为电涡流效应。根据电涡流效应制成的传感器称为电涡流式传感器。

要形成电涡流必须具备两个条件：①存在交变磁场；②导体处于交变磁场中。

1. 电涡流式传感器的工作原理

图 2-75 所示为电涡流式传感器的基本原理图。当激励线圈中有交变电流存在时，线圈周围空间必然产生交变磁场，若此时将金属导体靠近线圈，就会在金属导体中感应出电涡流，电涡流的存在又产生新的交变磁场，该磁场与激励线圈产生的磁场方向相反，从而消耗一部分磁场能量，导致激励线圈阻抗发生变化。线圈阻抗的变化与金属导体的电阻率 ρ、磁导率 μ 以及几何尺寸有关（γ——尺寸因子），还与金属导体与线圈的距离 x 以及激励线圈的激励电流 I_1、频率 ω 有关。线圈等效阻抗 Z 的函数关系式为

$$Z = f(\rho, \mu, x, \omega, I_1, \gamma) \tag{2-71}$$

若保持其他参数不变，只改变其中一个参数，这样传感器的线圈阻抗 Z 就仅与此参数成单值对应关系。再通过传感器的配用电路测出阻抗 Z 的变化量，即可实现对该参数的非电量测量。

2. 电涡流式传感器的等效电路

设激励线圈的电感为 L_1、电阻为 R_1，则其阻抗为 $Z_0 = R_1 + j\omega L_1$。当金属导体靠近线圈时，由于电磁感应，导体上产生涡流，消耗能量，反过来影响线圈的阻抗，从而使 Z_0 变为 $Z_1 = Z_0 + \Delta Z$，这个阻抗 Z_1 就称为线圈的"反射阻抗"。

基于变压器的原理，可以把激励线圈看作变压器的一次绕组，导体中的涡流回路作为变压器的二次绕组，这样就可以画出电涡流线圈的等效电路，如图 2-76 所示。线圈与金属导体之间可以定义一个互感系数 M，它将随着间距 x 的减小而增大。

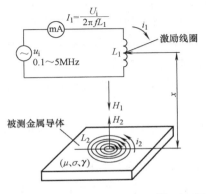

图 2-75　电涡流式传感器的工作原理图

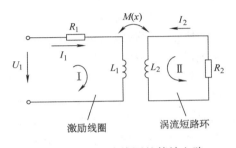

图 2-76　电涡流线圈的等效电路

根据基尔霍夫第二定律，求出反射阻抗为

$$Z_1 = \frac{U_1}{I_1} = \left[R_1 + \frac{\omega^2 M^2}{Z_2^2} R_2 \right] + \mathrm{j}\omega \left[L_1 - \frac{\omega^2 M^2}{Z_2^2} L_2 \right] \tag{2-72}$$

比较 Z_0 与 Z_1 可知，涡流影响的结果是阻抗的实数部分增大（R_1），虚数部分较小（L_1），从而使线圈的品质因数 $\left(Q = \dfrac{\omega L}{R} \right)$ 较小。

3. 转换电路

由电涡流式传感器的工作原理可知，被测参数的变化可以转换为传感器线圈的品质因数 Q、等效阻抗 Z_1、等效电感 L_1 的变化。转换电路即是将这些参数的变化转换为电压或电流输出，所以测量电路可以是电桥电路、调频、调幅电路。

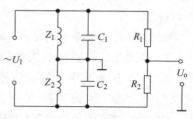

图 2-77　涡流式传感器桥式电路

（1）交流电桥测量电路　图 2-77 为涡流式传感器电桥测量电路。Z_1 和 Z_2 为线圈阻抗，一个是传感器线圈，一个是平衡用固定线圈。它们与电容 C_1 和 C_2，电阻 R_1 和 R_2 组成电桥的 4 个桥臂。电桥的输出与线圈的阻抗成比例关系，从而把线圈的阻抗变化转换为电压的幅值变化。

（2）谐振幅值电路　该电路主要是把传感器等效电感的变化转化为电路振荡频率的变化，再经检波、放大，得到输出电压。如图 2-78 所示，传感器激励线圈 L 与可调电容 C 组成并联谐振回路，由石英晶体振荡器提供高频激励信号。

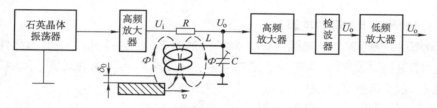

图 2-78　高频调幅式测量转换电路

在没有金属导体的情况下，调整电路的 LC 谐振回路的谐振频率 $f_0 = 1/2\pi\sqrt{LC}$ 等于激励振荡器的振荡频率（如 1MHz），这时 LC 回路呈现阻抗最大，输出电压的幅值也是最大。当传感器接近被测金属导体时，线圈的等效电感 L 发生变化，谐振回路的谐振频率也随着一起变化，导致回路失谐而偏离激励频率，谐振峰将向左或右移动，如图 2-79a 所示。若被测体为非磁性材料，线圈的等效电感减小，回路的谐振频率提高，谐振峰向右偏离激励频率，如图中 f_1、f_2 所示；若被测材料为软磁材料，线圈的等效电感增大，回路的谐振频率降低，谐振峰向左偏离激励频率，如图中 f_3、f_4 所示。

从而使输出电压下降，L 的变化与传感器和金属导体的距离 x 有关，因此回路输出电压也随距离 x 变化。输出电压经放大、检波后，由仪表直接显示出 x 大小。

以非磁性材料为例，电路输出电压幅值与位移的关系曲线如图 2-79b 所示。从图中可以看出，特性曲线是非线性的，在一定范围内（$x_1 \sim x_2$）是线性的。使用时传感器应安装在线性段中间 x_0 表示的间距处，这个距离的安装位置称为理想安装位置。

（3）调频电路　图 2-80 所示为调频法测量转换电路。传感器线圈接在 LC 振动器中作

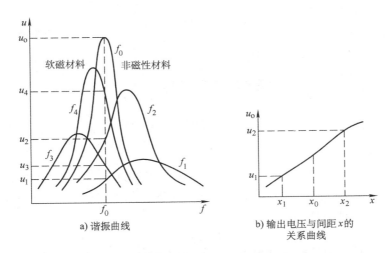

图 2-79　调幅电路的特性曲线

为振荡器的电感，与可调电容 C_0 组成振荡器，以振荡器的频率 f 作为输出量。

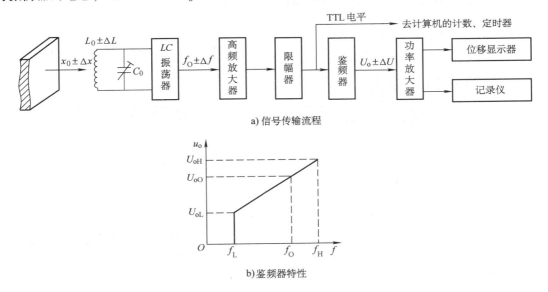

图 2-80　调频法测量转换电路原理图

当电涡流线圈与被测金属导体的距离 x 改变时，电涡流线圈的电感量 L 也随之改变，引起 LC 振荡器输出频率 f 改变。该频率可用数字频率计直接测量，或者通过 $f-V$ 变换，用数字电压表测量对应的电压。振荡器的频率是 x 的函数：

$$f = \frac{1}{2\pi \sqrt{L(x)\,C_0}} \tag{2-73}$$

4. 电涡流式传感器的应用

电涡流式传感器的特点是结构简单，易于进行非接触的连续测量。它的变换量可以是位移 x，也可以是被测材料的性质（ρ 或 μ）。

（1）位移计　电涡流式传感器测量位移的范围为 $0 \sim 5\text{mm}$ 左右，分辨力可达测量范围的 0.1%，因而可测量汽轮机主轴的轴向位移，及金属试样的热膨胀系数等。另外可以进行厚度测量，如图 2-81a 所示。传感器与定位面的距离 H 固定，当金属板或镀层厚度变化时，传感器与金属板间距改变，从而引起传感器的输出变化。这

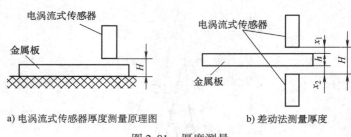

a) 电涡流式传感器厚度测量原理图　　b) 差动法测量厚度

图 2-81　厚度测量

种方法测量金属板上的镀层厚度时，要保证两种材料的物理性质有显著的差别。

　　某些情况下，由于定位不稳，金属板会上下波动，从而影响测量的准确度，此时常采用差动法进行测量，如图 2-81b 所示。

$$h = H - (x_1 + x_2)$$

　　（2）振幅计　电涡流振幅传感器可以无接触地测量旋转轴的径向振动，监测涡轮叶片的振幅，测量振幅的范围从几十微米到几毫米，频率特性在零到几十赫兹内比较平坦。图 2-82 所示为电涡流传感器偏心率/振幅测量示意图。

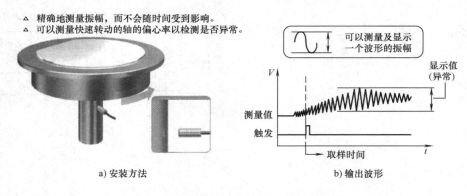

a) 安装方法　　b) 输出波形

图 2-82　电涡流传感器偏心率/振幅测量

　　（3）转速计　如图 2-83 所示，把旋转体做成齿形，或在旋转体上开一条或数条槽，传感器置于旋转体一侧。当旋转体转动时，电涡流式传感器将输出周期性的电压信号，经放大、整形后，用频率计测出信号变化频率 f，从而可得旋转体的转速 $n(\text{r/min})$：

$$n = 60 \frac{f}{z} \qquad (2\text{-}74)$$

式中，z 为旋转体的齿数。

　　这种转速传感器可实现非接触测量，抗污染能力强，可安装在旋转体旁长期对被测旋转体进行监视，测量转速可达 60 万 r/min。

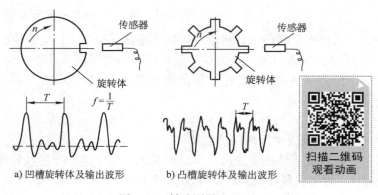

a) 凹槽旋转体及输出波形　　b) 凸槽旋转体及输出波形

图 2-83　转速测量

58

用同样的方法可以将电涡流式传感器安装在产品输送线上对产品进行计数。

（4）涡流探伤仪　涡流探伤仪是一种无损检测装置，用于探测金属材料表面的裂纹、热处理裂纹以及焊缝裂纹。测试时，传感器与被测体的距离保持不变，遇有裂纹时，金属的电导率、磁导率发生变化，裂纹处也有位移量的改变，从而使传感器的输出电压发生变化。

（5）电涡流效应在电磁炉中的应用　图 2-84 是电涡流效应在电磁炉中的应用。高频电流通过励磁线圈，产生交变的磁场，在铁质锅底会产生无数的电涡流，使锅底自行发热，加热锅内的食物。

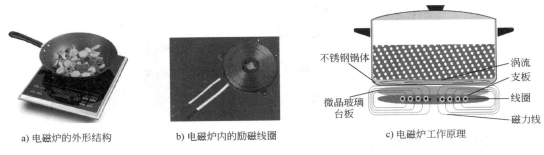

a) 电磁炉的外形结构　　b) 电磁炉内的励磁线圈　　c) 电磁炉工作原理

图 2-84　电涡流效应在电磁炉中的应用

（6）图 2-85 所示是电涡流传感器的其他应用情况。

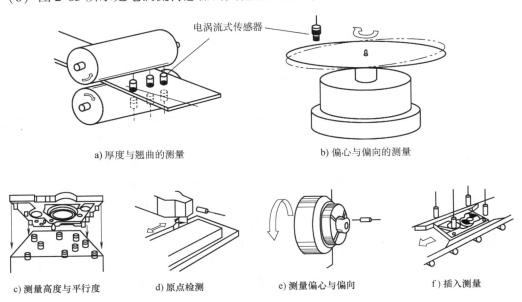

a) 厚度与翘曲的测量　　b) 偏心与偏向的测量

c) 测量高度与平行度　　d) 原点检测　　e) 测量偏心与偏向　　f) 插入测量

图 2-85　电涡流传感器的应用

2.6.6　常见电涡流传感器

图 2-86 所示为常见电涡流传感器的外形及结构简图。

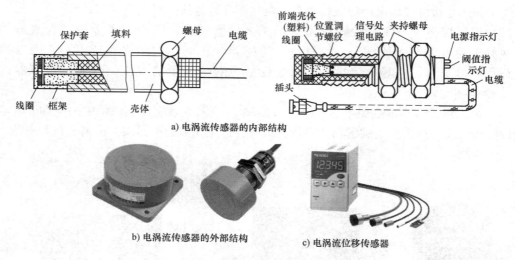

a) 电涡流传感器的内部结构

b) 电涡流传感器的外部结构 c) 电涡流位移传感器

图 2-86　常见电涡流传感器的外形及结构简图

2.7　压阻式压力传感器

2.7.1　压阻式压力传感器的工作原理

压阻式压力传感器的压力敏感元件是压阻元件，它是基于压阻效应工作的。所谓压阻效应就是指半导体材料受外力或应力作用时，其电阻率发生变化的现象。所引起的电阻的相对变化为

$$\frac{\Delta R}{R} = \frac{\Delta \rho}{\rho} = \pi\sigma = \pi E\varepsilon \tag{2-75}$$

式中，ρ 是半导体材料的电阻率；$\Delta\rho$ 是电阻率的变化量；E 是材料的弹性模量；π 是沿某晶向的压阻系数；σ、ε 是沿某晶向的应力、应变。

半导体材料的压阻效应是由于在外力作用下，原子点阵排列发生变化，即晶格间距改变，导致载流子迁移率及载流子浓度的变化，从而引起电阻率的变化。利用压阻效应制成的压阻式传感器，可用于压力、加速度、重量、应变、拉力、流量等参数的测量。

图 2-87 是压阻式压力传感器的结构示意图。压阻芯片采用周边固定的硅杯结构，封装在外壳内。在一块圆形的单晶硅膜片上，用半导体工艺中的扩散掺杂法做 4 个等值电阻，两片位于受压应力区，另两个位于受拉应力区，它们组成一个全桥测量电路。硅膜片用一个圆形硅杯固定，两边有两个压力腔，一个和被测压力相连，为高压腔，另一个是低压腔，为参考压力，通常和大气相通。当存在压差时，膜片产生形变，使两对电阻阻值发生变化，电桥失去平衡，其输出电压反映膜片两边承受的压差的大小。

2.7.2　常见压阻式压力传感器

图 2-88 所示为常见硅压阻式压力传感器的外形图。

压阻式压力传感器的主要优点是体积小、结构比较简单，动态响应好，灵敏度高，能测

出十几帕斯卡的微压，是一种比较理想的应用较广的压力传感器。

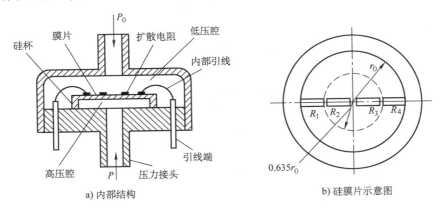

a) 内部结构　　　　　　　　　　b) 硅膜片示意图

图 2-87 压阻式压力传感器的结构示意图

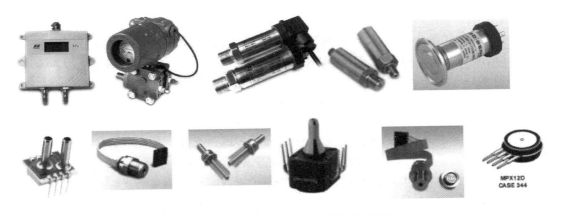

图 2-88 常见硅压阻式压力传感器的外形图

习　　　题

1. 力传感器的组成是什么？

2. 弹性敏感元件的作用是什么？其分类有几种？各有何特点？

3. 电阻应变式传感器的工作原理是什么？它是如何测量试件的应变的？

4. 电阻应变式传感器的测量电路有哪些？各有何特点？

5. 电阻应变片为什么要进行温度补偿？补偿方法有哪些？

6. 应变片的粘贴、固化和检查工艺有哪些？

7. 图 2-89 所示为一直流应变电桥。$U_i = 5V$，$R_1 = R_2 = R_3 = R_4 = 120\Omega$，试求：

（1）R_1 为金属应变片，其余为外接电阻，当 R_1 变化量为

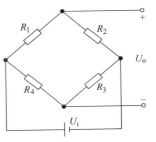

图 2-89 直流应变电桥

$\Delta R_1 = 1.2\Omega$ 时，电桥输出电压 U_o 为多少？

（2）R_1、R_2 都是应变片，且批号相同，感受应变的极性和大小都相同，其余为外接电阻，电桥的输出电压 U_o 为多少？

（3）、题（2）中，如果 R_1、R_2 感受应变的极性相反，且 $|\Delta R_1| = |\Delta R_2| = 1.2\Omega$，电桥的输出电压 U_o 为多少？

（4）由题（1）～（3）能得出什么结论与推论？

8. 压电式传感器的工作原理是什么？压电材料有哪些？

9. 试用石英晶体为例说明压电效应产生的过程。

10. 压电陶瓷有何特点？

11. 压电式传感器的测量电路是什么？各有何特点？为什么压电式传感器不能测量静态的力？

12. 如图 2-32b 所示电荷放大器等效电路。压电元件为压电陶瓷，压电陶瓷的压电系数 $d_{zz} = 5 \times 10^{-10}$ C/N，反馈电容 $C_f = 0.01\mu$F，若输出电压 $U_o = 0.4$V，求压电式传感器所受力的大小？

13. 石英晶体的纵向压电系数 $d_{xx} = 2.3 \times 10^{-12}$ C/N，晶体的长度是宽度的 2 倍，是厚度的 3 倍，求：（1）当沿电轴方向施加 3×10^4N 的力时，用反馈电容为 $C_f = 0.01\mu$F 的电荷放大器测量的输出电压是多少？

（2）当沿机械轴施加力 F_y 时，用同样的电荷放大器测出的输出电压为 3V，F_y 为多少？

14. 用压电式传感器测量一正弦变化的作用力，采用电荷放大器，压电元件用两片压电陶瓷并联，压电系数 $d_{zz} = 190 \times 10^{-12}$ C/N，放大器为理想运放，反馈电容 $C_f = 3800$pF，实际测得放大器的输出电压为 $U_o = 10\sin\omega t$（V），试求此时的作用力 F 的大小。

15. 电容式传感器的工作原理是什么？可分成几种类型？各有何特点？

16. 试说明差动式电容传感器结构是如何提高测量灵敏度，减小非线性误差的？

17. 电容式传感器的测量转换电路主要有哪些？

18. 有一个以空气为介质的变面积型平板电容式传感器，如图 2-45a 所示，其中 $a = 8$mm，$b = 12$mm，两极板间距为 $d = 1$mm。当动极板在原始位置上平移了 5mm 后，求传感器电容量的变化 ΔC 及电容相对变化量 $\Delta C/C_0$。（空气的相对介电常数 $\varepsilon_r = 1$F/m，真空的介电常数 $\varepsilon_0 = 8.854 \times 10^{-12}$F/m）

19. 电感式传感器的基本原理是什么？可分成几种类型？

20. 电感式传感器的常用的测量电路有哪些？

21. 电涡流式传感器的工作原理是什么？形成电涡流的两个必备条件是什么？

22. 压阻式压力传感器的工作原理是什么？主要应用是什么？

第3章　温度传感器

💡 **学习目的**

1）掌握温度的概念和温度的测量方法。

2）了解温度的测量原理和温度传感器的种类及应用。

温度是表征物体冷热程度的物理量，是物体内部分子无规则剧烈运动程度的标志，物质的特性或性能与温度有着密切的联系。在人类社会的日常生活、生产和科研中，温度的测量和控制具有十分重要的意义，尤其在国防现代化及航空航天工业的科研和生产过程中，温度的精确测量及控制更是必不可缺的。

3.1　温标及温度的测量方法

3.1.1　温标

用来量度物体温度数值的标尺叫温标。它规定了温度的读数起点（零点）和测量温度的基本单位。目前国际上用得较多的温标有华氏温标、摄氏温标和热力学温标。

1）华氏温标（℉）：在标准大气压下，冰的熔点为32℉，水的沸点为212℉，中间划分180等分，每等分为1℉，符号为F，它是德国人华伦海特创立的。

2）摄氏温标（℃）：在标准大气压下，冰的熔点为0℃，水的沸点为100℃，中间划分100等分，每等分为1℃，符号为t，它是瑞典人摄尔休斯创立的。

3）热力学温标（K）：热力学温标又称开尔文温标（K），简称开氏温标，或称绝对温标，它规定分子运动停止时的温度为绝对零度（0K），符号为T。1954年国际计量大会决定把水的三相点的热力学温度规定为273.16K。1K就是水三相点的热力学温度的1/273.16倍，因为水的三相点温度比冰的熔点温度约高0.01℃（0.01K），因此，冰的熔点（即摄氏温度零点）的开氏温度是273.15K。为纪念汤姆逊对此的贡献，后人以其封号"开尔文"作为温标单位。热力学温标的零点——绝对零度，是宇宙低温的极限，宇宙间一切物体的温度可以无限地接近绝对零度但不能达到绝对零度（如宇宙空间的温度为0.2K）。

3种温标的换算关系为

$$t_{℃} = T_K - 273.15 \qquad t_{℉} = \frac{9}{5}t_C + 32 \tag{3-1}$$

热力学温标是国际上公认的最基本的温标，我国法定计量单位规定可以使用摄氏温标。

3.1.2　温度的测量方法

温度不能直接测量，需要借助于某种物体的物理参数随温度高低不同而明显变化的特性进行间接测量。温度传感器就是通过测量某些物理量参数随温度的变化而间接测量温度的。

温度传感器是由温度敏感元件（感温元件）和转换电路组成的，如图 3-1 所示。

按照感温元件是否与被测温对象相接触，温度测量可以分为接触式和非接触式测温两大类。

图 3-1　温度传感器的组成框图

（1）接触式测温　感温元件与被测对象接触，彼此进行热量交换，使感温元件与被测对象处于同一温度下，感温元件感受到的冷热变化即是被测对象的温度。常用的接触式测温的温度传感器主要有热膨胀式温度传感器、热电偶、热电阻、热敏电阻、半导体温度传感器等。这类传感器的优点是：结构简单、工作可靠、测量准确度高、价格便宜、可测得被测对象的真实温度及物体内部某一点的温度；缺点是：有较长的滞后现象（由于与被测物热交换需要一定的时间），不适于测量小的物体、腐蚀性强的物体及运动物体的温度，并且由于感温元件与被测对象接触，从而影响被测环境温度的变化，测温范围也受到感温元件材料特性的限制等。

（2）非接触式测温　是利用物体表面的热辐射强度与温度的关系来测量温度的。通过测量一定距离处被测物体发出的热辐射强度来确定被测物的温度。常见的非接触式测温传感器有：辐射高温计、光学高温计、比色高温计、热红外辐射温度传感器等。这类温度传感器的优点是：可以测量高温及腐蚀性、有毒物体的温度，测温速度快，不存在滞后现象，测温范围不受限制，可以测量运动物体、导热性差、微小目标、热容量小的物体、固体、液体表面的温度，不影响被测物环境温度；缺点是：易受被测物体与仪表间距离、烟尘、水气及被测物热辐射率的影响，测量准确度较低等。

3.2　膨胀式温度计

膨胀式温度计是利用物体受热体积膨胀的原理而制成的，多用于现场测量及显示。按选用的物质不同，可分为液体膨胀式温度计、固体膨胀式温度计和气体膨胀式温度计 3 种类型。

膨胀式温度计可以测量 −200 ~ 700℃ 范围内的温度。在机械热处理测温中，常用于测量碱槽、油槽、法兰槽、淬火槽及低温干燥箱的温度，也广泛用于测量设备、管道和容器的温度。

这种温度计结构简单，制造和使用方便，价格低，但外壳薄脆、易损坏，大部分不适于远距离测温，必须接触测量。

3.2.1　玻璃液体温度计

将酒精、水银和煤油等液体充入到透明有刻度的玻璃吸管中，两端密封，就制成玻璃液体温度计。日常生活中常用的酒精温度计、水银温度计就是液体膨胀式玻璃温度计，它是利用玻璃感温泡内的液体受热体积膨胀与玻璃体积膨胀之差来测量温度的。通过读取液体表面对应的刻度值即可得知所测对象的温度，一般用于低温和中温温度测量，其结构示例如图 3-2 所示。

根据填充液的不同，玻璃温度计可分为水银温度计和有机液体温度计。

图 3-2　玻璃液体温度计示例

水银温度计大多用于液体、气体及粉状固体温度的测量,测温范围为 −30～300℃。煤油温度计的工作物质是煤油,它的沸点一般高于 150℃,凝固点低于 −30℃,所以煤油温度计的量度范围约为 −30～150℃。因酒精的沸点是 78℃,凝固点是 −114℃,所以酒精温度计的量度范围约为 −114～78℃,能比煤油温度计测更低的温度,但高于 78℃ 的温度它就不能测定了。如果我们看到装有红色工作物质的温度计,温度计的刻度在 100℃,一般都是煤油温度计,而不是酒精温度计。

玻璃液体温度计的特点:比较简单直观,可以避免外部远传温度计的误差。但易破碎,刻度微细不便读取,不适于有振动和容易受到冲击的场合。

常见的玻璃温度计有体温计、室温计等。

3.2.2 固体膨胀式温度计

固体膨胀式温度计是利用膨胀系数不同的两种金属材料牢固地粘贴在一起制成的。典型的固体膨胀式温度计是双金属温度传感器,如图 3-3 所示。

将双金属片一端固定,另一端为自由端,自由端与指示系统连接。当温度变化时,由于两种金属线膨胀系数不同而使双金属片产生弯曲,弯曲的程度与温度的高低成比例,通过杠杆把双金属片的弯曲程度转换为指针的偏转角,从而指示出被测温度值。为了提高仪表的灵敏度,常将双金属片弯曲成环型或螺旋型,置于保护套内,如图 3-4 所示,当温度变化时,与指针相连的自由端便绕中心轴旋转,同时带动指针在刻度盘上指示出相应的温度值。

扫描二维码
观看动画

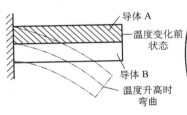

图 3-3 双金属片工作原理   图 3-4 双金属温度计

双金属温度计测温范围为 −100～600℃,探头长度可以达到 1m,可用于测量液体、蒸汽及气体介质温度。其特点为现场显示温度、直观方便、抗震性能好、结构简单、牢固可靠、使用寿命长,但准确度不高。其结构可以做成轴向型、径向型、135°型及万向型。连接方式有可动外螺纹、可动内螺纹、固定螺纹、固定法兰、卡套螺纹、卡套法兰、无固定安装等连接,如图 3-5 所示,以方便各种现场安装。

双金属温度传感器常用于恒温箱、加热炉、电饭锅(电饭煲)、电熨斗等温度控制。图 3-6a 所示为双金属控制电熨斗温度的示意图;图 3-6b 所示为双金属控制恒温箱温度的示意图;图 3-7 所示为双金属控制电饭锅温度的原理图。

3.2.3 气体膨胀式温度计

气体膨胀式温度计是基于密封在容器中的气体受热后体积膨胀,压力随温度变化而变化的原理进行测温的,所以该温度计又称为压力式温度计。

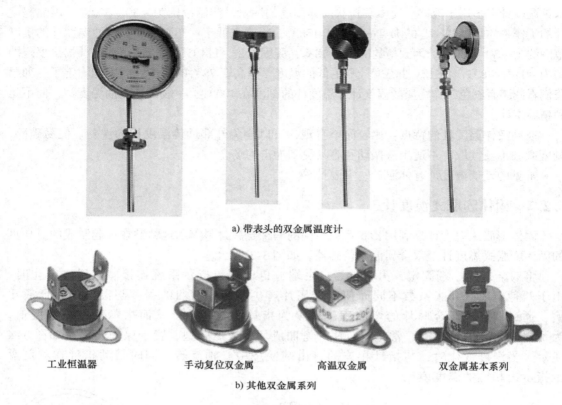

a) 带表头的双金属温度计

工业恒温器　　　手动复位双金属　　　高温双金属　　　双金属基本系列

b) 其他双金属系列

图 3-5　双金属温度计的结构

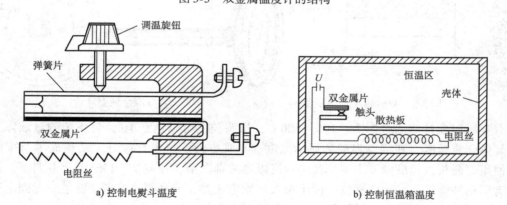

a) 控制电熨斗温度　　　　　　　　　　b) 控制恒温箱温度

图 3-6　双金属温度传感器用于控制温度的示意图

气体膨胀式温度计主要由温包、毛细管、压力敏感元件(如弹簧管、膜盒、波纹管等)组成,如图 3-8 所示。温包、毛细管和弹簧管三者的内腔共同构成一个封闭的容器,其中填满工作介质。当温包受热后,其内部的工作介质温度升高,体积膨胀,压力增大,此压力经毛细管传到弹簧管内,使弹簧管产生变形,并由传动机构带动指针偏转,指示相应的温度值。

温包直接与被测介质接触,它把温度的变化充分地传递给内部的工作介质,所以,其材料应具有良好的导热能力和防腐能力。为了提高测量灵敏度,温包本身的受热膨胀

应远远小于其内部工作介质的膨胀，故
材料的体膨胀系数要小。此外，还应有
足够的机械强度，以便在较薄的容器壁
上承受较大的内外压力差。通常用不锈
钢或黄铜制作温包，黄铜只能用于非腐
蚀性介质中测温。温包通常做成细而长
的圆筒形，以利于传热。

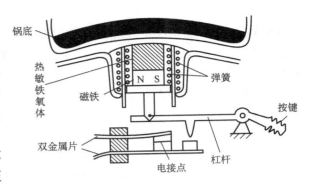

图 3-7　双金属控制电饭锅温度

气体膨胀式温度计根据填充物的不
同（氮气、氯甲烷、水银），可分为气体压
力式温度计、蒸汽压力式温度计和液体
压力式温度计。其测温范围为 - 100 ~
700℃。气体膨胀式温度计主要用于远距离设备的气体、液体、蒸汽的温度测量，也能用于
温度控制和有爆炸危险场所的温度测量。

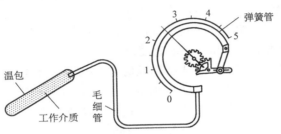

图 3-8　气体膨胀式温度计

扫描二维码
观看动画

3.3　电阻式温度传感器

电阻式温度传感器是利用导体或半导体材料的电阻值随温度变化而变化的原理来测量温
度的。材料的电阻率随温度的变化而变化的现象称为热电阻效应。当温度升高时，虽然自由
电子数目基本不变（当温度变化范围不是很大时），但每个自由电子的动能将增加，因而在
一定的电场作用下，要使这些杂乱无章的电子作定向运动就会遇到更大的阻力，导致金属电
阻值随温度的升高而增加。按制造材料来分，一般把由金属导体铂、铜、镍等制成的测温元
件称为金属热电阻传感器，简称热电阻传感器；把由半导体材料制成的测温元件称为热敏
电阻。

3.3.1　金属热电阻传感器

金属热电阻传感器，是利用金属导体的电阻值随
温度的变化而变化的原理进行测温的。最基本的热电
阻测温仪是由热电阻、连接导线及显示仪表组成，如
图 3-9 所示。热电阻广泛用来测量 -220 ~ 850℃ 范围内
的温度，少数情况下，低温可测量至 -272℃，高温可测
量至 1000℃。金属热电阻常用的材料是铂和铜。

显示仪表

R_t

图 3-9　金属热电阻测温仪是测量示意图

1. 铂热电阻

铂易于提纯、复制性好，在氧化性介质中，甚至高温下，其物理化学性质极其稳定，因而主要用于高精度温度测量和标准测温装置，其测温范围为 $-200 \sim 850℃$。下面介绍铂电阻的电阻-温度特性方程。

在 $-200 \sim 0℃$ 的温度范围内为

$$R_t = R_0 [1 + At + Bt^2 + Ct^3(t - 100)] \tag{3-2}$$

在 $0 \sim 850℃$ 的温度范围内为

$$R_t = R_0(1 + At + Bt^2) \tag{3-3}$$

式(3-2)和式(3-3)中，R_t、R_0 分别为温度 $t℃$ 和 $0℃$ 时的铂电阻值；A、B 和 C 为常数，其数值为

$$A = 3.9684 \times 10^{-3}/℃$$

$$B = -5.847 \times 10^{-7}/℃^2$$

$$C = -4.22 \times 10^{-12}/℃^4$$

由式(3-2)和式(3-3)可知 $t = 0℃$ 时的铂电阻值为 R_0。我国工业用铂热电阻有 $R_0 = 10\Omega$、$R_0 = 50\Omega$、$R_0 = 100\Omega$ 等几种，它们的分度号分别为 Pt10、Pt50、Pt100，其中 Pt100 最常用。铂热电阻不同分度号对应有相应分度表，即 R_t-t 的关系表，这样在实际测量中，只要测得热电阻的阻值，便可从分度表上查出对应的温度值。

用百度电阻比 $W(100) = R_{100}/R_0$ 表示铂丝的纯度（R_{100} 表示 $100℃$ 时的电阻值），比值越大，纯度越高，测量越精确。我国工业用铂电阻 R_{100}/R_0 的值在 $1.391 \sim 1.389$ 间，国际上规定 $R_{100}/R_0 \geqslant 1.392$。不同的纯度和分度号，$A$、$B$、$C$ 数值也不同，上述 A、B、C 的大小是分度号为 Pt100，$W(100) = R_{100}/R_0 = 1.391$ 时的值。

分度号为 Pt100 铂热电阻对应的分度表见附录 B。

2. 铜热电阻

由于铂是贵金属，价格较贵，在测量精度要求不高、测温范围在 $-50 \sim 150℃$ 时，普遍采用铜电阻。铜电阻的电阻温度特性方程为

$$R_t = R_0(1 + a_1 t + a_2 t^2 + a_3 t^3)$$

由于 a_2、a_3 比 a_1 小得多，所以可以简化为

$$R_t \approx R_0(1 + a_1 t)$$

式中，R_t 是温度为 $t℃$ 时的铜电阻值；R_0 是温度为 $0℃$ 时铜电阻值；a_1 是常数，$a_1 = 4.28 \times 10^{-3}℃^{-1}$。

铜电阻的 R_0 常取 100Ω 和 50Ω 两种，分度号为 Cu100 和 Cu50。

铜易于提纯、价格低廉、电阻-温度特性的线性较好，但电阻率仅为铂的几分之一。因此，铜电阻所用阻丝细而且长、机械强度较差、热惯性较大，在温度高于 $100℃$ 或在腐蚀性介质中使用时，易氧化、稳定性较差。因此，铜电阻只能用于低温及无腐蚀性的介质中。

3. 热电阻传感器的结构

工业用热电阻的结构如图 3-10a 所示，它由电阻体、绝缘管、保护套管、引线和接线盒等组成，图 3-10b 为常见铂热电阻传感器元件的外形图。

电阻体由电阻丝和电阻支架组成。由于铂的电阻率大，而且相对机械强度较大，通常铂丝直径在 $0.03 \sim (0.07 \pm 0.005)$ mm 之间，可单层绕制，电阻体可做得很小，如图 3-11 所示。铜的机械强度较低，电阻丝的直径较大，一般为 (0.1 ± 0.005) mm 的漆包铜线或丝包线

分层绕在骨架上，并涂上绝缘漆而成。由于铜电阻测量的温度低，一般多用双绕法，即先将铜丝对折，两根丝平行绕制，两个端头处于支架的同一端，这样工作电流从一根热电阻丝进入，从另一根丝反向出来，形成两个电流方向相反的线圈，其磁场方向也相反，产生的电感就互相抵消，故又称无感绕法。这种双绕法也有利于引线的引出。

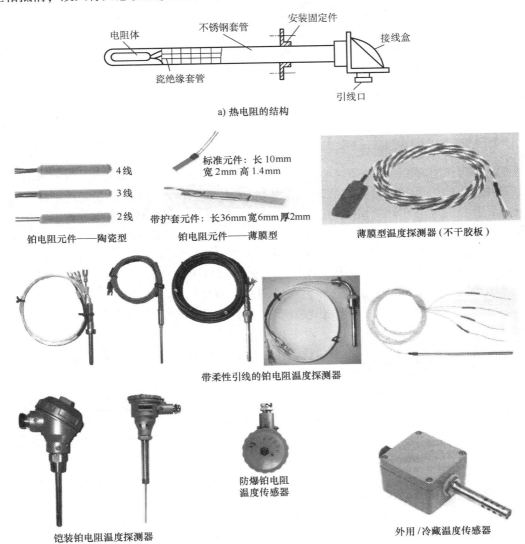

图 3-10 热电阻传感器的结构及外形

图 3-11 热电阻的绕制

69

4. 热电阻传感器的测量电路

热电阻传感器的测量电路常用电桥电路，外界引线较长时，引线电阻的变化会使测量结果有较大误差，为减小误差，可采用三线制电桥连接法测量电路或四线制恒流源测量电路。

（1）两线制电桥测量电路　图3-12所示为两线制电桥测量电路，由于仅用两根引线连接在热电阻两端，导线本身的阻值势必与热电阻的阻值串接在一起，造成测量误差。在图3-12中，如果每根导线的阻值是r，电桥平衡时，

$$(R_t + 2r)R_2 = R_1 R_3$$

当采用等臂电桥时，

$$R_2 = R_1$$

所以

$$R_t + 2r = R_3$$

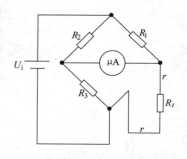

图3-12　两线制测量

测量结果中必然含有绝对误差$2r$。这种误差很难修正，因为r的值是随沿途环境温度而变化的，环境温度并非处处相同，且又变化莫测。这就注定了两线制连接方式不宜在工业热电阻上普遍使用。

（2）三线制电桥测量电路　为了避免或减少引线电阻对测温的影响，常采用三线制电桥测量电路，如图3-13所示。热电阻的一端与一根引线相连，另一端同时接两根引线。热电阻的3根导线粗细相同，长度相等，假设阻值均为r。其中一根串接在电桥电源上，对电桥的平衡毫无影响。另外两根分别串接在电桥的相邻桥臂上，使相邻桥臂的阻值都增加r。电桥平衡时，

$$(R_t + r)R_2 = R_1(R_3 + r) \qquad (3\text{-}4)$$

当采用等臂电桥时，

$$R_2 = R_1$$

所以

$$R_t = R_3$$

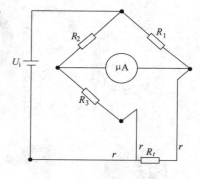

图3-13　三线制电桥测量电路

式(3-4)两边的r相互抵消，导线电阻r对测量毫无影响。

（3）四线制恒流源测量电路　如图3-14所示，为四线制恒流源测量电路。由恒流源提供的电流I流过热电阻R_t，在R_t上产生压降U，用电位差计直接测出压降U，便可用欧姆定律求出R_t。

该电路供给电流和测量电压分别使用热电阻上的4根导线。虽然每根导线上都有电阻r，但电流导线上形成的压降rI不在测量范围内，电压导线上虽有电阻，但无电流流过，所以4根导线的电阻r对测量都没影响。但要注意因为电流流过导体时导体存在发热现象，所以供电电流不宜过大，一般在0.6mA以下。精确测量时，通电电流为0.25mA。

要注意的是，无论三线制或四线制测量电路，都必须

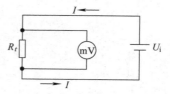

图3-14　四线制恒流源测量电路

从热电阻感温体的根部引出导线，而不能从热电阻的接线端子上分出，如图 3-15 所示，否则同样会存在引线误差。

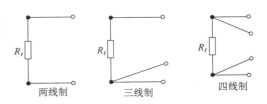

图 3-15　热电阻引线方式

3.3.2　半导体热敏电阻

半导体热敏电阻简称热敏电阻，是一种新型的测温元件。热敏电阻是利用某些金属氧化物或单晶锗、硅等材料，按特定工艺制成的感温元件。热敏电阻可分为 3 种类型：①正温度系数（PTC）热敏电阻（电阻的变化趋势与温度的变化趋势相同）；②负温度系数（NTC）热敏电阻（电阻的变化趋势与温度的变化趋势相反）；③在某一特定温度下电阻值会发生突变的临界温度电阻器（CTR）。

1. 热敏电阻的 $R_t - t$ 特性

图 3-16 列出了不同种类热敏电阻的 $R_t - t$ 特性曲线。曲线 1 和曲线 2 为负温度系数（NTC 型）曲线，曲线 3 和曲线 4 为正温度系数（PTC 型）曲线。由图中可以看出 1 和 3 特性曲线的热敏电阻，更适用于温度的测量，而符合 2 和 4 特性曲线的热敏电阻因特性曲线变化陡峭，则更适用于组成控制开关电路。与金属热电阻相比热敏电阻的特点是：

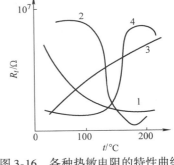

图 3-16　各种热敏电阻的特性曲线
1—负指数型 NTC　2—突变形 NTC
3—线性型 PTC　4—突变型 PTC

1）电阻温度系数大、灵敏度高，约为金属电阻的 10 倍。

2）结构简单、体积小、可测点温。

3）电阻率高、热惯性小、适用于动态测量。

4）易于维护和进行远距离控制。

5）制造简单、使用寿命长。

6）互换性差，非线性严重。

2. 热敏电阻的结构

根据使用要求可将热敏电阻的封装加工成多种形状的探头，如图 3-17 所示。

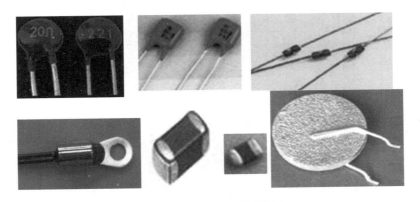

图 3-17　热敏电阻的结构图

3. 热敏电阻的符号

热敏电阻在电路中的符号为：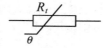

4. 热敏电阻的应用

（1）热敏电阻测温　用于测量温度的热敏电阻结构简单，价格便宜。没有外保护层的热敏电阻只能用于干燥的环境中，在潮湿、腐蚀性等恶劣环境下只能使用密封的热敏电阻。图3-18所示为热敏电阻体温表的原理图。

测量时先对仪表进行标定。将绝缘的热敏电阻放入32℃（表头的零位）的温水中，待热量平衡后，调节 RP_1，使指针在32℃上，再加热水，用更高一级的温度计监测水温，使其上升到45℃。待热量平衡后，调节 RP_2，使指针指在45℃上。再加入冷水，逐渐降温，反复检查32～45℃范围内刻度的准确性。

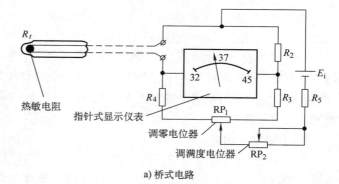

a) 桥式电路

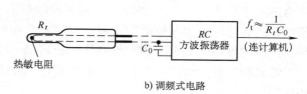

b) 调频式电路

图3-18　热敏电阻体温表原理图

（2）热敏电阻用于温度补偿　热敏电阻可在一定范围内对某些元件进行温度补偿。例如，由铜线绕制而成的动圈式仪表表头中的动圈，当温度升高时，电阻增大，引起测量误差。如果在动圈回路中串接负温度系数的热敏电阻，则可以抵消由于温度变化所产生的测量误差。

（3）热敏电阻用于温度控制　在空调、电热水器、自动保温电饭锅、冰箱等家用电器中，热敏电阻常用于温度控制。图3-19所示为负温度系数热敏电阻在电冰箱温度控制中的应用。

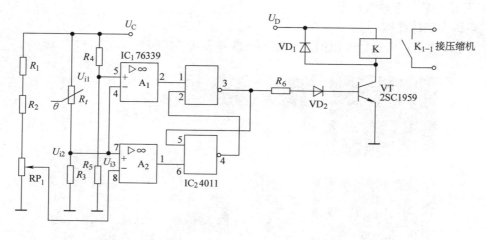

图3-19　负温度系数热敏电阻在电冰箱温度控制中的应用

当冰箱接通电源时，由 R_4 和 R_5 经分压后给 A_1 的同相端提供一固定基准电压 U_{i1}，由温度调节电路 RP_1 输出一设定温度电压 U_{i3} 给 A_2 的反相输入端，这样就由 A_1 组成开机检测电路，由 A_2 组成关机检测电路。

当冰箱内的温度高于设定温度时，由于温度传感器 R_t（热敏电阻）和 R_3 的分压 $U_{i2} > U_{i1}$、$U_{i2} > U_{i3}$，所以 A_1 输出低电平，而 A_2 输出高电平。由 IC_2 组成的 RS 触发器的输出端输出高电平，使 VT 导通，继电器工作，其常开触点闭合，接通压缩机电动机电路，压缩机开始制冷。

当压缩机工作一定时间后，冰箱内的温度下降，到达设定温度时，温度传感器阻值增大，使 A_1 的反向输入端和 A_2 的同相输入端电位 U_{i2} 下降，$U_{i2} < U_{i1}$、$U_{i2} < U_{i3}$，A_1 的输出端变为高电平，而 A_2 的输出端变成低电平，RS 触发器的工作状态发生变化，其输出为低电平，而使 VT 截止，继电器 K 停止工作，触点 K_{1-1} 被释放，压缩机停止运转。

若电冰箱停止制冷一段时间后，冰箱内的温度慢慢升高，此时开机检测电路 A_1、关机检测电路 A_2 及 RS 触发器又翻转一次，使压缩机重新开始制冷。这样周而复始地工作，达到控制电冰箱内温度的目的。

（4）热敏电阻用于过热保护　利用临界温度系数热敏电阻的电阻温度特性，可制成过热保护电路。例如将临界温度系数热敏电阻安放在电动机定子绕组中并与电动机继电器串联。当电动机过载时定子电流增大，引起过热，热敏电阻检测温度的变化，当温度大于临界温度时，电阻发生突变，供给继电器的电流突然增大，继电器断开，从而实现了过热保护。

（5）热敏电阻用于液位报警　图 3-20 所示为具有音乐报警的液位报警器，适用于电池电压为 6V 的摩托车。图中，G 为 KD9300 型音乐信号集成块；A 为 TWH8778 型功率放大集成块，在本电路中用作脉冲放大器；R_{t1} 和 R_{t2} 构成旁热式 PTC 热敏电阻液位传感器。其中，R_{t1} 为旁热元件，常温阻值 12Ω，居里温度（电阻值开始陡峭地增高时的温度）$T_c = 40℃$；R_{t2} 为常温阻值（100 ± 50）Ω、$T_c \leqslant 30℃$、热态阻值 $\geqslant 600Ω$ 的 PTC 热敏电阻传感元件。当传感器处于汽油中时，G 的 2 号引脚的触发电压低于 2V，电路截止，扬

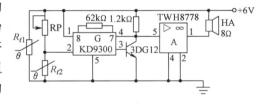

图 3-20　带音乐报警的液位器电路

声器 HA 不发声。当传感器露出液面后，R_{t2} 的阻值剧增，G 触发导通输出音乐信号，并经 A 放大后推动 HA 发出足够的音乐报警声，为驾驶员提供加油信息。

3.4　热电偶温度传感器

热电偶是工程上应用最广泛的温度传感器。其结构简单，使用方便，测温点小，准确度高，热惯性小，响应速度快，便于维修，复现性好，且测温范围广，一般为 $-270 \sim 2800℃$；还具有可直接输出电信号，不需要转换元器件，适于远距离测量、自动记录、集中控制等优点。因而在温度测量中占有很重要的地位。缺点是存在冷端温度补偿问题。

3.4.1　热电偶温度传感器的工作原理

1. 热电效应

两种不同材料的导体 A 和 B 组成一个闭合回路，如图 3-21 所示。若两接点的温度不同，则在该回路中将会产生电动势，两个接点的温差越大，所产生的电动势也越大。组成回路的导体材料不同，所产生的电动势也不一样。这种现象称为热电效应。两种导体所组成的闭合回路称为热电偶；热电偶所产生的电动势称为热电动势；组成热电偶的材料 A 和 B 称为热电极；两个接点中温度高的一

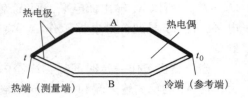

图 3-21　热电偶测温原理图

端称为热端或测量端(工作端)，另一端则称为冷端或参考端(自由端)。热电偶是基于热电效应的原理来测量温度的。

2. 热电动势的组成

热电动势是由两种导体的接触电动势和单一导体的温差电动势组成的。

（1）两种导体的接触电动势　接触电动势是由于两种不同导体的自由电子的浓度不同而在接触面形成的电动势。假设两种金属 A、B 的自由电子浓度分别为 N_A 和 N_B，且 $N_A >$ N_B。当两种金属相接时，将产生自由电子的扩散现象。在同一瞬间，由 A 扩散到 B 中去的电子比由 B 扩散到 A 中去的多，从而使金属 A 失去电子带正电；金属 B 得到电子带负电，在接触面形成电场。此电场阻止电子进一步扩散，当达到动态平衡时，在接触面的两侧就形成了稳定的电位差，即接触电动势 $e_{AB}(t)$，如图 3-22 所示。接触电动势的数值取决于两种导体的性质和接触点的温度，而与导体的形状及尺寸无关。温度越高，接触电动势也越大。接触电动势的方向由两导体的材料决定。

（2）单一导体的温差电动势　对于单一导体，如果两端温度分别为 t、t_0，如图 3-23 所示，则导体中的自由电子，在高温端具有较大的动能，因而向低温端扩散，高温端因失去电子带正电，低温端获得电子带负电，即在导体两端产生了电动势，这个电动势称为单一导体的温差电动势。

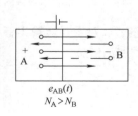

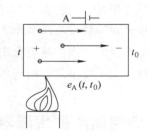

图 3-22　两种导体的接触电动势　　　　图 3-23　单一导体的温差电动势

由图 3-24 可知，热电偶回路中产生的总热电动势为

$$E_{AB}(t,t_0) = e_{AB}(t) + e_B(t,t_0) - e_{AB}(t_0) - e_A(t,t_0) \tag{3-5}$$

式中，$E_{AB}(t,t_0)$ 是热电偶电路的总热电动势；$e_{AB}(t)$ 是热端接触电动势；$e_B(t,t_0)$ 是 B 导体的温差电动势；$e_{AB}(t_0)$ 是冷端接触电动势；$e_A(t,t_0)$ 是 A 导体的温差电动势。

在总热电动势中，温差电动势比接触电动势小很多，可忽略不计，则热电偶的热电动势可表示为

$$E_{AB}(t,t_0) = e_{AB}(t) - e_{AB}(t_0) \tag{3-6}$$

对于已选定的热电偶，当参考端温度 t_0 恒定时，$e_{AB}(t_0) = C$ 为常数，则总的热电动势就只与温度 t 成单数值函数关系，即

$$E_{AB}(t,t_0) = e_{AB}(t) - C = f(t) \tag{3-7}$$

实际应用中，热电动势与温度之间的关系是通过热电偶分度表来确定的。分度表是参考端温度为 0℃ 时，通过实验建立起来的热电动势与工作端温度之间的数值对应关系。热电偶分度表见附录 C。

3. 热电偶的基本定律

（1）中间导体定律　在热电偶电路中接入第三种导体，只要保持该导体两接入点的温度相等，回路中总的热电动势不变，即第三种导体的引入对热电偶回路的总热电动势没有影响。如图 3-25 所示。

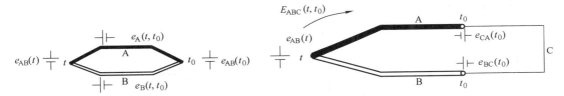

图 3-24　热电偶回路总热电动势　　　　图 3-25　中间导体定律

由图 3-25 可得回路总热电动势为

$$E_{ABC}(t,t_0) = e_{AB}(t) + e_{BC}(t_0) + e_{CA}(t_0) \tag{3-8}$$

当 $t = t_0$ 时

$$E_{ABC}(t_0,t_0) = e_{AB}(t_0) + e_{BC}(t_0) + e_{CA}(t_0) = 0$$
$$-e_{AB}(t_0) = e_{BC}(t_0) + e_{CA}(t_0)$$

所以

$$E_{ABC}(t,t_0) = e_{AB}(t) + e_{BC}(t_0) + e_{CA}(t_0) = e_{AB}(t) - e_{AB}(t_0) \tag{3-9}$$

同理，在热电偶回路中接入第四、第五、……种导体，只要保证接入的每种导体两端的温度相同，同样不影响热电偶回路中总的热电动势大小。

中间导体定律的意义：根据这个定律，我们可采取任何方式焊接导线，可以将热电动势通过导线接至测量仪表进行测量，且不影响测量准确度，如图 3-26 所示。可采用开路热电偶对液态金属和金属壁面进行温度测量，只要保证两热电极插入地方的温度相同即可。如图 3-27 所示。

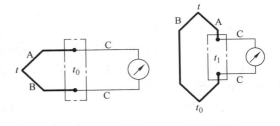

图 3-26　连接仪表的热电偶测量回路

（2）中间温度定律　在热电偶测量电路中，测量端温度为 t，自由端温度为 t_0，中间温度为 t'，如图 3-28 所示。则 $(t、t_0)$ 的热电动势等于 $(t、t')$ 与 $(t'、t_0)$ 的热电动势代数和。即

$$E_{AB}(t,t_0) = E_{AB}(t,t') + E_{AB}(t',t_0) \tag{3-10}$$

如图 3-28 所示,

$$E_{AB}(t,t') = e_{AB}(t) - e_{AB}(t')$$

$$E_{AB}(t',t_0) = e_{AB}(t') - e_{AB}(t_0)$$

两式相加得

$$E_{AB}(t,t') + E_{AB}(t',t_0) = e_{AB}(t) - e_{AB}(t_0) = E_{AB}(t,t_0)$$

中间温度定律的意义:利用该定律,可对参考端温度不为0℃的热电动势进行修正。另外,可以选用廉价的热电极 A′、B′代替 t' 到 t_0 段的热电极 A、B,只要在 t'、t_0 温度范围内 A′、B′与 A、B 热电极具有相近的热电动势特性,便可将热电极冷端延长到温度恒定的地方再进行测量,使测量距离加长,还可以降低测量成本,而且不受原热电偶自由端温度 t' 的影响。这就是在实际测量中,对冷端温度进行修正,运用补偿导线延长测温距离,消除热电偶自由端温度变化影响的道理。

热电动势只取决于冷、热接点的温度,而与热电极上的温度分布无关。

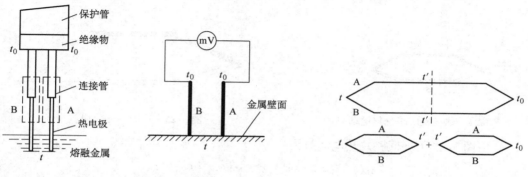

图 3-27 开路热电偶测温　　　　图 3-28 中间温度定律

（3）参考电极定律　　如图 3-29 所示,已知热电极 A、B 与参考电极 C 组成的热电偶在接点温度为 (t,t_0) 时的热电动势分别为 $E_{AC}(t,t_0)$、$E_{BC}(t,t_0)$,则相同温度下,由 A、B 两种热电极配对后的热电动势 $E_{AB}(t,t_0)$ 可按式(3-11)计算为

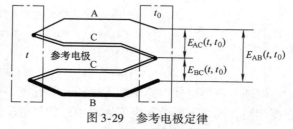

图 3-29 参考电极定律

$$E_{AB}(t,t_0) = E_{AC}(t,t_0) - E_{BC}(t,t_0) \tag{3-11}$$

参考电极定律的意义:参考电极定律大大简化了热电偶选配电极的工作,只要获得有关电极与参考电极配对的热电动势,那么任何两种电极配对后的热电动势均可利用该定理计算,而不需要逐个进行测定。由于纯铂丝的物理化学性能稳定,熔点较高,易提纯,所以目前常用纯铂丝作为标准电极。

例　当 t 为100℃,t_0 为0℃时,铬合金-铂热电偶的 $E(100℃,0℃)=3.13\text{mV}$;铝合金-铂热电偶的 $E(100℃,0℃)=-1.02\text{mV}$。求铬合金-铝合金组成热电偶的热电动势 $E(100℃,0℃)$。

解:设铬合金为 A,铝合金为 B,铂为 C,即

$$E_{AC}(100,0) = 3.13\text{mV}$$

$$E_{BC}(100,0) = -1.02\text{mV}$$

则
$$E_{AB}(100,0) = E_{AC}(100,0) - E_{BC}(100,0)$$
$$= 3.13mV - (-1.02mV)$$
$$= 4.15mV$$

由上可见，热电偶具有以下性质：

1）当两热电极材料相同时，不论接点温度相同与否，回路总热电动势均为零。

2）当热电偶两个接点的温度相同时，不论电极材料相同与否，回路总热电动势均为零。

3）只有当电极材料不同，两接点温度不同时，热电偶回路才有热电动势。当电极材料选定后，两接点的温差越大，热电动势也越大。

4）回路中热电动势的方向取决于热端的接触电动势方向或回路电流流过冷端的方向。

3.4.2　热电极的材料及常用热电偶

根据热电偶的测量原理，理论上任何两种不同材料的导体都可以作为热电极组成热电偶，但实际应用中，为了准确可靠地进行温度测量，必须对热电偶组成的材料严格选择。组成热电偶的材料要满足以下条件：

1）在测量温度范围内，热电性能稳定，不随时间和被测介质变化，物理化学性能稳定，能耐高温，在高温下不易氧化或腐蚀等。

2）导电率要高，电阻温度系数小。

3）热电动势随温度的变化率要大，并希望该变化率最好是常数。

4）组成热电偶的两电极材料应具有相近的熔点和特性稳定的温度范围。

5）材料的机械强度高，来源充足，复制性好，复制工艺简单，价格便宜。

目前工业上常用的 4 种标准化的热电偶材料为：铂铑$_{30}$-铂铑$_6$（分度号为 B 型），测温范围 0～1 800℃；铂铑$_{10}$-铂（分度号为 S 型），测温范围 0～1 600℃；镍铬-镍硅（分度号为 K 型），测温范围 -200～1 300℃；镍铬-铜镍（分度号为 E 型），测温范围 -200～900℃。组成热电偶的两种材料写在前面的为正极，后面为负极。查热电偶分度表时，一定要对应相应的材料。

3.4.3　热电偶传感器的结构

为了适应不同生产对象的测温要求和条件，热电偶的结构形式有普通型热电偶、铠装热电偶和薄膜热电偶等。

1. 普通型热电偶

图 3-30 所示是工业测量上应用最多的普通型热电偶，它一般由热电极、绝缘套管、保护套管和接线盒组成。普通型热电偶根据安装连接形式可分为固定螺纹连接、固定法兰连接、活动法兰连接和无固定装置等形式，如图 3-30b 所示。

2. 铠装热电偶

铠装热电偶也称缆式热电偶，如图 3-31所示，它是将热电偶丝与电熔氧化镁绝缘物熔铸在一起，外套不锈钢管等。这种热电偶耐高压、反应时间短、坚固耐用。

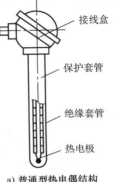

a) 普通型热电偶结构

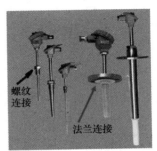

b) 普通热电偶安装方法

图 3-30　普通型热电偶

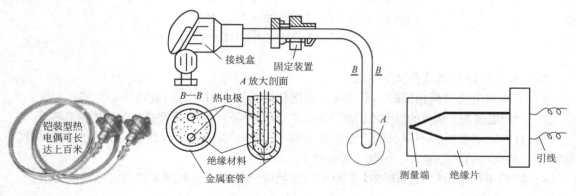

图3-31 铠装热电偶   图3-32 薄膜热电偶

3. 薄膜热电偶

如图3-32所示，是用真空镀膜技术等方法，将热电偶材料沉积在绝缘片表面而构成的热电偶。测量范围为 –200 ~ 500℃，热电极材料多采用铜-康铜、镍铬-铜、镍铬-镍硅等，用云母作绝缘基片，主要适用于各种表面温度的测量。当测量范围为 500 ~ 1 800℃时，热电极材料多用镍铬-镍硅、铂铑-铂等，用陶瓷做基片。

4. 热电偶传感器的其他结构形状

图3-33所示为热电偶的其他结构形状。

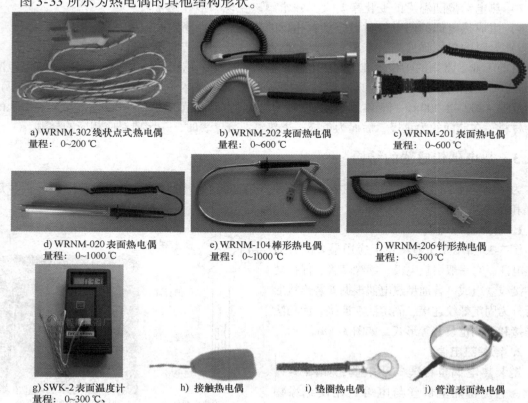

a) WRNM-302 线状点式热电偶 量程：0~200 ℃

b) WRNM-202 表面热电偶 量程：0~600 ℃

c) WRNM-201 表面热电偶 量程：0~600 ℃

d) WRNM-020 表面热电偶 量程：0~1000 ℃

e) WRNM-104 棒形热电偶 量程：0~1000 ℃

f) WRNM-206 针形热电偶 量程：0~300 ℃

g) SWK-2 表面温度计 量程：0~300 ℃、0~500 ℃、0~800 ℃、0~1000 ℃

h) 接触热电偶

i) 垫圈热电偶

j) 管道表面热电偶

图3-33 热电偶的其他结构形状

3.4.4　热电偶冷端温度补偿

由于热电偶的分度表是在冷端温度为0℃时测得的，如果冷端温度不为零，测得的热电动势就不能直接去查相应的分度表。另外，根据热电偶的测温原理，热电偶回路的热电动势只与冷端和热端的温度有关，当冷端温度保持不变时，热电动势才与测量端温度成单值对应关系。但在实际测量时，冷端温度常随环境温度变化而变化，t_0 不能保持恒定，因而会产生测量误差。为了消除或补偿冷端温度的影响，常采用以下几种方法。

1. 0℃冷端恒温法

将热电偶的冷端置于0℃的恒温器内，保持 t_0 为0℃，如图3-34所示，此时测得的热电动势可以准确地反映热端温度变化的大小，直接查对应的热电偶分度表即可得知热端温度的大小。此方法测量准确，但有局限性，一般适宜于实验室测量。

2. 冷端恒温法

将冷端置于其他恒温器内，使之保持温度恒定，避免由于环境温度的波动而引入误差。利用中间温度定律即可求出测量端相对于0℃的热电动势。

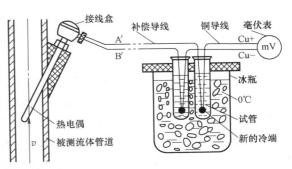

图3-34　热电偶0℃恒温法连接图

$$E_{AB}(t,0) = E_{AB}(t,t_0) + E_{AB}(t_0,0)$$

此方法在热电偶与动圈式仪表配套使用时特别实用。可以利用仪表的机械调零点将零位调到与冷端温度相同的刻度上，也相当于先给仪表输入一个热电动势 $E_{AB}(t_0,0)$，在仪表使用时所指示的值即为对应的温度值，也即实际测量温度对应热电动势的大小为 $E_{AB}(t,t_0) + E_{AB}(t_0,0)$。

3. 补偿导线法（延引电极法）

实际测温时，由于热电偶的长度有限，冷端温度将直接受到被测介质温度和周围环境的影响。例如，热电偶安装在电炉壁上，电炉周围的空气温度的不稳定会影响到接线盒中的冷端的温度，造成测量误差。为了使冷端不受测量端温度的影响，可将热电偶加长，但同时也增加了测量费用。所以一般采用在一定温度范围内（0~100℃）与热电偶热电特性相近且廉价的材料代替热电偶来延长热电极，这种导线称为补偿导线，这种方法称为补偿导线法。如图3-35所示，A′、B′为补偿导线，根据补偿导线的定义有

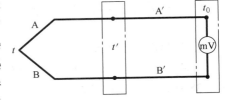

图3-35　补偿导线法

$$E_{AB}(t',t_0) = E_{A'B'}(t',t_0) \tag{3-12}$$

由式(3-12)可知，补偿导线在温度(t', t_0)范围内与热电偶作用是一样的，只是将热电偶的冷端温度从 t′ 延长到 t_0。所以补偿导线仅起延长热电极的作用，它本身并不能消除冷端温度变化对测温的影响，不起任何温度补偿作用。但由于补偿导线比热电偶便宜，节约了测量经费。

使用补偿导线必须注意两个问题：①两根补偿导线与热电偶相连的接点温度必须相同；②不同的热电偶要与其型号相应的补偿导线配套使用，且必须在规定的温度范围内使用，极

性不能接反。在我国，补偿导线已有定型产品，见表3-1。

表3-1 常用热电偶补偿导线表

热电偶名称	分度号	材料	极性	补偿导线成分	护套颜色	金属颜色
铂铑–铂	S	铜 铜镍	+ –	Cu 0.57%~0.6% Ni, 其余 Cu	红 绿	紫红 褐
镍铬–镍硅 镍铬–镍铝	K	铜 康铜	+ –	Cu 39%~41% Ni, 1.4%~1.8% Mn, 其余 Cu	红 棕	紫红 白
镍铬-铜镍 镍铬-康铜	E	镍铬 考铜	+ –	8.5%~10% Cu, 其余 Cu 56% Cu, 44% Ni	紫 黄	黑 白

4. 电桥补偿法

电桥补偿法是利用不平衡电桥产生的不平衡电压，来自动补偿热电偶因冷端温度变化而引起的热电动势变化。如图3-36所示，电阻 R_1、R_2、R_3、R_{Cu} 组成一个电桥，与热电偶冷端处于同一环境温度下。补偿电桥的桥臂电阻 R_1、R_2、R_3、R_5 的电阻温度系数较小，R_{Cu} 电阻的温度系数较大，当 $t_0 = 0℃$ 时，将电桥调至平衡状态，a、b 两点电位相等，电桥对仪表读数无影响；当热电偶冷端温度上升时，热电动势值将减小，但电阻 R_{Cu} 阻值增加，电桥失去平衡，a－b 间显现的电位差 $U_{ab} > 0$，如果适当选取桥臂

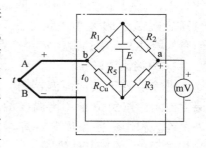

图3-36 电桥补偿法

电阻，便可使 U_{ab} 正好等于减小的热电动势值，仪表读出的热电动势值便不受自由端温度变化的影响，即起到了自动补偿的作用。

$$E_{AB}(t,0) = E_{AB}(t,t_0) + E_{AB}(t_0,0) = E_{AB}(t,t_0) + U_{ab} \tag{3-13}$$

3.4.5 热电偶测温电路

1. 测量某一点温度

图3-37所示为热电偶测量某一点温度的基本电路。仪表的读数为

$$E = E_{AB}(t,t_0)$$

2. 测量两点间温差的电路

将两只同型号的热电偶反向串联，使其冷端处于同一温度下，即可测量两点温度差，如图3-38所示。仪表的读数为

$$E = E_{AB}(t_1,t_0) - E_{AB}(t_2,t_0) = e_{AB}(t_1) - e_{AB}(t_2)$$

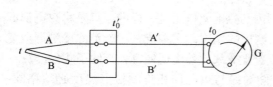

图3-37 热电偶测量某一点温度

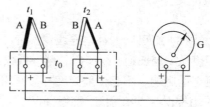

图3-38 热电偶测量两点温差

3. 测量多点温度之和的电路

将几只同型号的热电偶正向串联，使其冷端处于同一温度下，即可测量多点温度之和，如图 3-39 所示。仪表的读数为

$$E = E_{AB}(t_1, t_0) + E_{AB}(t_2, t_0)$$

该电路的特点是：输出的热电动势较大，提高了测试灵敏度，可以测量微小温度的变化；因为热电偶串联，只要有一支热电偶烧断，仪表即没有指示，所以可以立即发现故障。

4. 测量几点的平均温度

将几只同型号的热电偶并联，且使其冷端处于同一温度下，即可测量几点的平均温度。如图 3-40 所示。仪表的读数为

$$E = \frac{E_{AB}(t_1, t_0) + E_{AB}(t_2, t_0)}{2}$$

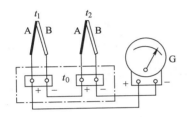

图 3-39　测量两点温度之和

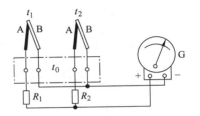

图 3-40　测量两点平均温度

图中每一支热电偶分别串接了均衡电阻 R_1、R_2，其作用是在 t_1、t_2 不相等时，在每一支热电偶回路中流过的电流不受热电偶本身内阻不相等时的影响，所以 R_1、R_2 的阻值很大。

该电路的缺点是：当某一热电偶烧断时，不能立即察觉出来，因而会造成测量误差。

5. 多点温度测量电路

通过波段开关，可以用一台显示仪表分别测量多点温度，如图 3-41 所示。

该种连接方法要求每只热电偶的型号相同，测量范

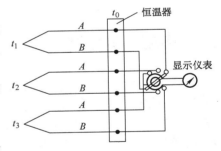

图 3-41　一台仪表分别测量多点温度

围不能超过仪表的指示量程，热电偶的冷端处于同一温度下。多点测量电路多用于自动巡回检测中，可以节约测量经费。

3.4.6　热电偶温度传感器的应用

热电偶温度传感器由于其测量温度范围广，可用于各行各业温度测量的场合。如用于真空炉、塑料注塑成型机、熔融金属、炼钢炉等温度的测量及控制，也广泛用于飞机发动机温度的测量等。

1. 热电偶测金属表面温度

表面温度测量是温度测量的一大领域。金属表面温度的测量对于机械、冶金、能源、国防等部门来说是非常普遍的问题。例如，热处理的锻件、铸件、气体水蒸气管道、炉壁面等表面温度的测量。测量范围从几百到一千多摄氏度，而测量方法通常利用直接接触测温法。

一般在 200~300℃温度范围时，可采用粘接剂将热电偶的接点粘附于金属壁面，其工艺比较简单。在温度较高且要求测量准确度高和时间常数小的情况下，常采用焊接的方法，将热电偶头部焊于金属表面。焊接方式有 V 形焊、平行焊和交叉焊。由于采用常规焊接方法容易烧断，焊接质量不好，因而可以采用利用电容放电原理制成的焊接机进行冲击焊等。

2. 测控应用

图 3-42 所示为常用炉温测量控制系统。图中由毫伏定值器给出设定温度对应的毫伏数，当热电偶测量的热电动势与定值器输出的数值有偏差时，说明炉温偏离设定值，此偏差经放大器放大后送到调节器，再经晶闸管触发器推动晶闸管执行器，从而调整炉丝加热功率，消除偏差，达到温控的目的。

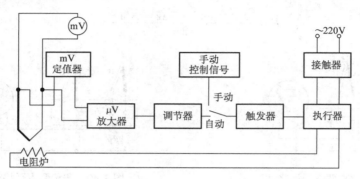

图 3-42　热电偶温控系统

3.5　集成温度传感器

集成温度传感器是利用晶体管 PN 结的电流和电压特性与温度的关系，把感温元件（PN结）与有关的电子线路集成在很小的硅片上封装而成。其具有体积小、线性好、反应灵敏、价格低、抗干扰能力强等优点，所以应用十分广泛。由于 PN 结不能耐高温，所以集成温度传感器通常测量 150℃以下的温度。集成温度传感器按输出量不同可分为电流型、电压型和频率型三大类。电流型输出阻抗很高，可用于远距离精密温度的遥感和遥测，而且不用考虑接线引入的损耗和噪声。电压型输出阻抗低，易于同信号处理电路连接。频率输出型易与微型计算机连接。按输出端个数分，集成温度传感器可分为三端式和两端式两大类。

3.5.1　集成温度传感器的基本工作原理

图 3-43 所示为集成温度传感器原理示意图。其中 VT_1、VT_2 为差分对管，恒流源提供的 I_1、I_2 分别为 VT_1、VT_2 的集电极电流，则 ΔU_{be} 为

$$\Delta U_{be} = \frac{kT}{q}\ln\left(\frac{I_1}{I_2}\gamma\right)$$

(3-14)

式中，k 是玻尔兹曼常数；q 是电子电荷量；T 是绝对温度；γ 是 VT_1 和 VT_2 发射极面积之比。

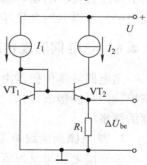

图 3-43　集成温度
传感器原理图

82

由式(3-14)可知，只要 I_1/I_2 为恒定值，则 ΔU_{be} 与温度 T 为单值线性函数关系。这就是集成温度传感器的基本工作原理。

3.5.2 电压输出型集成温度传感器

图 3-44 所示的电路为电压输出型温度传感器。VT_1、VT_2 为差分对管，调节电阻 R_1，可使 $I_1 = I_2$，当对管 VT_1、VT_2 的 β 值大于等于 1 时，电路输出电压 U_o 为

$$U_o = I_2 R_2 = \frac{\Delta U_{be}}{R_1} R_2$$

将 $\Delta U_{be} = \frac{kT}{q}\ln\gamma$ 代入上式，由此可得

$$U_o = \frac{R_2}{R_1} \cdot \frac{kT}{q}\ln\gamma \tag{3-15}$$

由式(3-15)可知 R_1、R_2 不变，则 U_o 与 T 成线性关系。若 $R_1 = 940\Omega$，$R_2 = 30k\Omega$，$\gamma = 37$，则电路输出的温度系数为 10mV/K。

3.5.3 电流输出型集成温度传感器

电流输出型集成温度传感器原理电路如图 3-45 所示。对管 VT_1、VT_2 作为恒流源负载，VT_3、VT_4 作为感温元件，VT_3、VT_4 发射极面积之比为 γ，此时电流源总电流 I_T 为

$$I_T = 2I_1 = \frac{2\Delta U_{be}}{R} = \frac{2kT}{qR}\ln\gamma \tag{3-16}$$

由式(3-16)可知，当 R 和 γ 为恒定量时，I_T 与 T 成线性关系。若 $R = 358\Omega$、$\gamma = 8$，则电路输出的温度系数为 $1\mu\text{A/K}$。

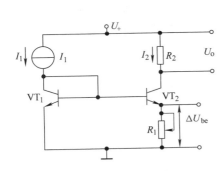

图 3-44　电压输出型原理电路图

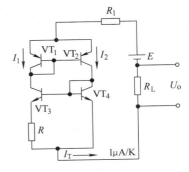

图 3-45　电流输出原理电路图

3.5.4 集成温度传感器的应用

1. 温度测量

AD590 是应用广泛的一种集成温度传感器，由于它内部有放大电路，再配上相应的外电路，可方便地构成各种应用电路。

图 3-46 所示为一简单测温电路。AD590 在 25℃（298.15K）时，理想输出电流为 298.15μA。将 AD590 串联一个可调电阻，在已知温度下调整电阻值，使输出电压 U_R 满足

1mV/K 的关系（如 25℃时，U_R 应为 298.15mV）。调整好以后，固定可调电阻，即可由输出电压 U_R 读出 AD590 所测得的热力学温度。

2. 热电偶参考端的补偿

集成温度传感器用于热电偶参考端的补偿电路如图 3-47 所示，AD590 应与热电偶参考端处于同一温度下。AD580 是一个三端稳压器，其输出电压 U_o 为 2.5V。电路工作时，调整电阻 R_2 使得 $I_1 = t_0 \times 10^{-3}$ mA，这样在电阻 R_1 上产生一个随参考端温度 t_0 变化的补偿电压 $U_1 = I_1 R_1$。

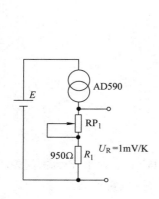

图 3-46 绝对温度测量

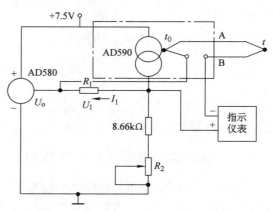

图 3-47 热电偶参考端的补偿电路

若热电偶参考端温度为 t_0，补偿时应使 $U_1 \approx E_{AB}(t_0, 0℃)$。不同分度号的热电偶，$R_1$ 的阻值亦不同。这种补偿电路灵敏、准确、可靠、调整方便。

3. 温度控制

图 3-48 所示为 AD590 的简单的温度控制电路。AD311 为比较器，其输出控制加热器的电流，调节 R_T 可改变比较电压，从而改变控制温度。AD581 是稳压器，为 AD590 提供稳定电压。

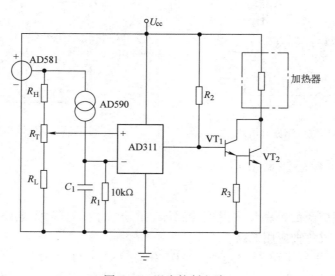

图 3-48 温度控制电路

3.5.5   常见集成温度传感器

图 3-49 为常见集成温度传感器的结构及外形图。

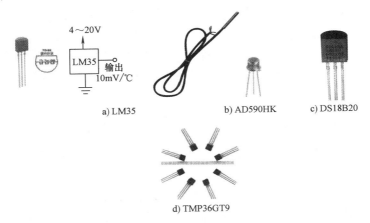

图 3-49   常见集成温度传感器的结构及外形图

3.6   辐射式温度传感器

辐射式温度传感器是利用物体的辐射能随温度变化的原理制成的。其原理是一种非接触式测温方法，即只要将传感器与被测对象对准即可测量其温度。当物体处于绝对零度以上时，其内部带电粒子的运动会以电磁波的形式向外辐射能量，这就是热辐射。热辐射电磁波的波长可涉及红外线、可见光及紫外线区。理论与实践表明，这种辐射能量的大小与物体的温度存在一定的定量关系，这样，通过测量辐射能量的大小便可间接求出被测物体的温度。与接触式温度传感器相比，辐射式温度传感器具有以下特点：

1）传感器与被测对象不接触，不会干扰被测对象的温度场，故可测量运动物体的温度，且可进行遥测。

2）由于传感器与被测对象不在同一环境中，不会受到被测介质性质的影响，所以可以测量腐蚀性、有毒物体、带电体的温度，测温范围广，理论上无测温上限限制。

3）在检测时传感器不必和被测对象进行热量交换，所以测量速度快、响应时间短、适于快速测温。

4）由于是非接触测量，测量准确度不高，测温误差大。

3.6.1   辐射测温的原理

辐射换热是三种基本换热形式（热传导、热对流、热辐射）之一。热辐射电磁波具有以光速传播、反射、折射、散射、干涉和吸收等特性。物体在不同温度范围内，其热辐射的电磁波波段也不同。

在低温时，物体的辐射能量很小，主要发射的红外线。随着温度的升高，物体的辐射能量急剧增加，辐射光谱也向波长短的方向移动。在 500℃ 左右时，辐射光谱包括部分可见光；在 800℃ 时，可见光大大增加；到 3000℃ 时，辐射光谱则包含更多的短波部分，使物体呈现自然。因此，有经验的人通过观察灼热物体表面的颜色就可以大致判断出物体的温度。

辐射温度传感器是利用斯蒂芬·彼尔兹曼全辐射定理研制出的。其数学表达式为

$$E_0 = \sigma T^4 \tag{3-17}$$

式中，E_0 是全波长辐射能力；σ 是斯蒂芬·彼尔兹曼常数，$\sigma = 5.67 \times 10^{-8}\,\mathrm{W/m^2 K^4}$；$T$ 是物体的绝对温度。

由式(3-17)可知，物体温度越高，辐射功率就越大，只要知道物体的温度，就可以计算出它所发射的功率。反之，如果测量出物体所发射出来的辐射功率，就可利用式(3-17)确定物体的温度。

3.6.2　红外线温度传感器

红外线是一种不可见光，它具有很强的热效应。自然界里的任何物体，只要它的温度高于绝对零度（-273.15℃）都能辐射红外线。

红外线温度传感器就是利用红外线的物理性质来进行无接触测温的传感器，红外测温遵循的基本原理和依据为斯蒂芬·彼尔兹曼定律。物体的温度越高，辐射功率就越大。只要测出物体所发射的辐射功率，就能确定物体的温度。

红外线温度传感器主要由光学系统、检测系统和转换电路组成。光学系统按结构不同分为热敏检测元件和光电检测元件。热敏元件主要是热敏电阻，热敏电阻受到红外线辐射时，温度升高，电阻发生变化，通过转换电路输出电信号。光电检测元件常用的是光敏元件，如光敏电阻、光电池或热释电元件等。图3-50所示为红外线温度传感器测温原理图。

图 3-50　红外线温度传感器测温原理图

红外线温度传感器测温时，通过宝石透镜吸收被测物体表面发射出来的辐射能量，投射到光导纤维端面上，经过光导纤维的传输，投射到光敏元件上，光敏元件将辐射能转变为电信号送入放大器，经信号处理电路处理后，送到显示仪表显示出温度值。图3-51为常见红外辐射温度计外形图。

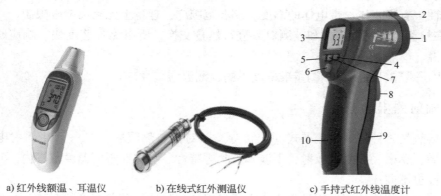

a) 红外线额温、耳温仪　　　b) 在线式红外测温仪　　　c) 手持式红外线温度计

图 3-51　常见红外辐射温度计外形图

1—红外线传感器　2—激光瞄准器　3—液晶显示器　4—℉选择键　5—℃选择键
6—背光源选择键　7—激光按键　8—测量扳机　9—电池盖　10—手柄

3.6.3　亮度式温度传感器

　　亮度式温度传感器是利用物体的单色辐射亮度 $L_{\lambda T}$ 随温度变化的原理，以被测物体光谱的一个狭窄区域内的亮度与标准辐射体的亮度进行比较来测量温度的。

　　亮度温度的定义是：某一被测体在温度为 T、波长为 λ 时的光谱辐射能量，等于黑体（能全部吸收投射在它表面的全部辐射能量的物体）在同一波长下的光谱辐射能量。此时黑体的温度称为该物体在该波长下的亮度温度。

3.6.4　比色温度传感器

　　比色温度传感器是以两个波长的辐射亮度之比随温度变化的原理来进行温度测量的。比色温度的定义是：黑体在波长 λ_1 和 λ_2 下的光谱辐射能量之比等于被测体在这两个波长下的光谱辐射能量之比，此时黑体的温度称为被测体的比色温度。图 3-52 所示为光电比色温度传感器的工作原理图。

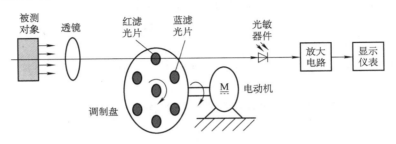

图 3-52　光电比色温度传感器的工作原理图

　　被测对象的辐射射线经过透镜射到由电动机带动的旋转调制盘上，在调制盘的开孔上附有红和蓝两种颜色的滤光片。当电动机转动时，光敏器件上接收到的光线为红和蓝两色交变的光线。进而使光敏器件输出与红光和蓝光对应的电信号，经过放大器放大处理后，送到显示仪表，从而得到被测物体的温度。

　　1. 温度的测量方法有哪几种？各有何特点？

　　2. 膨胀式温度计有哪几种？其工作原理是什么？各有何特点？

　　3. 电阻式温度传感器的工作原理是什么？有几种类型？

　　4. 金属热电阻温度传感器常用的材料有哪几种？各有何特点？热电阻传感器的测量电路有哪些？说明每种测量电路的特点。

　　5. 热电偶温度传感器的工作原理是什么？热电动势的组成有哪几种？说明热电动势产生的过程，并写出热电偶回路中总热电动势的表达式。

　　6. 热电偶的基本定律有哪些？其含义是什么？各定律的意义何在？并证明各定律。

　　7. 热电偶的性质有哪些？

8. 为什么要对热电偶进行冷端温度补偿？常用的补偿方法有哪几种？补偿导线的作用是什么？连接补偿导线要注意什么？

9. 热电偶测温电路有哪几种？试画出每种测温电路的原理图，并写出热电动势表达式。

10. 如图 3-53 所示，用 K 型(镍铬–镍硅)热电偶测量炼钢炉熔融金属某一点温度，A′和 B′为补偿导线，Cu 为铜导线。已知 $t_1 = 40℃$、$t_2 = 0℃$、$t_3 = 20℃$。

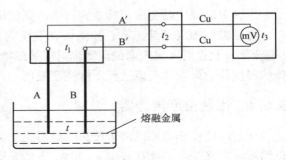

（1）当仪表指示为 39.314mV 时，计算被测点温度 t。

（2）如果将 A′和 B′换成铜导线，此时仪表指示为 37.702mV，再求被测点温度 t。

（3）将热电偶直接插到熔融金属同一高度来测量此点的温度，是利用了热电偶的什么定律？如果被测液体不是金属，还能用此方法测量吗？为什么？

图 3-53　热电偶测量炼钢炉熔融金属某一点温度

11. 用两只 K 型热电偶测量两点温差，如图 3-38 所示。已知 $t_1 = 980℃$、$t_2 = 510℃$、$t_0 = 20℃$，试求 t_1 和 t_2 两点的温差。

12. 试分析图 3-47 所示集成温度传感器 AD590 用于热电偶参考端温度补偿电路的工作原理。

13. 辐射式温度传感器的工作原理是什么？有何特点？

第4章 位移、物位传感器

学习目的

1）了解位移的概念及种类。
2）熟悉常用位移传感器的工作原理。

在自动检测系统中，位移的测量是一种最基本的测量工作，它的特性是测量空间距离的大小，如距离、位置、尺寸、角度等。按照位移的特征，可分为线位移和角位移。线位移是指机构沿着某一条直线移动的距离，角位移是指机构沿着某一定点转动的角度。

根据传感器的工作原理，常用的线位移传感器有：电阻式位移传感器、电容式位移传感器、电感式位移传感器、光电式位移传感器、感应同步器、光栅以及磁栅、激光位移传感器等。根据输出信号，位移传感器又可分为模拟式和数字式两种。根据传感器的原理和使用方法，位移测量还可以分为接触式与非接触式测量。

通常，电容式位移传感器、差动电感式位移传感器和电阻应变式位移传感器一般用于小位移的测量(几微米~几毫米)。差动变压器式位移传感器用于中等位移的测量(几毫米~100毫米左右)，这种传感器在工业测量中应用得最多。电阻电位器式位移传感器适用于较大范围位移的测量，但准确度不高。感应同步器、光栅、磁栅、激光位移传感器用于精密检测系统位移的测量，测量准确度高(可达 $\pm 1\mu m$)，量程也可大到几米。

位移传感器不仅用于直接测量角位移和线位移的场合，而且在其他物理量如力、压力、应变、液位等能转换为位移的任何场合中，也广泛作为测量和控制反馈传感器用。

电容式传感器、电感式传感器和电阻应变式传感器前面章节已经详细讲解，本章主要介绍电位器式位移传感器、光栅位移传感器、磁栅位移传感器和液位位移传感器。

4.1 电位器式位移传感器

4.1.1 电位器的基本概念

电位器是人们常用到的一种电子元件，它作为传感器可以将机械位移转换为与其有一定函数关系的电阻值的变化，从而引起电路中输出电压的变化。

电位器由电阻体和电刷(也称可动触点)两部分组成，可作为变阻器使用，如图 4-1a 所示，也可作为分压器使用，如图 4-1b 所示。当电刷沿电阻体的接触表面

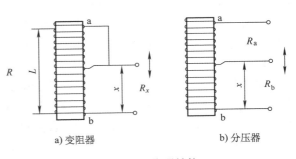

a) 变阻器　　　　b) 分压器

图 4-1　电位器结构

从 b 端移向 a 端时，在电刷两边的电阻体阻值随之发生变化。设电阻体为线性阻体，全长为 L，总电阻为 R，则当电刷移动距离为 x 时，变阻器的电阻值为

$$R_x = \frac{R}{L}x \qquad (4\text{-}1)$$

分压器两边电阻的比值为

$$\frac{R_a}{R_b} = \frac{L-x}{x} \qquad (4\text{-}2)$$

若以恒定电流 I 从电阻体的 a 端流入，并将电阻体的 b 端接地，则变阻器和分压器的输出电压 U_x 均为

$$U_x = I\frac{R}{L}x \qquad (4\text{-}3)$$

若在分压器的两端施加电压 U，电阻体 b 端接地，则分压器输出电压 U_x 为

$$U_x = \frac{U}{L}x \qquad (4\text{-}4)$$

由上可见，电位器的输出信号均与电刷的位移量成比例，实现了位移与输出电信号的对应转换关系。因此，这类传感器可用于测量机械位移量，或可测量已转换为位移量的其他物理量(如压力、振动加速度等)。

这种类型传感器的特点是：结构简单，价格低廉，输出信号大，一般不需放大，但是其分辨率不高，准确度也不高，所以不适用于准确度要求较高的场合。另外，动态响应较差，不适用于动态快速测量。

4.1.2　电位器的类型、结构与材料

电位器式位移传感器的种类较多，按结构形式可分为直线位移型、角位移型；按工艺特点可分为线绕式、非线绕式；按制作材料可分为绕线式电位器、合成膜电位器、金属膜电位器、导电塑料电位器、导电玻璃釉电位器以及光电电位器式传感器，如图 4-2 所示。

从图中可见，一般电位器由电阻体包括电阻丝(或电阻薄膜)、骨架和电刷组成。

1. 电阻丝

电阻丝的材料应是电阻率大、电阻温度系数小、柔软，但强度高、抗蚀性好、抗拉强度高、容易焊接，且熔点高。故其常用的材料为铜镍合金、铜锰合金、铂铬合金及镍铬丝等。

2. 骨架与基体

骨架与基体应形状稳定，表面绝缘电阻高，并有较好的散热能力。常用的材料有陶瓷、酚醛树脂、工程塑料以及经过绝缘处理的铝合金等。

3. 电刷

电刷是电位器中的关键零件之一，一般用贵金属材料或金属薄片制成。金属丝直径约

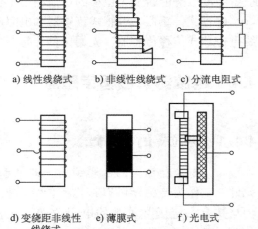

a) 线性线绕式　　b) 非线性线绕式　　c) 分流电阻式

d) 变绕距非线性　　e) 薄膜式　　f) 光电式
线绕式

图 4-2　电位器的结构形式

0.1～0.2mm，电刷头部应弯成弧形，以防接触面过大而磨损，图 4-3 所示为常见的电刷结构。电刷要有一定的弹性，以保证与电阻体可靠接触，另外要抗蚀性好、抗拉强度高、容易焊接，且熔点高。

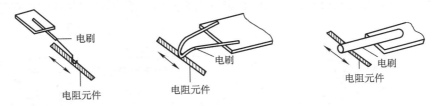

图 4-3　常见的电刷结构

4.1.3　电位器的主要技术指标

（1）最大阻值和最小阻值　指电位器阻值变化能达到的最大值和最小值。
（2）电阻值变化规律　指电位器阻值变化的规律，例如对数式、指数式、直线式等。
（3）线性电位器的线性度　指阻值直线式变化的电位器的非线性误差。
（4）滑动噪声　电刷移动时，滑动接触点打火产生的噪声电压大小。

4.1.4　线位移传感器

电位器式线位移传感器结构原理如图 4-4 所示。当滑杆随待测物体往返运动时，电刷在电阻体上也来回滑动。使电位器两端输出电压随位移量改变而变化。

4.1.5　角位移传感器

电位器式角位移传感器的结构原理如图 4-5 所示，传感器的转轴与被测角度的转轴相连，电刷在电位器上转过一个角位移时，在检测输出端有一个与转角成比例的电压输出。

$$U_\mathrm{o} = \frac{\alpha}{360} U_\mathrm{i} \tag{4-5}$$

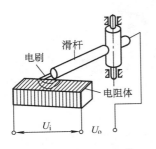

图 4-4　线位移传感器

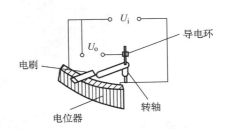

图 4-5　角位移传感器

4.1.6　电位器式传感器的应用

电位器的作用是将敏感元件在被测量作用下所产生的机械位移，转换为与之成线性的或任意函数关系的电阻或电压信号输出。

电位器式压力传感器的工作原理如图 4-6 所示。当被测流体通入弹性敏感元件膜盒的内腔时，在流体压力作用下，膜盒硬中心产生弹性位移，推动连杆上移，使曲柄轴带动电位器的电刷在电阻体上滑动，输出与被测压力成正比的电压信号。

电位器式加速度传感器如图4-7所示。惯性敏感元件在被测加速度的作用下，使片状弹簧产生正比于被测加速度的位移，从而引起电刷在电阻体上下滑动，输出与加速度成比例的电压信号。

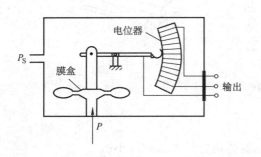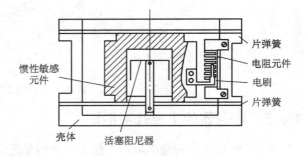

图4-6　电位器式压力传感器原理　　　　图4-7　电位器式加速度传感器

4.1.7　常见电位器式位移传感器

图4-8所示为常见电位器式位移传感器的外形结构简图。

a) 角位移电位器传感器

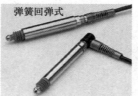

b) 线位移电位器传感器

图4-8　电位器式位移传感器的外形结构简图

4.2　光栅位移传感器

4.2.1　光栅的概念

由大量等宽等间距的平行狭缝组成的光学器件称为光栅，如图 4-9 所示。用玻璃制成的光栅称为透射光栅，它是在透明玻璃上刻出大量等宽等间距的平行刻痕，每条刻痕处是不透光的，而两刻痕之间是透光的；用不锈钢制成的光栅称为反射式光栅，如图 4-10 所示。光栅的刻痕密度一般为每毫米 10、25、50、100、250 线。刻痕之间的距离称为栅距 W。设刻痕宽度为 a，狭缝宽度为 b，则 $W = a + b$，一般情况下取 $a = b$。

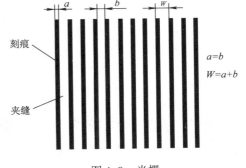

图 4-9　光栅

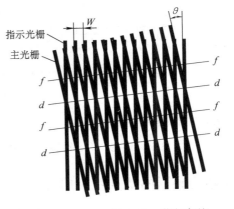

a) 透射式光栅　　　　　　b) 反射式光栅

图 4-10　光栅的类型

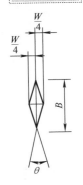

扫描二维码观看动画

4.2.2　光栅位移传感器的工作原理——莫尔条纹

莫尔条纹——如果把两块栅距 W 相等的光栅面平行安装，且让它们的刻痕之间有较小的夹角 θ，这时光栅上会出现若干条明暗相间的条纹，这种条纹称为莫尔条纹，如图 4-11 所示。

莫尔条纹是光栅非重合部分光线透过而形成的亮带，它由一系列四棱形图案组成，如图 4-11 中 $d-d$ 线区所示。$f-f$ 线区则是由于光栅的遮光效应形成的。

莫尔条纹有两个重要的特性：

图 4-11　莫尔条纹

（1）位移的方向性　当指示光栅不动，主光栅左右平移时，莫尔条纹将沿着指示光栅的方向上下移动，查看莫尔条纹上下移动的方向，即可确定主光栅左右移动的方向。

（2）放大作用　莫尔条纹有位移的放大作用。当主光栅沿着与刻线垂直的方向移动一个栅距 W 时，莫尔条纹移动一个条纹间距 B。当两个等距光栅的栅间夹角 θ 较小时，主光栅移动一个栅距 W，莫尔条纹移动 KW 距离，K 为莫尔条纹的放大系数，可由下式确定，即

$$B = \frac{\dfrac{W}{2}\cos\dfrac{\theta}{2}}{\sin\dfrac{\theta}{2}} \approx \frac{\dfrac{W}{2}}{\dfrac{\theta}{2}} = \frac{W}{\theta}$$

$$K = \frac{B}{W} \approx \frac{1}{\theta} \tag{4-6}$$

例如：每毫米有 50 根线的光栅，$W = 0.02\text{mm}$，当两光栅间的夹角 $\theta = 0.1°$（0.0017453rad）时，莫尔条纹间距 $B = 11.459\text{mm}$，$K = \dfrac{B}{W} \approx \dfrac{1}{\theta} = 573$（倍）。当 $\theta = 0.5°$，$B \approx 115W$。由此看出，两个光栅面夹角越小，莫尔条纹的放大倍数越大，这样就可以把肉眼看不见的光栅位移变成清晰看见的莫尔条纹移动，可以通过测量莫尔条纹的移动来测量光栅的位移，从而实现高灵敏的位移测量。

4.2.3　光栅位移传感器的结构

光栅位移传感器的结构原理及外形如图 4-12 所示。它主要由主光栅、指示光栅、光源和光电器件等组成，其中主光栅和被测物体相连，它随被测物体的直线位移而产生移动。当主光栅产生位移时，莫尔条纹便随之产生位移，若用光电器件记录莫尔条纹通过某点的数目，便可知主光栅移动的距离，也就测得了被测物体的位移量。利用上述原理，通过多个光敏器件对莫尔条纹信号的内插细分，便可检测出比光栅距还小的位移量及被测物体的移动方向。

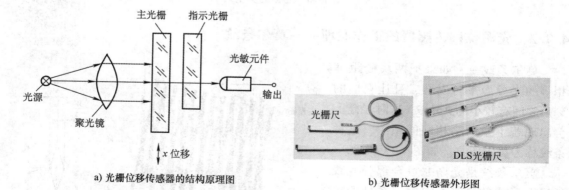

a) 光栅位移传感器的结构原理图　　　　b) 光栅位移传感器外形图

图 4-12　光栅位移传感器的结构原理及外形图

4.2.4　光栅位移传感器的特点及应用

由于莫尔条纹是明暗交替的，当莫尔条纹上下移动时，只要用光敏元件检测出来明、暗

的变化,就可得知位移的大小,实现测量结果的二值化。另外莫尔条纹是由光栅的大量刻线形成的,对刻线误差有平均作用,能在很大程度上消除刻线不均匀引起的误差。

由于光栅位移传感器测量准确度高(分辨率为 $0.1\mu m$),动态测量范围广($0\sim1000mm$),可进行无接触测量,而且容易实现系统的自动化和数字化,因而在机械工业中得到了广泛的应用,特别是在量具、数控机床的闭环反馈控制、工作主机的坐标测量等方面,光栅位移传感器都起着重要的作用。图 4-13 所示为光栅位移传感器在机床加工方面的应用实例。

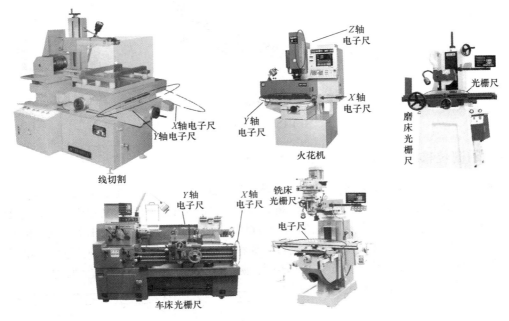

图 4-13 光栅位移传感器在机床加工方面的应用实例

4.3 磁栅位移传感器

4.3.1 磁栅的概念

磁栅是一种有磁化信息的标尺,它是在非磁性体的平整表面上镀一层约 0.02mm 厚的 Ni-Co-P 磁性薄膜,并用录音磁头沿长度方向按一定的激光波长 λ 录上磁性刻度线而构成的,因此又把磁栅称为磁尺。

录制磁信息时,要使磁尺固定,磁头根据来自激光波长的基准信号,以一定的速度在其长度方向上边运行边流过一定频率的相等电流,这样,就在磁尺上记录了相等节距($W=\lambda$)的磁化信息而形成磁栅。

磁栅录制后的磁化结构相当于一个个小磁铁按 NS、SN、NS…的状态排列起来,如图 4-14 所示。因此在磁栅上的磁场强度呈周期性地

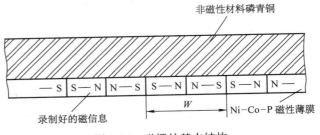

图 4-14 磁栅的基本结构

变化，并在 N-N 或 S-S 相接处为最大处。

4.3.2 磁栅的种类

磁栅的种类可分为单面型直线磁栅、同轴型直线磁栅和旋转型磁栅等，如图 4-15 所示。单面型直线磁栅和同轴型直线磁栅主要用于直线位移测量，旋转型磁栅主要用于角位移测量。

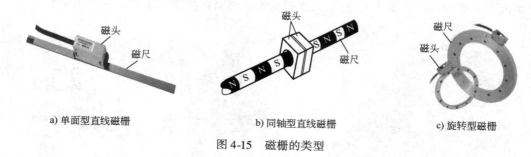

a) 单面型直线磁栅　　　　　　b) 同轴型直线磁栅　　　　c) 旋转型磁栅

图 4-15　磁栅的类型

4.3.3 磁栅位移传感器的结构和工作原理

磁栅位移传感器由磁尺（磁栅）、磁头和检测电路组成。其工作原理是电磁感应原理，当线圈在一个周期性磁体表面附近匀速运动时，线圈上就会产生不断变化的感应电动势。感应电动势的大小，既和线圈的运动速度有关，还和磁性体与线圈接触时的磁性大小及变化率有关。根据感应电动势的变化情况，就可获得线圈与磁体相对位置和运动的信息。磁尺是检测位移的基准尺，磁头用来读取磁尺上的记录信号。按读取方式不同，磁头分为动态磁头和静态磁头两种。

（1）动态磁头　动态磁头上只有一个输出绕组，只有当磁头和磁尺相对运动时才有信号输出，因此又称动态磁头为速度响应磁头。运动速度不同，输出信号的大小和周期也不同，因此，对运动速度不均匀的部件，或时走时停的机床，不宜采用动态磁头进行测量。但动态磁头测量位移较简单，磁头输出为正弦信号，在 N、N 处达到正向峰值，

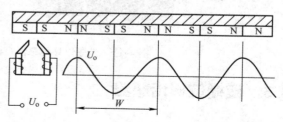

图 4-16　动态磁头输出波形与磁栅位置关系

在 S、S 处为负向峰值，如图 4-16 所示，通过计数磁尺的磁节距个数（或正弦波周期个数），就可知道磁头与磁尺间的相对位移量。

$$x = nW \tag{4-7}$$

式中，n 是正弦波周期个数（磁节距个数）；W 是磁节距。

（2）静态磁头　静态磁头是一种调制式磁头，磁头上有两个绕组，一个是激励绕组，加以激励电源电压，另一个是输出绕组。即使在磁头与磁尺之间处于相对静止时，也会因为有交变激励信号使输出绕组有感应电压信号输出。如图 4-17 所示，静态磁头和磁尺之间有相对运动时，输出绕组产生一个新的感应电压信号输出，它作为包络，调制在原感应电压信号频率上。该电压随磁尺磁场强度周期的变化而变化，从而将位移量转换为电信号输出。这提高了测量准确度。检测电路主要用来供给磁头激励电压和把磁头检测到的信号转换为脉冲信号输出并以数字形式显示出来。磁头总的输出信号为

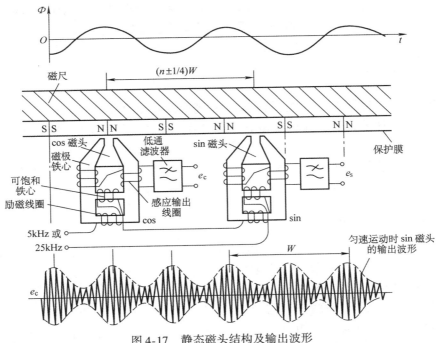

图 4-17　静态磁头结构及输出波形

$$U = U_{\mathrm{m}}\sin\left(2\omega t + \frac{2\pi x}{W}\right) \tag{4-8}$$

可见输出信号是一个幅值不变，相位随磁头与磁栅相对位置变化而变化的信号，可用鉴相电路测出该调相信号的相位为 $\dfrac{2\pi x}{W}$，从而测出位移 x。

4.3.4　磁栅位移传感器的应用

磁栅位移传感器和其他类型的位移传感器相比，具有结构简单，使用方便，动态范围大（$1\sim 20\mathrm{m}$）和磁信号可以重新录制等优点，其缺点是需要屏蔽和防尘。磁栅位移传感器主要用于大型机床和精密机床作为位置或位移量的检测元件，其行程可达数十米，分辨率优于 $1\mu\mathrm{m}$。图 4-18 所示为磁栅位移传感器的结构及在机床加工方面的应用实例。

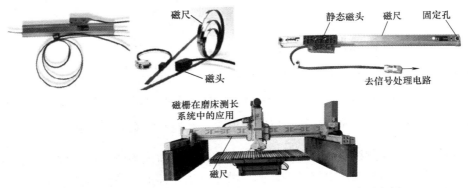

图 4-18　磁栅位移传感器的结构及在机床加工方面的应用实例

磁栅位移传感器允许最高工作速度为 12m/min，系统的准确度可达 0.01mm/m，最小指示值为 0.001mm，使用范围为 0~40℃，是一种测量大位移的传感器。

4.4 接近传感器

接近传感器是一种具有感知物体接近能力的器件。它利用位移传感器对接近的物体具有敏感特性来识别物体的接近，并输出相应开关信号。因此，通常又把接近传感器称为接近开关。

常见的接近传感器有电容式、涡流式、霍尔式、光电式、热释电式、多普勒式、电磁感应式及微波式、超声波式等。下面对常用的一些接近传感器作一简单介绍。

4.4.1 电容式接近传感器

电容式接近传感器是一个以电极为检测端的静电电容式接近开关，它由高频振荡电路、检波电路、放大电路、整形电路及输出电路组成，如图 4-19 所示。

平时检测电极与大地之间存在一定的电容量，它成为振荡电路的一个组成部分。当被检测物体接近检测电极时，由于检测电极加有电压，检测电极就会受到静电感应而产生极化现象，被测物体越靠近检测电极，检测电极上的感应电荷就越多。由于检测电极的静电电容为 $C = Q/V$，所以随着电荷量的增多，使检测电极电容 C 随之增大。由于振荡电路

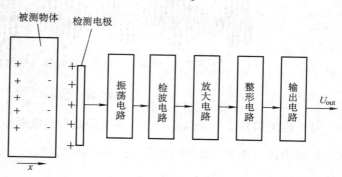

图 4-19　电容式接近传感器原理框图

的振荡频率 $f = \dfrac{1}{2\pi\sqrt{LC}}$ 与电容成反比，所以当电容 C 增大时振荡电路的振荡减弱，甚至停止振荡。振荡电路的振荡与停振这两种状态被检测电路转换为开关信号后向外输出。

需要**注意**的是：电容式接近传感器检测的被测物体是金属导体，非金属导体不能用该方法测量。

4.4.2 电感式接近传感器

电感式接近传感器由高频振荡电路、检波电路、放大电路、整形电路及输出电路组成，如图 4-20 所示。检测用敏感元件为检测线圈，它是振荡电路的一个组成部分，振荡电路的振荡频率为 $f = \dfrac{1}{2\pi\sqrt{LC}}$。当检测线圈通以交流电时，在检测线圈的周围就产生一个交变的磁场，当金属物体接近检测线圈时，金属物体就会产生电涡流而吸收磁场能量，使检测线圈的电感 L 发生变化，从而使振荡电路的振荡频率减小，以至停振。振荡与停振这两种状态经检测电路转换为开关信号输出。

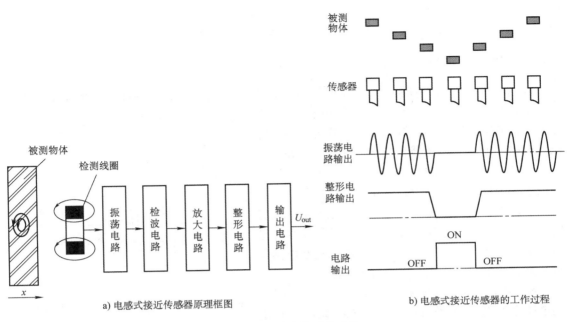

a) 电感式接近传感器原理框图

b) 电感式接近传感器的工作过程

图 4-20   电感式接近传感器

需要注意的是，与电容式接近传感器相同，**电感式接近传感器检测的被测物体也是金属导体，非金属导体不能用该方法测量**。振幅变化随目标物金属种类而不同，因此检测距离也随目标物金属的种类而不同。

4.4.3   接近传感器的应用

接近传感器主要用于检测物体的位移，在航空、航天技术以及工业生产中都有广泛的应用。在日常生活中，如宾馆、饭店、车库的自动门、自动热风机上都有应用。在安全防盗方面，如资料档案、财会、金融、博物馆、金库等重地，通常都装有由各种接近开关组成的防盗装置。在测量技术中，如长度、位置的测量；在控制技术中，如位移、速度、加速度的测量和控制，也都使用着大量的接近开关。图 4-21 所示为接近传感器结构及其应用实例。

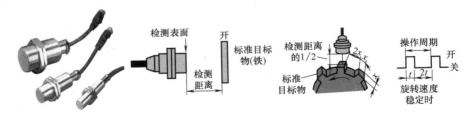

图 4-21   接近传感器结构及其应用实例

4.5   液位传感器

测量液位的目的：一种是为了液体储藏量的管理，一种是为了液位的安全或自动化控制。有时需要精确的液位数据，有时只需液位升降的信息。液位传感器按测定原理可分为浮子式液位传感器、平衡浮筒式液位传感器、压差式液位传感器、电容式液位传感器、导电式液位传感器及超声波式液位传感器和放射线式液位传感器等。

4.5.1 导电式水位传感器

导电式水位传感器的基本工作原理如图 4-22 所示。电极可根据检测水位的要求进行升降调节，它实际上是一个导电性的检测电路。当水位低于检知电极时，两电极间呈绝缘状态，检测电路没有电流流过，传感器输出电压为 0。假如水位上升到与两检知电极端都接触时，由于水有一定的导电性，因此测量电路中有电流流过，指示电路中的显示仪表就会发生偏转，同时在限流电阻两端有电压输出。人们通过仪表或输出电压便得知水位已达到预定的高度了。如果把输出电压和控制电路连接起来，便可对供水系统进行自动控制。

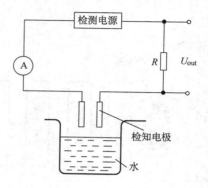

图 4-22　导电式水位传感器基本工作原理图

图 4-23 所示是一种实用的导电式水位传感器的电路原理图。电路主要由两个运算放大器组成。IC_{1a} 运算放大器及外围元件组成方波发生器，通过电容 C_1 与检知电极相接。IC_{1b} 运算放大器与外围元件组成比较器，以识别仪表水位的电信号状态。采用发光二极管作为水位的指示。由于水有一定的等效电阻 R_0，当水位上升到与检知电极接触时，方波发生器产生的矩形波信号被旁路。相当于加在比较器反相输入端的信号为直流低电平，比较器输出端输出高电平，发光二极管处于熄灭状态。当水位低于检知电极时，电极与水呈绝

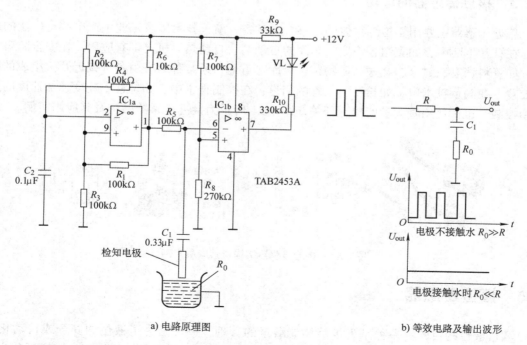

a) 电路原理图　　　　　　　　　　　b) 等效电路及输出波形

图 4-23　导电式水位传感器的电路原理图

缘状态，方波发生器产生正常的矩形波信号，此时比较器输出为高低交替变化的电平，发光二极管闪烁发光，告知水箱缺水。如要对水位进行控制，可以设置多个电极，以电极不同的高度来控制水位的高低。

　　导电式水位传感器在日常工作和生活中应用很广泛，它在抽水及储水设备、工业水箱、汽车水箱等方面均得到广泛使用。

4.5.2　压差式液位传感器

　　压差式液位传感器是根据液面的高度与液压成比例的原理制成的。如果液体的密度恒定，则液体加在测量基准面上的压力与液面到基准面的高度成正比，因此通过压力的测定便可知液面的高度。

　　当储液罐为开放型时，如图 4-24 所示，其基准面上的压力由下式确定，即

$$p = \rho g h = \rho g (h_1 + h_2) \qquad (4\text{-}9)$$

式中，p 是测量基准面的压力（Pa）；ρ 是液体的质量密度（kg/m^3）；g 是重力加速度（m/s^2）；h 是液面距测量基准面的高度（m）；h_1 是所控最高液面与最小液面之间的高度（m）；h_2 是最小液面距测量基准面的高度（m）。

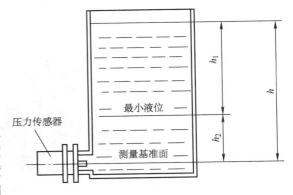

图 4-24　开放型储液罐压力示意图

　　由于需要测定的是 h_1 高度，因此调整压力传感器的零点，把压力传感器的零点提高 $\rho g h_2$，就可以得到压力与液面高度成比例的输出。

　　当储液罐为密封型时，如图 4-25 所示，压差、液位高度及零点的移动关系如下：

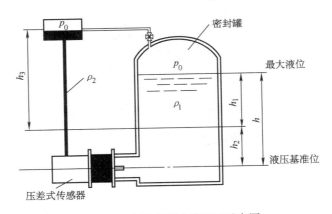

图 4-25　密封型储液罐测压示意图

　　1）高压侧的压力 p_1 为

$$p_1 = p_0 + \rho_1 g (h_1 + h_2)$$

　　2）低压侧的压力 p_2 为

$$p_2 = p_0 + \rho_2 g (h_3 + h_2)$$

3) 两侧的压力差为

$$\Delta p = p_1 - p_2 = \rho_1 g(h_1 + h_2) - \rho_2 g(h_3 + h_2) \tag{4-10}$$

式中，ρ_1、ρ_2 分别为两侧液体的质量密度（kg/m^3）。

4.5.3 常见液位传感器

图 4-26 所示为常见液位传感器的外形结构简图及不同位置的安装。

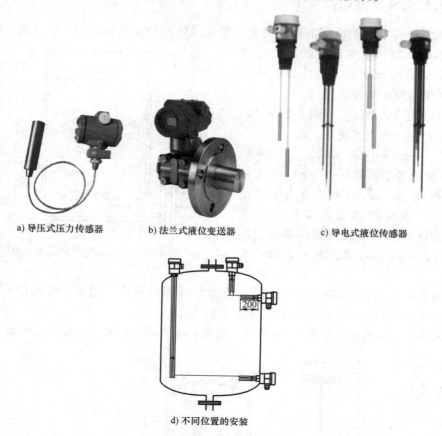

a) 导压式压力传感器　　　　b) 法兰式液位变送器　　　　c) 导电式液位传感器

d) 不同位置的安装

图 4-26　常见液位传感器的外形结构简图

4.5.4 磁致伸缩液位（位移）传感器

1. 磁致伸缩效应

大家知道物质有热胀冷缩的现象。除了加热外，磁场和电场也会导致物体尺寸的伸长或缩短。铁磁性物质在外磁场作用下，其尺寸伸长（或缩短），去掉外磁场后，其又恢复原来的长度，这种现象称为磁致伸缩现象（或效应）。另外有些物质（多数是金属氧化物）在电场作用下，其尺寸也伸长（或缩短），去掉外电场后又恢复其原来的尺寸，这种现象称为电致伸缩现象。磁致伸缩效应可用磁致伸缩系数（或应变）λ 来描述：

$$\lambda = (l_H - l_0)/l_0 \tag{4-11}$$

式中，l_0 是物体原来的长度；l_H 是物质在外磁场作用下伸长（或缩短）后的长度。

一般铁磁性物质的 λ 很小，约百万分之一，通常用 ppm 代表。例如金属镍（Ni）的 λ 约 40ppm。

磁致伸缩用的材料较多，主要有镍、铁、钴、铝类合金与镍铜钴铁氧陶瓷，其磁致伸缩系数为 10^{-5} 量级。

2. 磁致伸缩液位（位移）传感器的工作原理

磁致伸缩液位传感器是根据磁致伸缩测量原理研制而成，可精确地测量液位、界面的高度和温度；具有测量准确度高、稳定可靠、抗干扰、安装方便快捷、免定期维护和标定等优点；适用于石化、电力、生物制剂、粮油、酿造等行业各种油面和界面的精确计量。

磁致伸缩线性液位（位移）传感器主要由测杆、电子仓和套在测杆上的非接触的磁环或浮子组成，如图 4-27 所示。测杆内装有磁致伸缩线（波导线），测杆由不导磁的不锈钢管制成，可靠地保护了波导丝。浮子内装有一组永久磁铁，所以浮子同时

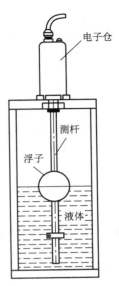

图 4-27　磁致伸缩液位传感器测量示意图

产生一个磁场，如图 4-28 所示。工作时，由电子仓内的电子电路产生一起始脉冲，此起始脉冲在波导线中传输时，同时产生了一沿波导线方向前进的旋转磁场。当这个磁场与磁环或浮球中的永久磁场相遇时，产生磁致伸缩效应，使波导丝发生扭动。这一扭动被安装在电子仓内的拾能机构所感知并转换为相应的电流脉冲即终止脉冲。通过电子电路计算出起始脉冲和终止脉冲之间的时间差，即可精确测出被测的位移和液位。图 4-29 所示为磁致伸缩液位传感器的外形结构图及应用。

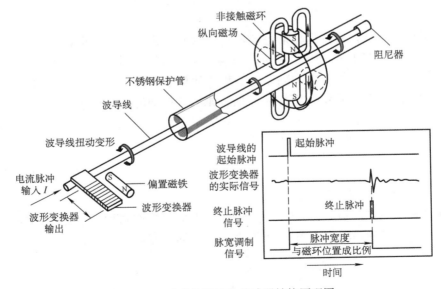

图 4-28　磁致伸缩液位传感器结构原理图

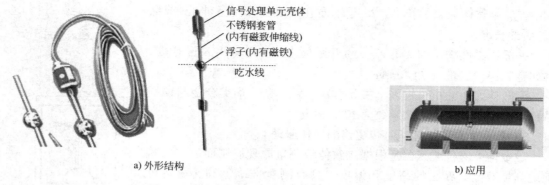

信号处理单元壳体
不锈钢套管
(内有磁致伸缩线)
浮子(内有磁铁)
吃水线

a) 外形结构

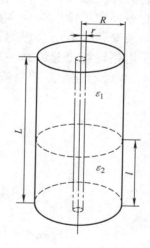

b) 应用

图 4-29　磁致伸缩液位传感器的外形结构及应用

4.6　电容式物位传感器

电容式物位传感器是利用被测物不同，其介电常数不同的特点进行检测的。电容式物位传感器可用于各种导电、非导电液体的液位或粉装料位的远距离连续测量和指示。由于其结构简单，没有可动部分，因此应用范围较广。由于被测介质的不同，电容式物位传感器也有不同的形式，现以测量导电液体的电容式物位传感器和测量非导电液体的电容式物位传感器为例进行简介。

4.6.1　电容式液位传感器的工作原理

电容式液位传感器是把液体位置的变化变换成电容量的变化，以实现非电量电测的。通过测量电容量的变化间接得到液位的变化。电容式传感器的工作原理、结构及特性在 2.5 节中已经讲述，这里不再重述。

电容式液位传感器是根据圆柱形电容器传感器原理进行工作的，其结构形式如图 4-30 所示，有两个长度为 L，半径分别为 R 和 r 的圆筒形金属导体，中间隔以绝缘物质便构成圆柱形电容器。当中间所充介质的介电常数为 ε_1 时，则两圆柱间的电容量为

$$C_0 = \frac{2\pi\varepsilon_1 L}{\ln\dfrac{R}{r}} \tag{4-12}$$

图 4-30　圆柱形电容器

1. 非导电性液体高度的测量

如果两圆柱形电极间填充了介电常数为 ε_2 的液体(非导电性)时，则两圆柱间的电容量就会发生变化。假如液体的高度为 l，此时两电极间的电容量为

$$C = \frac{2\pi\varepsilon_2 l}{\ln\dfrac{R}{r}} + \frac{2\pi\varepsilon_1(L-l)}{\ln\dfrac{R}{r}} = C_0 + \Delta C$$

电容量的变化量为

$$\Delta C = \frac{2\pi(\varepsilon_2 - \varepsilon_1)l}{\ln\dfrac{R}{r}} \tag{4-13}$$

从式(4-13)可知，当 ε_1、ε_2、R、r 不变时，电容增量 ΔC 与电极浸没的长度 l 成正比关系，因此测出电容量的变化数值，便可知液位的高度 l。

2. 导电性液体高度的测量

如果被测介质为导电性液体时，在液体中插入一根带绝缘套的电极。由于液体是导电的，容器和液体可看作电容器的一个电极，插入的金属电极作为另一个电极，绝缘套管为中间介质，三者组成圆筒电容器，如图 4-31 所示。当液位变化时，就改变了电容器两极覆盖面积的大小，液位越高，覆盖面积就越大，容器的电容量也越大。假如中间介质的介电常数为 ε_3，电极被导电液体浸没的长度为 l，则此时电容器的电容量为

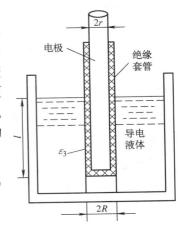

图 4-31　导电性液位测量

$$C = \frac{2\pi\varepsilon_3 l}{\ln\dfrac{R}{r}} \tag{4-14}$$

式中，R 是绝缘覆盖层外半径；r 是内电极的外半径。

由于式(4-14)中的 ε_3 为常数，所以 C 与 l 成正比，测得 C 的大小，便可知液位的高度 l。

4.6.2　电容式物位传感器

当测量粉状导电固体料位和粘滞非导电液位时，可采用光电极直接插入圆筒形容器的中央，将仪表地线与容器相连，以容器作为外电极，物料或液体作为绝缘物构成圆筒形电容器，如图 4-32 为电容式物位传感器结构，其测量原理与 4.6.1 节的电容式液位传感器相同。

电容式物位传感器主要由电极(敏感元件)和电容检测电路组成，可用于导电和非导电液体之间及两种介电常数不同的非导电液体之间的界面测量。因测量过程中电容的变化都很小，因此准确地检测电容量的大小是物位检测的关键。

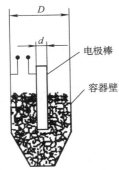

图 4-32　电容式物位传感器结构

4.6.3　电容式物位传感器的应用

现以晶体管电容料位指示仪为例进行介绍。

晶体管电容料位指示仪是用来监视密封料仓内导电性不良的松散物质的料位，并能对加料系统进行自动控制。在仪器的面板上装有指示灯：红灯指示"料位上限"，绿灯指示"料位下限"。当红灯亮时表示料面已经达到上限，此时应停止加料；当红灯熄灭，绿灯仍然亮时，表示料面在上下限之间；当绿灯熄灭时，表示料面低于下限，应该加料。

晶体管电容料位指示仪的电路原理如图 4-33 所示，电容传感器是悬挂在料仓里的金属

探头，利用它对大地的分布电容进行检测。在料仓中的上、下限各设有一个金属探头。整个电路由信号转换和控制电路两部分组成。

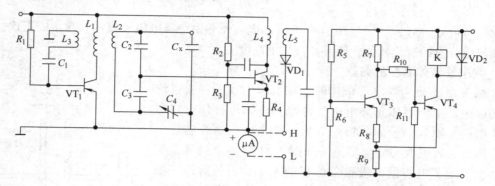

图 4-33　晶体管电容料位指示仪电路原理图

信号转换电路是通过阻抗平衡电桥来实现的，当 $C_2 C_4 = C_x C_3$ 时，电桥平衡。设 $C_2 = C_3$，则调整 C_4，使 $C_4 = C_x$ 时电桥平衡。C_x 是探头对地的分布电容，它直接和料面有关，当料面增加时，C_x 值将随着增加，使电桥失去平衡，按其大小可判断料面情况。电桥电压由 VT_1 和 LC 回路组成的振荡器供电，其振荡器频率约为 70kHz，其幅度值约为 250mV。电桥平衡时，无输出信号；当料面变化引起 C_x 变化，使电桥失去平衡时，电桥输出交流信号。此交流信号经 VT_2 放大后，由 VD 检测变成直流信号。

控制电路是由 VT_3 和 VT_4 组成的射极耦合触发器（施密特触发器）和它所带动的继电器 K 组成，由信号转换电路送来的直流信号，当其幅值达到一定值后，使触发器翻转。此时 VT_4 由截止状态转换为饱和状态，使继电器 K 吸合，其触点去控制相应的电路和指示灯，指示料面已达到某一定值。

4.7　流量传感器

流量是指流体在单位时间内通过管道某一截面的体积或质量数。前者称为体积流量，后者称为质量流量。因为流体有一定的粘性，流速在管截面上的分布是不均匀的，流速沿管径方向的分布如图 4-34 所示，可以看出，在管径中心轴线上流体的流速最大，所以流速一般用平均流速 $\bar{v}$ 表示。根据流量的概念，流体的流量可以表示为

体积流量：
$$Q_v = \bar{v} A \tag{4-15}$$

质量流量：
$$Q_m = \rho \bar{v} A = Q_v \rho \tag{4-16}$$

式中，$\bar{v}$ 是管截面上流体的平均流速；A 是管截面积；ρ 是流体的质量密度。

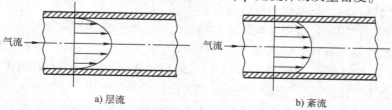

a) 层流　　　　　　　　b) 紊流

图 4-34　流速沿管径方向的分布图

常用的流体单位有 m^3/s、m^3/h、L/s、kg/s、t/s 等。

测量流量的传感器常用的有电磁式、速度式、涡轮式、超声波式等流量传感器。

4.7.1　电磁流量计

电磁流量计是 20 世纪五六十年代随着电子技术的发展而迅速发展起来的新型流量测量仪表。电磁流量计是根据法拉第电磁感应定律制成的，用来测量导电液体的体积流量。由于其独特的优点，目前已广泛应用于工业过程中各种导电液体的流量测量，如各种酸、碱、盐等腐蚀性介质，各种浆液流量测量，形成了其独特的应用领域。

在结构上，电磁流量计由电磁流量传感器和转换器两部分组成。图 4-35 所示为常见电磁流量计的结构外形图。传感器安装在工业过程管道上，它的作用是将流进管道内的液体体积流量值线性地变换为感应电动势信号，并通过传输线将此信号送到转换器。转换器安装在离传感器不太远的地方，它将传感器送来的流量信号进行放大，并转换为与流量信号成正比的标准电信号输出，以进行显示、累积和调节控制。

图 4-35　常见电磁流量计的结构外形图

电磁流量计的基本原理如下：

根据法拉第电磁感应定律，当一导体在磁场中运动切割磁力线时，在导体的两端即产生感生电势 e，其方向由右手定则确定，其大小与磁场的磁感应强度 B、导体在磁场内的长度 L 及导体的运动速度 v 成正比，如果 B、L、v 三者互相垂直，则

$$e = BLv \tag{4-17}$$

与此相仿，在磁感应强度为 B 的均匀磁场中，垂直于磁场方向放一个内径为 D 的不导磁管道，当导电液体在管道中以流速 $\bar{v}$ 流动时，导电流体就切割磁力线。如果在管道截面上垂直于磁场的直径两端安装一对电极，如图 4-36 所示。可以证明，只要管道内流速分布均匀，两电极之间也将产生感生电动势：

$$e = BD\bar{v} \tag{4-18}$$

式中，$\bar{v}$ 为管道截面上的平均流速。由此可得管道的体积流量为

$$Q_v = \bar{v}A = \frac{e}{BD}\frac{1}{4}\pi D^2 = \frac{\pi D}{4B}e \tag{4-19}$$

由式(4-19)可见，体积流量 Q_v 与感应电动势 e 和测量管内径 D 成线性关系，与磁场的磁感应强度 B 成反比，与其他物理参数无关，这就是电磁流量计的测量原理。

1）需要说明的是，要使式(4-17)严格成立，必须使测量条件满足下列假定：

① 磁场是均匀分布的恒定磁场。

② 被测流体的流速轴对称分布。

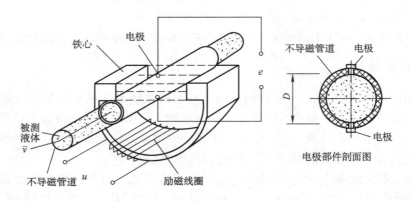

图 4-36　电磁流量计原理简图

③ 被测液体是非磁性的。

④ 被测液体的电导率均匀且各向同性。

2）电磁式流量传感器的优缺点：

① 没有机械可动部分，安装使用简单可靠。

② 电极的距离正好为导管的内径，因此没有妨碍流体流动的障碍，压力损失极小。

③ 能够得到与容积流量成正比的输出信号。

④ 测量结果不受流体黏度的影响。

⑤ 由于电动势是包含电极的导管的断面处作为平均流量测得的，因此受流速分布影响较小。

⑥ 测量范围宽，可以从 $0.005 \sim 190000 \mathrm{m}^3 / \mathrm{h}$。

⑦ 测量的准确度高，可达 0.5%。

3）使用电磁式流量传感器时应注意：

① 由于导管是绝缘体，电流在流体中流动很容易受杂波的干扰，因此必须在安装流量传感器的管道两端设置接地环接地。

② 虽然流速的分布对测量准确度的影响不大，但为了消除这种影响，应保证液体流动管道有足够的直线长度。

③ 使用电磁式流量计时，必须使管道内充满液体。最好是把管道垂直设置，让被测液体从上至下流动。

④ 测定电导率较小的液体时，由于两电极间的内部阻抗（电动势的内阻）比较高，故所接信号放大器要有 $100 \mathrm{M}\Omega$ 左右的输入阻抗。为保证传感器正常工作，液体的速率必须在 $5 \mathrm{cm/s}$ 以上。

由于电磁式流量计有其独特的优点，因此广泛应用于自来水、工业用水、农业用水、海水、污水、污泥及化学药品、食品和矿浆等工业领域，用来测量各种酸、碱、盐溶液、泥浆、矿浆、纸浆、煤水浆、玉米浆、糖浆、石灰乳、污水、冷却原水、给排水、盐水、双氧水、啤酒、麦汁、各种饮料等导电液体介质的体积流量。

4.7.2　涡轮式流量传感器

涡轮式流量传感器也是一种速度式流量传感器。它是通过测量安装在管道中的涡轮转速而间接测量流体的流速，进而测得流量的。当叶轮置于流体中时，由于叶轮的迎流面和背流面流速不同，因此在流向方向形成压差，所产生的推力使叶轮转动。如果选择摩擦力小的轴承来支撑叶轮，且叶轮采用轻型材料制作，那么可使流速和转速的关系接近线性，只要测得叶轮的转速，便可得知流体的流速。图 4-37 所示是涡轮式流量传感器的原理框图。

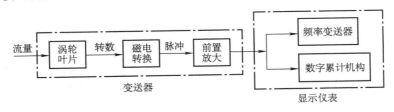

图 4-37　涡轮式流量传感器的原理框图

叶轮转速的测量一般采用图 4-38 所示的方法。叶轮的叶片可以用导磁材料制作，由永久磁铁、铁心及线圈与叶片形成磁路。当叶片旋转时，磁阻将发生周期性的变化，从而使线圈中感应出脉冲电压信号。该信号经放大、整形后，便可输出作为供检测转速用的脉冲信号。

图 4-39 所示为涡轮式流量传感器的结构图。为了清除涡流和断面流速不均匀对测量的影响，在传感器进出口处常

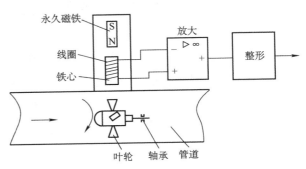

图 4-38　涡轮式流量传感器结构原理图

常装有导流器，用以导直流体并支撑涡轮，使流体顺利流过叶轮，增加传感器的线性工作范围。传感器应安装在管道前后直管的距离大于管道直径的15~20倍和5倍处。

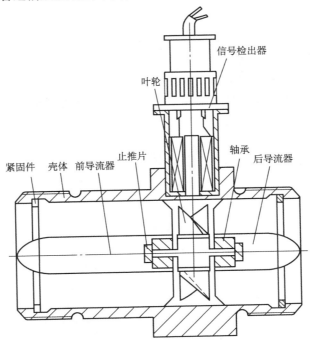

图 4-39　涡轮式流量传感器结构

图 4-40 为涡轮式流量传感器的外形。根据安装条件，涡轮式流量传感器可以做成不同的结构形式。

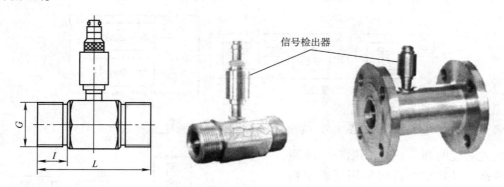

图 4-40　涡轮式流量传感器的外形

由于涡轮流量计输出的是脉冲信号，易于远距离传送和定量控制，并且抗干扰强，因此可以用于纯水、轻质油(汽油、煤油、柴油)、粘度低的润滑油及腐蚀性不大的酸碱溶液的流量测量，测量准确度一般在 ±0.5% 以内。

习　　题

1. 莫尔条纹的含义是什么？其主要特性有哪些？试画图分析。
2. 磁栅位移传感器的工作原理是什么？
3. 电容式、电感式接近传感器的工作原理是什么？被测物体应采用什么材料？为什么？
4. 试分析图 4-24 所示压力传感器是如何测量液位高度的？
5. 电容式物位传感器是如何测量物体位置的？
6. 试分析电磁流量计的工作原理，并推导流量的表达式。
7. 涡轮式流量传感器的工作原理是什么？其安装有哪些要求？

第5章 光电式传感器

💡 **学习目的**

1）了解光电式传感技术的基本原理。
2）掌握光敏二极管、光敏晶体管、光敏电阻、光电池等光电元件的结构、特性及应用。
3）熟悉光纤传感器、电荷耦合器件和红外传感器的结构、特性及应用。

5.1 光电效应及光电器件

5.1.1 光电效应

光电式传感器是将光信号转换为电信号的一种传感器。利用这种传感器测量非电量时，只需将这些非电量的变化转换为光信号的变化，就可以将非电量的变化转换为电量的变化而进行检测。光电式传感器具有结构简单、非接触、高可靠性、高精度和反应快等特点。

光具有波粒二象性。光的粒子学说认为光是由一群光子组成的，每一个光子具有一定的能量，光子的能量 $E = hf$，其中 h 为普朗克常数，$h = 6.626 \times 10^{-34}$ Js，f 为光的频率。因此，光的频率越高，光子的能量也就越大。光照射在物体上会产生一系列的物理或化学效应，例如光合效应、光热效应、光电效应等。光电式传感器的理论基础就是光电效应，即光照射在某一物体上，可以看作物体受到一连串能量为 hf 的光子所轰击，被照射物体的材料吸收了光子的能量而发生相应电效应的物理现象。根据产生电效应的不同，光电效应大致可以分为三类：

1. 外光电效应

在光线作用下，物体内的电子逸出物体表面向外发射的物理现象称为外光电效应，也称为光电发射效应。逸出来的电子称为光电子。外光电效应可用爱因斯坦光电方程来描述

$$\frac{1}{2}mv^2 = hf - W \tag{5-1}$$

式中，v 是电子逸出物体表面时的初速度；m 是电子质量；W 是金属材料的逸出功（金属表面对电子的束缚）。

式（5-1）即为著名的爱因斯坦光电方程，它揭示了光电效应的本质。根据爱因斯坦的假设：一个光子的能量只能给一个电子，因此单个的光子把全部能量传给物体中的一个自由电子，使自由电子的能量增加为 hf，这些能量一部分用于克服逸出功 W，另一部分作为电子逸出时的初动能 $\frac{1}{2}mv^2$。由于逸出功与材料的性质有关，当材料选定后，要使金属表面有电子逸出，入射光的频率 f 有一最低的限度。当 hf 小于 W 时，即使光通量很大，也不可能有电子逸出，这个最低限度的频率称为红限频率。当 hf 大于 W 时，光通量越大，逸出的电子数目也越多，光电流也就越大。

根据外光电效应制成的光电元器件有光电管、光电倍增管、光电摄像管等。

2. 内光电效应

在光线作用下，使物体导电能力发生变化的现象称为内光电效应，也称为光电导效应。根据内光电效应制成的光电元器件有光敏电阻、光敏二极管、光敏晶体管和光敏晶闸管等。

3. 光生伏特效应

在光线作用下，物体产生一定方向电动势的现象称为光生伏特效应。基于光生伏特效应的光电元器件是光电池。

5.1.2 光电管、光电倍增管

1. 光电管

光电管的结构、图形符号、测量电路及外形如图 5-1 所示，光电阴极 K 和光电阳极 A 封装在真空玻璃管内。当入射光穿过光窗照到光电阴极上时，光子的能量传递给阴极表面的电子，当电子获得的能量足够大时，就有可能克服金属表面对电子的束缚(逸出功)而逸出金属表面形成电子发射，这种电子称为光电子。当光电管阳极加上适当电压(数十伏)时，从阴极表面逸出的电子被具有正电压的阳极所吸引，在光电管中形成电流，称为光电流 I_Φ。光电流 I_Φ 正比于光电子数，而光电子数又正比于光通量。如果在外电路中串入一只适当阻值的电阻，则电路中的电流便转换为电阻上的电压。该电流或电压的变化与光成一定函数关系，从而实现了光电转换。

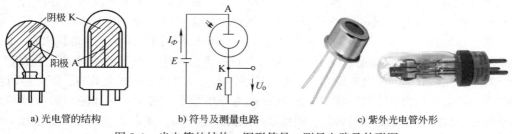

a) 光电管的结构　　　　b) 符号及测量电路　　　　　　c) 紫外光电管外形

图 5-1　光电管的结构、图形符号、测量电路及外形图

由于材料的逸出功不同，所以不同材料的光电阴极对不同频率的入射光有不同的灵敏度，人们可以根据检测对象是可见光或紫外光而选择不同阴极材料的光电管。目前紫外光电管在工业检测中多用于紫外线测量、火焰监测等，可见光较难引起光电子的发射。

2. 光电倍增管

光电管的灵敏度较低，在微光测量中通常采用光电倍增管。光电倍增管由真空管壳内的光电阴极、阳极以及位于其间的若干倍增电极构成，工作时在各电极之间加上规定的电压。当光或辐射照射阴极时，阴极发射光电子，光电子在电场的作用下加速逐级轰击发射倍增电极，在末级倍增电极形成数量为光电子的 $10^6 \sim 10^8$ 倍的次级电子。众多的次级电子最后为阳极收集，在阳极电路中产生可观的输出电流，如图 5-2 所示。通常光电倍增管的灵敏度比光电管要高出几万倍，在微光下就可产生较大的电流。

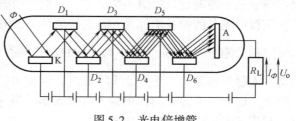

图 5-2　光电倍增管

例如，可用来探测高能射线产生的辉光等。由于光电倍增管有如此高的灵敏度，因此使用时应注意避免强光照射而损坏光电阴极。但由于光电倍增管是玻璃真空器件，体积大，易破碎，工作电压高达上千伏，所以目前已逐渐被新型半导体光敏器件所取代。

5.1.3 光敏电阻

光敏电阻是一种利用内光电效应（光导效应）制成的光电元件。它具有准确度高、体积小、性能稳定、价格低等特点，所以被广泛应用在自动化技术中作为开关式光电信号传感元件。

1. 光敏电阻的结构与材料

光敏电阻由一块两边带有金属电极的光电半导体组成，电极和半导体之间呈欧姆接触，使用时在它的两电极上施加直流或交流工作电压，如图 5-3 所示。在无光照射时，光敏电阻 R_G 呈高阻，回路中仅有微弱的电流（称为暗电流）通过。在有光照射时，光敏材料吸收光能，使电阻率变

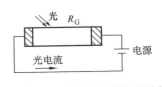

图 5-3 光敏电阻工作原理图

扫描二维码观看动画

小，R_G 呈低阻态，从而在回路中有较强的电流（称为亮电流）通过。光照越强，阻值越小，亮电流越大。如果将该亮电流取出，经放大后即可作为其他电路的控制电流。当光照射停止时，光敏电阻又逐渐恢复原有的高阻状态。

制作光敏电阻的材料种类很多，如金属的硫化物、硒化物和锑化物等半导体材料。目前生产的光敏电阻主要是硫化镉，为提高其光灵敏度，在硫化镉中再掺入铜、银等杂质。光敏电阻的结构、图形符号及外形如图 5-4 所示。通常采用涂敷、喷涂等方法在陶瓷基片上涂上栅状光导电体膜（硫化镉多晶体）经烧结而成。为防止受潮，光敏电阻采用两种封闭方法：①金属外壳，顶部有透明玻璃窗口的密封结构；②没有外壳，但在其表面涂上一层防潮树脂。

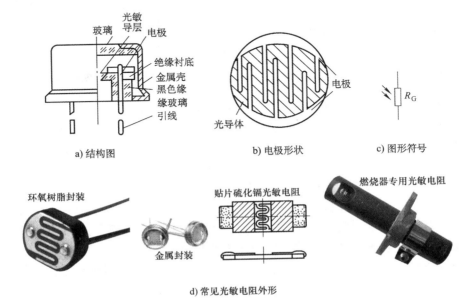

a) 结构图

b) 电极形状

c) 图形符号

d) 常见光敏电阻外形

图 5-4 光敏电阻的结构、图形符号及外形

2. 光敏电阻的主要参数

（1）暗电阻　光敏电阻置于室温、全暗条件下，经一段时间稳定后测得的阻值称为暗电阻。这时在给定的工作电压下测得的电流称为暗电流。

（2）亮电阻　光敏电阻置于室温和一定光照条件下测得的稳定电阻值称为亮电阻。这时在给定工作电压下测得的电流称为亮电流。

（3）光电流　亮电流和暗电流之间的差称为光电流 I_Φ。

光敏电阻的暗电阻越大，而亮电阻越小，则性能越好。也就是说，暗电流要小，亮电流要大，这样的光敏电阻的灵敏度就高。实际上，大多数光敏电阻的暗电阻往往超过 $1M\Omega$，甚至高达 $100M\Omega$，而亮电阻即使在正常白昼条件下也可降到 $1k\Omega$ 以下，可见光敏电阻的灵敏度是相当高的。

3. 光敏电阻的主要特性

（1）光照特性　是指光敏电阻的光电流 I_Φ 与光通量 Φ 的关系。不同的光敏电阻，其光照特性不同，但多数光敏电阻的光照特性，为如图5-5所示的曲线形状。由于光敏电阻的光照特性呈非线性，因此不能用于光的精密测量，只能用作开关式的光电转换器。

（2）光谱特性　指光敏电阻对于不同波长 λ 的入射光，其相对灵敏度 K 不同的特性。各种不同材料的光谱特性曲线如图5-6所示。从图中可以看出，不同材料的峰值所对应的光的波长是不一样的，因此，在选用光敏电阻时，应考虑光源的发光波长与光敏电阻的光谱特性峰值的波长相接近，这样才能获得高的灵敏度。

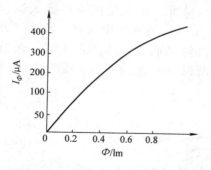

图5-5　光敏电阻的光照特性曲线

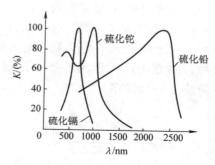

图5-6　光敏电阻的光谱特性曲线

（3）伏安特性　表示光敏电阻两端所加电压与流过光敏电阻的电流之间的关系。如图5-7所示，光敏电阻的伏安特性为线性关系，且不同照度，其斜率也不同。同普通电阻一样，光敏电阻也有最大功率，超过额定功率将会导致光敏电阻永久性的损坏。

（4）响应时间　指光敏电阻中光电流的变化滞后于光的变化的时间。即光敏电阻突然感受光照时，光电流并不是立刻上升到其稳定数值，且当光突然消失时光电流也不会立刻下降到零，这说明光电流的变化对于光的

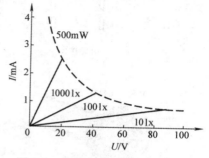

图5-7　光敏电阻的伏安特性曲线

变化，在时间上有一个滞后。尽管不同材料的光敏电阻具有不同的响应时间，但都存在着这种时延特性，因此，光敏电阻不能用在要求快速响应的场合。

（5）温度特性　指光敏电阻和其他半导体器件一样，受温度的影响较大，随着温度的升高，它的暗电阻与灵敏度都下降的特性。

5.1.4　光敏二极管、光敏晶体管

1. 工作原理

光敏二极管、光敏晶体管的工作原理基于内光电效应。

光敏二极管和普通二极管相比虽然都属于单向导电的非线性半导体器件，但在结构上有其特殊的地方。光敏二极管的结构模型和符号、基本电路及外形如图 5-8 所示。光敏二极管的 PN 结装在透明管壳的顶部，可以直接受到光的照射。使用时要反向接入电路中，即 P 极接电源负极，N 极接电源正极。无光照时，与普通二极管一样，反向电阻很大，电路中仅有很小的反向饱和漏电流，称为暗电流。当有光照射时，PN 结受到光子的轰击，激发形成光生电子-空穴对，因此在反向电压作用下，反向电流大大增加，形成光电流。光照越强，光电流越大，光电流与光照度成正比，即反向偏置的 PN 结受光照控制。

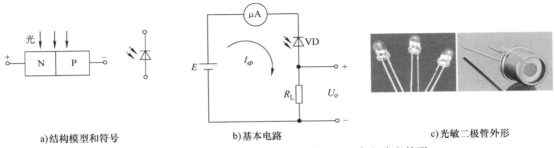

a)结构模型和符号　　　　　b)基本电路　　　　　c)光敏二极管外形

图 5-8　光敏二极管的结构模型、符号、基本电路和外形

光敏晶体管和普通晶体管的结构相类似。不同之处是光敏晶体管必须有一个对光敏感的 PN 结作为感光面，一般用集电结作为受光结，因此，光敏晶体管实质上是一种相当于在基极和集电极之间接有光敏二极管的普通晶体管。其结构模型、基本电路、符号及外形如图 5-9 所示。

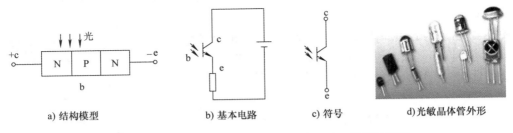

a) 结构模型　　　　　b) 基本电路　　　　　c) 符号　　　　　d)光敏晶体管外形

图 5-9　光敏晶体管的结构模型、基本电路、符号及外形

当入射光子在基区及集电区被吸收而产生电子-空穴对时，便形成光电流。由此产生的光生电流由基极进入发射极，从而在集电极回路中得到一个放大了 β 倍的电流信号。光敏晶体管的结构同普通晶体管一样，有 PNP 型和 NPN 型。在电路中，同普通晶体管的放大状态一样，集电结反偏，发射结正偏。反偏的集电结受光照控制，因而在集电极上则产生 β 倍的光电流，所以光敏晶体管比光敏二极管有着更高的灵敏度。

2. 基本特性

（1）光照特性　从图 5-10 所示的光敏二极管和光敏晶体管的光照特性可以看出，光敏二极管的光电流与光照度成线性关系。而光敏晶体管光照特性的线性没有二极管的好，而且在照度小时，光电流随照度的增加而增加得较小，即其起始要慢。当光照足够大时，输出电流又有饱和现象（图中未画出），这是由于晶体管的电流放大倍数在小电流和大电流时都下降的缘故。光敏晶体管的曲线斜率大，其灵敏度要高。

（2）光谱特性　光敏二极管的光谱特性如图 5-11 所示。光敏二极管在入射光照度一定时，输出的光电流（或相对灵敏度）随光波波长的变化而变化。一种光敏二极管只对一定波长的入射光敏感，这就是它的光谱特性。由曲线可以看出，不管是硅管或锗管，当入射光波长增加时，相对灵敏度都下降。从曲线还可以看出，不同材料的光敏二极管，其光谱响应峰值波长也不同。硅管的峰值波长为 $0.8\mu m$ 左右，锗管的为 $1.4\mu m$，由此可以确定光源与光电器件的最佳匹配。由于锗管的暗电流比硅管大，因此锗管性能较差。故在探测可见光或赤热物体时，都用硅管；但对红外光进行探测时，采用锗管比较合适。

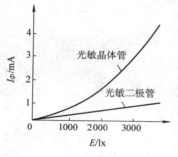

图 5-10　光敏晶体管的光照特性

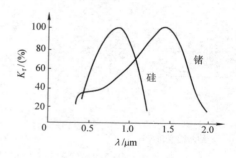

图 5-11　光敏二极管的光谱特性

（3）伏安特性　图 5-12 所示为光敏二极管的伏安特性。由于光敏二极管反向偏置，所以它的伏安特性在第三象限。流过它的电流与光照度成正比（间隔相等），而基本上与反向偏置电压 U_D 无关。当 $U_D = 0$ 时，只要有光照，就仍然有电流流出光敏二极管，相当于光电池，只是由于其 PN 结面积小，产生的光电效应很弱。光敏二极管正常使用时应施加 1.5V 以上的反向工作电压。

图 5-13 所示为光敏晶体管的伏安特性，与一般晶体管在不同基极电流下的输出特性相似，只是将不同的基极电流换作不同的光照度。光敏晶体管的工作电压一般应大于 3V。若在伏安特性曲线上作负载线，可求得某光强下的输出电压 U_{ce}。

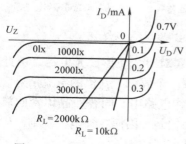

图 5-12　光敏二极管伏安特性

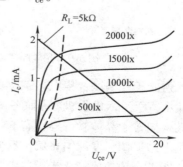

图 5-13　光敏晶体管伏安特性

（4）响应时间　硅光敏二极管的响应时间约为 $10^{-6} \sim 10^{-7}\mathrm{s}$，光敏晶体管的响应速度则比相应的二极管大约慢一个数量级，而锗管的响应时间要比硅管小一个数量级。因此在要求快速响应或入射光调制频率（明暗交替频率）较高时，应选用硅光敏二极管。

由于光敏晶体管基区的电荷存储效应，所以在强光照和无光照时，光敏晶体管的饱和与截止需要更多的时间，所以它对入射调制光脉冲的响应时间更慢，最高工作频率更低。

（5）温度特性　温度变化对亮电流影响不大，但对暗电流影响非常大，并且是非线性的。在微光测量中有较大误差。硅管的暗电流比锗管小几个数量级，所以在微光测量中应采用硅管。另外由于硅光敏晶体管的温漂大，所以尽管光敏晶体管灵敏度较高，但是在高准确度测量中应选择硅光敏二极管。可采用低温漂、高准确度的运算放大器来提高测量准确度。

5.1.5　光电池

光电池的工作原理基于光生伏特效应，能将入射光能量转换为电压和电流。它的制作材料种类很多，如硅、砷化镓、硒、锗、硫化锡等，其中应用最广泛的是硅光电池。硅光电池性能稳定、光谱范围宽、频率特性好、转换效率高且价格便宜。从能量转换角度来看，光电池是作为输出电能的器件而工作的。例如人造卫星上就安装有展开达十几米长的太阳能光电池板。从信号检测角度来看，光电池作为一种自发电型的光电传感器，可用于检测光的强弱以及能引起光强变化的其他非电量。

1. 结构及工作原理

硅光电池是在 N 型硅片衬底上制造一薄层 P 型层作为光照敏感面，形成一个大面积的 PN 结，如图 5-14 所示。P 型层做得很薄，从而使光线能穿透到 PN 结上。当光照能量足够大时，就将在 PN 结附近激发产生电子-空穴对，这种由光激发生成的电子-空穴对称为光生载流子。它们在结电场的作用下，电子被推向 N 区，而空穴被拉向 P 区。这种推拉作用的结果，使得 N 区积累了多余电子而形成为光电池的负极，而 P 区因积累了空穴而成为光电池的正极，因而两电极之间便有了电位差，这就是光生伏特效应。

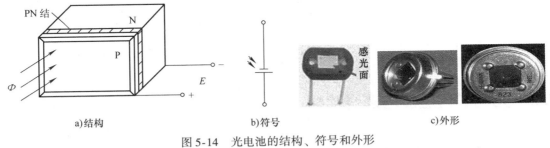

a）结构　　　　　b）符号　　　　　c）外形

图 5-14　光电池的结构、符号和外形

2. 基本特性

（1）光谱特性　图 5-15 所示为硒、硅、锗光电池的光谱特性。从曲线上可以看出，它们的光谱峰值位置是不同的，而且光谱响应波长范围也不一样。硅光电池的响应波长范围约在 $0.45 \sim 1.4\mu\mathrm{m}$ 之间，而硒光电池的响应波长范围约在 $0.34 \sim 0.7\mu\mathrm{m}$ 之间。目前

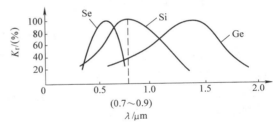

图 5-15　光电池的光谱特性

117

已生产出峰值波长为 $0.64\mu m$（可见光）的硅光电池，在紫光（$0.4\mu m$）附近仍有 65%～70% 的相对灵敏度，这大大扩展了硅光电池的应用领域。硒光电池和锗光电池由于稳定性较差，目前应用较少。

（2）光照特性　硅光电池的负载不同，特性也不同。图 5-16 所示为负载在两种极端情况下的特性曲线。光电池负载开路时的开路电压与光照度的关系曲线，显然呈非线性关系，近似于对数关系，起始电压上升很快，在 2000lx 以上便趋于饱和。当负载短路时，短路电流与光照度的关系曲线为线性关系。但随着负载电阻的增加，这种线性关系将变差。因此，当测量与光照度成正比的其他非电量时，应把光电池作为电流源来使用，当被测量是开关量时，可把光电池作为电压源来使用。

（3）频率特性　频率特性是描述入射光的调制频率与光电池输出电流间的关系。由于光电池受照射产生电子–空穴对需要一定的时间，因此当入射光的调制频率太高时，光电池输出的光电流将下降。硅光电池的面积越小，PN 结的极间电容也越小，频率响应就越好。硅光电池的频率响应可达数十千赫兹至数兆赫兹，硒光电池的频率特性较差，目前已较少使用。

（4）温度特性　温度特性是描述光电池的开路电压 U_o 和短路电流 I_{SC} 随温度变化的特性。从图 5-17 中可以看出，开路电压随温度增加而下降的速度较快，电压温度系数约为 $-2mV/℃$。而短路电流随温度上升而缓慢增加，温度系数较小。当光电池作为检测元件时，应考虑温度漂移的影响，采取相应措施进行补偿。

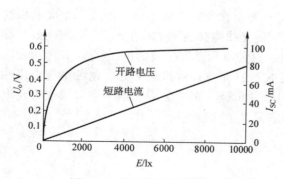

图 5-16　光电池的光照特性

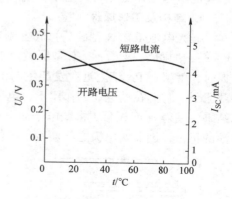

图 5-17　光电池的温度特性

5.2　光电式传感器的测量电路

5.2.1　光电管路灯自动控制器

图 5-18 所示为光电管路灯自动控制器电路。该电路采用光电倍增管作为传感器，灵敏度高，能有效防止电路状态转换时的不稳定过程。电路中设置有延时电路，具有对雷电和各种短时强光的抗干扰能力。

电路主要由光电转换级、运放滞后比较级、驱动级等组成。白天当光电管 V_1 的光电阴极受到较强的光照时，光电管产生很大的光电流，使得场效应晶体管 V_2 栅极上的正电压增高，漏极电流增大，这时在运算放大器 IC 的反相输入端的电压约为 $+3.1V$，所以运算放大

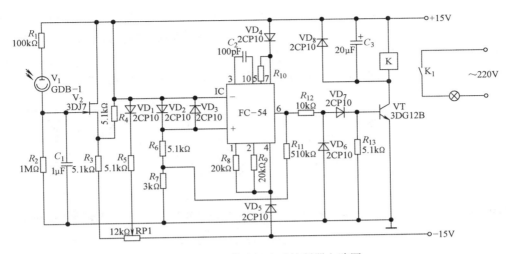

图 5-18　光电管路灯自动控制器电路图

器输出为负电压，VD₇、VT 截止，继电器 K 不工作，其触头 K₁ 为常开触头，因此路灯不亮；到了傍晚时分，环境光线渐弱，光电管 V₁ 产生的光电流减小，使得 V₂ 的栅极电压和漏极电流减小，这时运算放大器 IC 反相输入端的电压为负电压，输出端约有 +13V 的电压输出，因此 VD₇ 导通，VT 随之导通饱和，K 工作，K₁ 闭合，路灯点亮。

5.2.2　光敏电阻控制的报警电路

图 5-19 所示为光敏电阻控制的报警电路。电路中 IC 3 号引脚的输入电压取决于光敏电阻 R_G 的受光情况，当光线较强时，光敏电阻阻值很小，IC 3 号引脚的输入较大，IC 输出为高电平，从而驱动 VT 导通，压电蜂鸣器 HA 发出报警声。反之，光线较暗时，IC 输出为低电平，VT 不能导通，电路不工作。

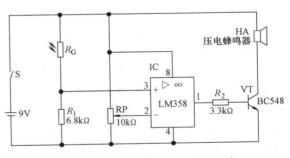

图 5-19　光敏电阻控制的报警电路

5.2.3　光敏二极管测量电路

光敏二极管通常有两种工作模式：光电导模式和光伏模式。

光敏二极管作光电导模式应用时，在两极之间要外加一定的反向偏压。光电导模式下工作的光敏二极管，对检测微弱恒定光不利，因为光电流很小，与暗电流接近。对微弱光信号的检测，一般采用调制技术。

光伏模式下应用的光敏二极管不需外加任何偏置电压，其工作在短路条件下。电路的特点有：较好的频率特性；因光敏二极管线性范围很宽，适用于辐射强度探测；输出信号不含暗电流，是一个较好的弱光探测电路(当然其探测极限受本身噪声限制)。

光敏二极管的简单应用电路如图 5-20 所示。图 5-20a 为无偏置电路，适用于光伏模式光敏二极管，输出电压 $U_o = I_R R_L$。图 5-20b 为反向偏置应用电路，光敏二极管的响应速度比无偏置电路高几倍，$U_{o} = I_{R}R_{L}$。图 5-20c 中，当光照射光敏二极管时，使晶体管基极处于低电位，晶体管 VT 截止，输出高电平；当无光照时，VT 导通，输出低电平。图 5-20d 为光控继电器电路。在无光照时，晶体管 VT 截止，继电器 KA 线圈无电流通过，触点处于常开状态。当有光照且达到一定光强时，则 VT 导通，KA 吸合，从而实现光电开关控制。

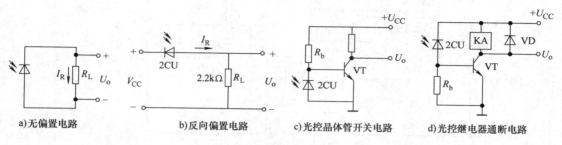

a) 无偏置电路　　　　b) 反向偏置电路　　　c) 光控晶体管开关电路　　d) 光控继电器通断电路

图 5-20　光敏二极管的应用电路

5.2.4　光敏晶体管测量电路

因光敏晶体管具有放大功能，在相同的光照条件下，可获得比光敏二极管大得多的光电流。在使用时，光敏晶体管必须外加偏置电路，以保证集电结反偏、发射结正偏。

图 5-21 所示为光敏晶体管组成的光敏继电器电路。图 5-21a 所示使用了高灵敏硅光敏晶体管 3DU80B，在照度为 1000lx 时能提供 2mA 的光电流，以直接带动灵敏继电器。二极管在光敏管关断瞬间对它进行保护。图 5-21b 为简单的达林顿放大电路，3DU32 受光照产生的光电流经过一级晶体管放大后便可驱动继电器。图 5-21b 中的光敏晶体管与放大管可用一只达林顿结构的光敏管来代替，如 3DU912 系列。

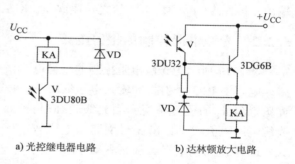

a) 光控继电器电路　　　b) 达林顿放大电路

图 5-21　光敏晶体管组成的光敏继电器电路

5.2.5　光电池的测量电路

1. 光电池开关控制电路

利用半导体硅光电池的光电开关电路如图 5-22 所示。由于光电池即使在强光下最大输出电压也仅 0.6V，不足以使 VT_1 管有较大的电流输出，故将硅光电池接于 VT_1 管基极，再用二极管 2AP 产生正向 0.3V 的电压，二者电压叠加使 VT_1 管的 e、b 极间电压大于 0.7V 而使 VT_1 管能导通。

2. 硅光电池组成的光控闪光器

图 5-23 所示为硅光电池组成的光控闪光器电路图。

图中，电阻 R 与光敏电阻 R_G、电位器 RP_1 和 RP_2 组成分压电路。在夜晚无光照射时，R_G 的电阻值较高，其上面的压降较大，所以输入到晶体管 VT_1 的基极电流较大，VT_1 导通，VT_2 也随之导通，该基极电流经 VT_1 和 VT_2 放大后，由 VT_2 的集电极输出，一部分经电容 C

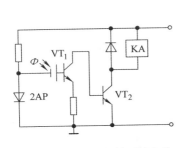

图 5-22　光电池控制开关电路

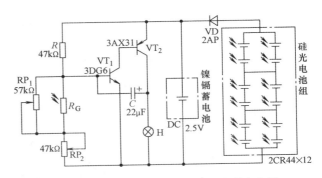

图 5-23　硅光电池组成的光控闪光器电路图

耦合到 VT_1 的基极形成正反馈，满足了电路的振荡条件。由于 C 的容量较大，故振荡频率很低，VT_2 把放大了的振荡信号以脉冲电流形式输送给信号灯 H，它就一闪一闪地发光。在白天有光照射时 R_G 内阻下降，因此经 R 流入 VT_1 的基极电流，因分流，电流大为减少，使 VT_1 由导通变为截止，同时 VT_2 也截止，信号灯熄灭。这时，硅光电池组由于有光照射，产生较高的电压，并向蓄电池充电。调整 R、C 可改变闪光频率和亮灭时间比。由于 RP_1 是和 R_G 并联后又与 RP_2 串联，所以，调节电位器 RP_1 和 RP_2 的阻值，即可改变 VT_1 基极与发射极之间的电压 U_{be}。一般硅管在 $U_{be} \geq 0.6 \sim 0.7V$ 时导通；反之就截止，故可根据需要使灯点燃或熄灭。

5.3　光纤传感器

　　光导纤维传感器简称为光纤传感器，是目前发展速度很快的一种传感器。光纤不仅可以用来作为光波的传输介质在长距离通信中应用，而且光在光纤中传播时，表征光波的特征参量（振幅、相位、偏振态、波长等）因外界因素（如温度、压力、磁场、电场和位移等）的作用而间接或直接地发生变化，从而可将光纤作为传感元件来探测各种待测量。根据工作原理不同，光纤传感器可以分为传感型和传光型两大类。

　　利用外界因素改变光纤中光的特征参量，从而对外界因素进行计量和数据传输的，称为传感型光纤传感器，它具有传光、传感合一的特点，信息的获取和传输都在光纤之中。传光型光纤传感器是指利用其他敏感元件来感受被测量的变化，光纤仅作为光的传输介质。光纤传感器的测量对象涉及位移、加速度、液体、压力、流量、振动、水声、温度、电压、电流、磁场、核辐射、应变、荧光、pH 值、DNA 生物量等诸多内容。

　　光纤传感器和其他传感器相比有抗电磁干扰强、灵敏度高、重量轻、体积小、柔软等优点。它对军事、航空航天、生命科学等的发展起着十分重要的作用，应用前景十分广阔。

5.3.1　光纤的结构和传光原理

1. 光纤的结构

　　光纤是一种多层介质结构的圆柱体，由石英玻璃或塑料制成。每一根光纤由纤芯、包层和外层组成，其外形、结构及连接方式如图 5-24 所示。

　　纤芯位于光纤的中心，其直径在 $5 \sim 75\mu m$，光主要在纤芯中传输。围绕纤芯的是一层

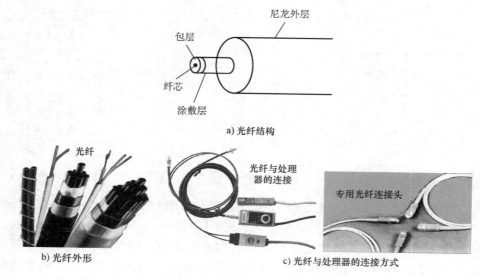

a) 光纤结构

光纤

光纤与处理器的连接

专用光纤连接头

b) 光纤外形

c) 光纤与处理器的连接方式

图 5-24　光纤外形、结构及与处理器的连接方式

圆柱形包层，直径约在 $100 \sim 200 \mu m$ 范围内，包层的折射率比纤芯小。包层外面常有一层尼龙外套，直径约 1mm，其作用一方面是保护光纤不受外界损害，增加光纤的机械强度，另一方面以颜色区分各种光纤。

2. 传光原理

根据几何光学理论，当光线以较小的入射角 θ_1 从光密介质 1 射向光疏介质 2 时，一部分入射光以折射角 θ_2 进入光疏介质 2，另一部分以 θ_1 的反射角返回到光密介质 1，如图5-25a 所示。当入射角大到临界角 θ_c，即 $\theta_1 = \theta_c = \arcsin(n_2/n_1)$ 时，折射角 $\theta_2 = 90°$，光线沿界面传播。当继续加大入射角，即 $\theta_1 > \theta_c$ 时，光线产生全反射，即光不再离开光密介质。光纤由于其圆柱形纤芯的折射率 n_1 大于包层的折射率 n_2，因此如图 5-25b 所示，在光纤的入射端，光线从空气中以入射角 ϕ_0 射入光纤，在光纤内折射成角 ϕ_1，然后以 $\theta_1 = 90 - \phi_1$ 角入射到纤芯与包层的界面。在角 $2\phi_c$ 之间的入射光，除了在玻璃中吸收和

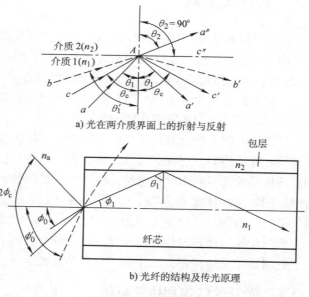

a) 光在两介质界面上的折射与反射

b) 光纤的结构及传光原理

图 5-25　光纤传光原理

散射之外，大部分在界面上产生多次反射，而以锯齿形的线路在光纤中传播，在光纤的末端以与入射角相等的出射角射出光纤。这就是光纤传光的原理。

5.3.2　光纤传感器的工作原理

光纤传感器的种类很多，工作原理也各不相同，但都离不开光的调制和解调两个环节。光的调制就是把某一被测信息加载到传输光波上，这种承载了被测量信息的调制光再经光探测系统解调，便可获得所需检测的信息。从原则上说，只要能找到一种途径，把被测信息叠加到光波上并能解调出来，就可以构成一种光纤传感器。

常用的光调制有强度调制、相位调制、频率调制及偏振调制等几种。

1. 强度调制

利用被测量的因素改变光纤中光的强度，再通过光强的变化来测量外界物理量，称为强度调制。强度调制是光纤传感器使用最早的调制方法，其特点是技术简单、可靠，价格低。光源可采用 LED 和高强度的白炽光等非相干光源。探测器一般用光敏二极管、晶体管和光电池等。

2. 波长调制和频率调制

利用外界因素改变光纤中光的波长或频率，然后通过检测光纤中的波长或频率的变化来测量各种物理量的原理，分别称为波长调制和频率调制。波长调制主要用于液体浓度的化学分析、磷光和荧光现象分析、黑体辐射分析等方面。例如，利用热色物质的颜色变化进行波长调制，从而达到测量温度及其他物理量。频率调制技术主要利用多普勒效应来实现，光纤常采用传光型光纤，当光源发射出的光经过运动物体后，观察者所见到的光波频率相对于原频率发生了变化。根据此原理可制成多种测速光纤传感器，如光纤血流测量系统，如图 5-26 所示。

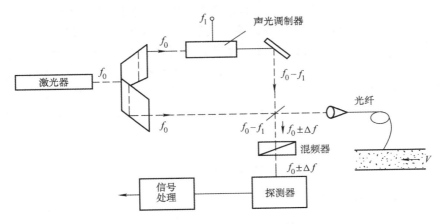

图 5-26　光纤血流测量系统

设激光光源频率为 f_0，经分束器分成两束光，其中被声光调制器调制成频率为 $f_0 - f_1$ 的一束光，射入探测器中；另一束频率为 f_0 的光经光纤射到被测血液中。当血液以一定速度运动时，根据多普勒效应，其反射光的光谱产生频率为 $f_0 \pm \Delta f$ 的光，它与 $f_0 - f_1$ 的光在光电探测器中混频后，形成振荡信号，通过测量 Δf，从而可换算出血流速度。

3. 相位调制

相位调制将光纤的光分为两束，一束相位受外界信息的调制，一束作为参考光使两束光叠加形成干涉花纹。通过检测干涉条纹的变化可确定出两束光相位的变化，从而测出使相位变化的待测物理量。其调制机理分为两类：一类是将机械效应转变为相位调制，如将应变、位移、水声的声压等通过某些机械元件转换为光纤的光学量（折射率等）的变化，从而使光波的相位发生变化；另一类利用光学相位调制器将压力、转动等信号直接改变为相位变化。

光纤传感器的调制方法除了上面介绍的，还有利用外界因素调制返回信号的基带频谱，通过检测基带的延迟时间、幅度大小的变化来测量各种物理量的大小和空间分布的时分调制；利用电光、磁光、光弹等物理效应进行的偏振调制等调制方法。

5.3.3　光纤传感器的特点

与传统的传感器相比，光纤传感器具有以下独特的优点。

（1）抗电磁干扰、电绝缘、耐腐蚀　由于光纤传感器是利用光波传输信息，而光纤又是电绝缘、耐腐蚀的传输媒质，并且安全可靠，这使它可以方便有效地应用于各种大型机电、石油化工、矿井等强电磁干扰和易燃易爆等恶劣环境中。

（2）灵敏度高　光纤传感器的灵敏度优于一般的传感器，如测量水声、加速度、辐射、磁场等物理量的光纤传感器，测量各种气体浓度的光纤化学传感器和测量各种生物量的光纤生物传感器等。

（3）重量轻、体积小、可弯曲　光纤除具有重量轻、体积小的特点外，还有可挠的优点，因此可以利用光纤制成不同外形、不同尺寸的各种传感器，这有利于航空航天以及狭窄空间的应用。

（4）测量对象广泛　光纤传感器是最近几年出现的新技术，可以用来测量多种物理量，如声场、电场、压力、温度、角速度和加速度等，还可以完成现有测量技术难以完成的测量任务。目前已有性能不同的测量各种物理量、化学量的光纤传感器在现场使用。

（5）对被测介质的影响小　光纤传感器与其他传感器相比具有很多优异的性能。例如，具有抗电磁干扰和原子辐射的性能；径细、质软、重量轻的力学性能；绝缘、无感应的电气性能；耐水、耐高温、耐腐蚀的化学性能等。这些性能对被测介质的影响较小。它能够在人达不到的地方（如高温区），或者对人有害的地区（如核辐射区），起到人的耳目的作用。而且还能超越人的生理界限，接收人的感官所感受不到的外界信息。从而有利于在医药卫生等复杂环境中应用。

（6）便于复用、便于成网　有利于与现有光通信技术组成遥测网和光纤传感网络。

（7）成本低　有些种类的光纤传感器的成本大大低于现有同类传感器。

5.3.4　光纤传感器的应用

自20世纪70年代光纤传感器诞生以来，因其具有耐高温、耐腐蚀、抗电磁干扰等独特的优点而被广泛应用于各行各业，可以用来测量多种物理量，如声场、电场、压力、温度、角速度、加速度和流量等，还可以完成现有测量技术难以完成的测量任务。在狭小的空间里，在强电磁干扰和高电压的环境里，光纤传感器都显示出了独特的应用能力。

1. 光纤涡轮流量传感器

将反射型光纤传感器与传统的涡轮流量测量原理相结合，制造出具有双光纤传感器的涡轮流量计。与传统的内磁式涡轮流量计相比，光纤涡轮流量计具备了正反流量测量的性能。在检测原理上，光纤涡轮流量传感器克服了内磁式传感器磁性引力带来的影响，有效地扩大了涡轮流量计的量程比。

光纤涡轮流量计，就是把涡轮叶片进行改进使其叶片端面适宜反射光线，利用反射型光纤传感器及光电转换电路检测涡轮叶片的旋转，从而测量出流量。

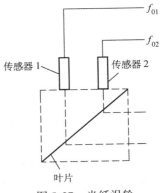

传统的内磁式传感器受其结构限制只能检测叶片的转速。由于反射型光纤传感器体积细小，因而将两个反射型光纤传感器并列装配在涡轮流量计上，这样两个传感器可检测同一涡轮叶片不同位置的反射信号，而两个传感器的信号互不干扰，如图 5-27 所示。传感器输出的 f_{01} 信号和 f_{02} 信号经相位鉴别电路后可输出正向流量信号和反向流量信号，两个传感器分别检测两个方向的流量。

由于光纤传感器不存在内磁式传感器在低流速时与涡轮叶片产生磁阻而引起的误差，也克服了内磁式传感器在高流量区信号产生饱和的问题，其调制光参数还可以随总体设计的要求而变化，为涡轮的设计创造了方便条件。另外，光纤传感器具有防爆、无电气信号直接与流量计接触的特点，因而适宜煤气、轻质油料等透明介质的流量测量。

图 5-27　光纤涡轮流量计双向测量原理

2. 光纤加速度传感器

光纤加速度传感器的组成结构如图 5-28 所示。它是一种简谐振子的结构形式。激光束通过分光板后分为两束光，其中，透射光作为参考光束，反射光作为测量光束。当传感器感受加速度时，由于质量块 M 对光纤的作用，从而使光纤被拉伸，引起光程差的改变。相位改变的激光束由单模光纤射出后与参考光束会合产生干涉效应。激光干涉仪的干涉条纹的移动可由光电接收装置转换为电信号，经过处理电路处理后便可正确地测出加速度值。

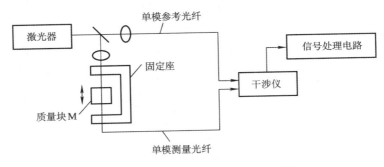

图 5-28　光纤加速度传感器的原理框图

3. 光纤图像传感器

图像光纤是由数目众多的光纤组成一个图像单元(或像素单元)，典型数目为三千到一万股，每一股光纤的直径约为 $10\mu m$。光纤图像传感器的原理如图 5-29 所示。在光纤的两端，所有的光纤都是按同一规律整齐排列的。投影在光纤束一端的图像被分解成许多像素，然后，图像作为一组强度与颜色不同的光点传送，并在另一端重建原图像。

图 5-29　光纤图像传感器

工业用内窥镜用于检查系统的内部结构，它采用光纤图像传感器，将探头放入系统内部，通过光束的传输在系统外部可以观察监视。

4. 光纤液位传感器

光纤液位传感器的外形如图5-30所示，该结构型光纤传感器采用红光或近红外光为光源，以光导纤维作为信号传输载体，光纤敏感头为检测单元，利用光折射原理，通过对光在空气和被测介质中不同折射率的分析，实现对液位的定点监测。

光纤液位传感器是采用强度调制型光纤全内反射原理制成的，其结构原理如图5-31所示。它由LED光源、光接收器（光敏二极管）、多模光

图5-30　光纤液位传感器外形图

纤、测头等组成。它的结构特点是，在光纤测头端有一个圆锥体反射器。当测头置于空气中，没有接触液面时，红外发光二极管发出的红外光束沿入射光纤向下传播，在圆锥体内发生全内反射而返回到光接收器，如图5-32所示。返回光强与入射光强相等，没有能量损失。当测头接触液面时，由于液体折射率与空气不同，全内反射被破坏，将有部分光线透入液体内，使返回到光接收器的光强变弱；返回光强是液体折射率的线性函数。返回光强发生突变时，表明测头已接触到液位。接收器可以驱动内部电器开关，从而启动外部报警器或控制电路。

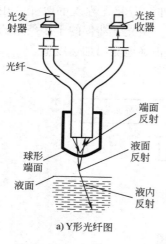

a) Y形光纤图

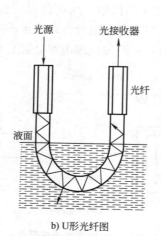

b) U形光纤图

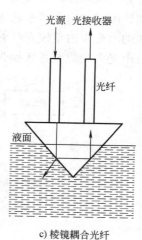

c) 棱镜耦合光纤

图5-31　光纤液位传感器的结构原理图

另外，不同液体的折射率不同，对反射光强的衰减程度作用也不同，若以空气的光亮为基准，纯净水将引起 $-6dB$ 左右的衰减，而油质则可达到 $-30dB \sim -25dB$ 的衰减。因此，可对反射量差别大的水和油等进行物质判别。

光纤液位传感器系列产品可广泛用于化工、化纤、化肥、食品、医药、交通、物流、储运及军工等行业生产、储存及运输过程中多种液体储罐、储槽及各种反应釜的水、油、化学试剂、酸、碱、腐蚀液和烃、烷、苯、醇、醚物质及其他低黏度洁净液态介质等易燃、易爆液体关键点分立液位的高精度检测、定点控制及监控；但不能探测污浊液体以及会粘附在测

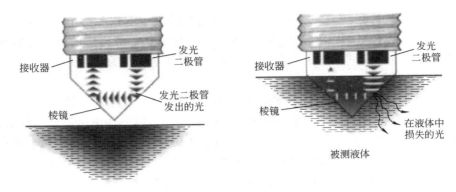

图 5-32　光的传播与能量变化

头表面的黏稠物质。同时，便于与计算机连接，有利于与现有光通信技术组成遥测网和光纤传感网络，实现罐群联网监控，是目前世界上先进的界面监控仪表之一。

5.4　电荷耦合摄影器件

电荷耦合器件(Charge Coupled Devices,CCD)是利用内光电效应的原理集成的一种光敏器件。它具有电荷存储、移位和输出等功能。CCD 有一维和二维之分，前者用于位移、尺寸的检测，后者主要作为固态摄像器件用于图形、文字的拍摄、识别和传递，例如数码照相机、数码摄像机、扫描仪、无线传真、可视电话、生产过程监视以及安全监视摄像机等。

5.4.1　电荷耦合器件的基本工作原理

1. MOS 光敏元件的结构和工作原理

电荷耦合器件(CCD)的基本结构是按一定规律排列的 MOS(即金属-氧化物-半导体)电容器组成的阵列，其构造如图 5-33 所示。在 P 型或 N 型衬底上形成一层很薄的二氧化硅，再在二氧化硅薄层上依次沉积金属或掺杂多晶硅形成电极，成为栅极。该栅极和 P 型或 N 型硅衬底形成规则的 MOS 电容阵列，再加上两端的输入及输出二极管就构成了电荷耦合器件芯片。

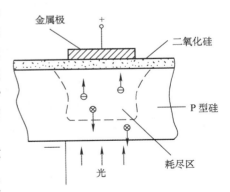

图 5-33　CCD 基本结构示意图

MOS 电容器和一般电容器不同的是：其下极板不是一般的导体而是半导体。假定该半导体是 P 型硅，其中多数载流子是空穴，少数载流子是电子。若在栅极上加正电压，衬底接地，则带正电的空穴被排斥离开硅-二氧化硅界面，带负电的电子被吸引到紧靠硅-二氧化硅界面。当栅极电压高到一定值，硅-二氧化硅界面就形成了对电子而言的陷阱，电子一旦进入就不能离开。栅极电压愈高，产生的陷阱愈深，从而起到了存储电荷的作用。

当器件受到光照时(光可从各电极的缝隙间经 SiO₂ 层射入,或经衬底的薄 P 型硅射入)，光子的能量被半导体吸收，产生光生电子-空穴对，这时光生电子被吸引并存储在势阱中。

光越强，产生的光生电子-空穴对越多，势阱中收集到的电子就越多，光弱则反之。这样就把光的强弱变成与其成比例的电荷的多少，实现了光电转换。势阱中的电子是在被存储状态，即使停止光照，一定时间内也不会损失，这就实现了对光照的记忆。

2. 电荷转移原理

MOS 电容器上记忆的电荷信号的输出是采用转移栅极的办法来实现的。如图 5-34 所示，每一个光敏元件(像素)对应有 3 个相邻的栅电极 1、2、3。所有栅电极彼此之间离得很远，所有的电极 1 相连并加以时钟脉冲 Φ_1，所有的电极 2 相连并加以时钟脉冲 Φ_2，所有的电极 3 相连并加以时钟脉冲 Φ_3，3 种时钟脉冲时序彼此交迭。3 个相邻的栅电极依次为高电平，将电极 1 下的电荷依次吸引转移到电极 3 下。持续下去，直到传送完整一行的各像素。图 5-35所示为电荷传输过程。

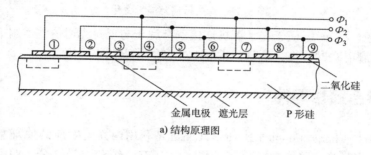

a) 结构原理图

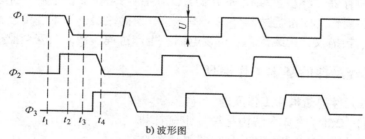

b) 波形图

图 5-34　电荷转移原理

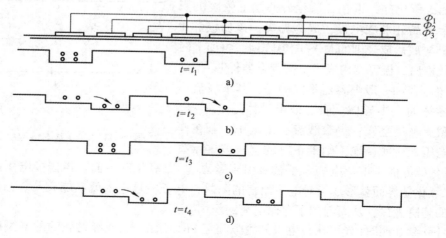

图 5-35　电荷传输过程

128

a）当 $t = t_1$ 时，即 $\Phi_1 = U$，$\Phi_2 = 0$，$\Phi_3 = 0$，此时只有 Φ_1 极下形成势阱。如果有光照，这些势阱里就会收集到光生电荷，电荷的数量与光照成正比。

b）当 $t = t_2$ 时，即 $\Phi_1 = 0.5U$，$\Phi_2 = U$，$\Phi_3 = 0$，此时 Φ_1 极下的势阱变浅，Φ_2 极下的势阱最深，Φ_3 极下没有势阱。原先在 Φ_1 极下的电荷就逐渐向 Φ_2 极下转移。

c）到 $t = t_3$ 时，Φ_1 极下的电荷向 Φ_2 极下转移完毕。

d）在 $t = t_4$ 时，Φ_2 极下的电荷向 Φ_3 极下转移，如此下去，势阱中的电荷沿着 $\Phi_1 \rightarrow \Phi_2 \rightarrow \Phi_3 \rightarrow \Phi_1$ 方向转移。在它的末端就能依次接收到原先存储在各个 Φ 极下的光生电荷。

5.4.2　电荷耦合器件图像传感器

电荷耦合器件（CCD）图像传感器从结构上可分为线阵型和面阵型两种。图 5-36 所示为 CCD 图像传感器的外形结构。

线阵型 CCD 图像传感器由线阵光敏区、转移栅、模拟移位寄存器、偏置电荷电路、输出栅和信号读出电路等组成，主要用于直线形图像检测，如传真机、扫描仪、光电字符阅读机等设备中。

a）线阵 CCD　　　　　　b）面阵 CCD

图 5-36　CCD 图像传感器的外形结构

面阵型 CCD 图像器件的感光单元呈二维矩阵排列，能检测二维平面图像，主要用于数码相机、CCD 摄像机、二维码图形识别等产品。

5.5　红外传感器

红外传感器是利用物体产生红外辐射的特性来实现自动检测的器件。凡是存在于自然界的物体，例如人体、火焰甚至于冰都会放射红外线，只是其发射的红外线的波长不同而已。在物理学中，我们已经知道，可见光、不可见光、红外线及无线电波等都是电磁波，它们之间的差别只是波长（或频率）的不同而已。红外线属于不可见光波的范畴，它的波长一般在 $0.76 \sim 600\mu m$ 之间（称为红外区）。而红外区通常又可分为近红外（$0.73 \sim 1.5\mu m$）、中红外（$1.5 \sim 10\mu m$）和远红外（$10\mu m$ 以上），在 $300\mu m$ 以上的区域又称为"亚毫米波"。近年来，红外辐射技术已成为一门发展迅速的新兴学科。它已经广泛应用于生产、科研、军事、医学、勘测等各个领域，基于红外技术的传感器已在温度、速度、物位、接近、位移、距离等多种物理量的测量中得到应用。

红外探测器即为红外传感器，它是一种能探测红外线的器件。从近代测量技术的角度来看，能把红外辐射转换为电量变化的装置，称之为红外探测器。红外探测器按其工作原理可分为两类，即光电探测器和热敏探测器。

5.5.1　红外光电探测器

红外光电探测器是利用红外辐射的光电效应制成的，能够探测红外辐射源。由于任何物体都是一个红外辐射源，所以红外探测器能够探测到任何目标物的存在。这种功能使它可以应用于大量的自动检测、控制、警戒以及计数等领域。

　　红外光电探测器还可以用于安全防范领域的人体入侵检测，图 5-37 所示的是红外门窗光栅栏，安装于门窗两侧，一侧为红外光源，发射红外线，另一侧为红外接收装置，接收发射装置发出的红外线。当人在设防状态下穿越门窗进入室内的时候，人体挡住了红外线，接收侧接收不到红外线，通过相应电路产生报警信号，即可实现入侵检测。图 5-38 所示是广泛应用于周界防御的红外入侵探测器，一般安装于围墙两端的上方，一端发射红外线另一端接收红外线。当有人翻越围墙的时候，人体挡住红外线，接收端无法接收到红外线，探测器发出信号报警。

图 5-37　红外防入侵门窗栅栏

图 5-38　对射红外入侵探测器

　　红外光电探测器还可以用于自动生产线上。传送带两侧分别设置一个红外光源和一个红外探测器。当传送带上的产品通过红外光电传感器时，挡住光源发出的红外光，此时探测器输出产生一个脉冲信号，此脉冲信号输入到计数器，可实现自动计数。

5.5.2　红外热敏探测器

　　热敏探测器是利用红外辐射的热效应制成的，这里采用热敏元件。热敏探测器主要用于温度检测和与温度相关的物理量的检测。图 5-39 所示为手持式红外测温仪，其广泛应用于冶金、锻造、陶瓷、铁路、航空航天及电力等行业。

　　在铁路交通方面，火车的车轮轴与轴瓦摩擦引起不正常发热，严重时会使整个车轴发热变红，最后发生车轴断裂，造成列车颠覆事故，这在过去的列车颠覆事故中占较高的比例。利用红外探测器来监视轮轴的温度，把红外温度探测器放置在铁路两旁，当列车通过时，探测器就可以实时、非接触地检测出轴箱盖上的温度，从而防止事故的发生。

　　在电力工业中，电力输电线上有许多接头，年长日久，接头处可能出现接触不良，会在接触不良处消耗大量的电能，造成接头过热，不仅损失能源，而且容易造成线路、接头老化，发生断线事故。若采用接触测温是很不方便的，而且检查的速度也很慢，高压

图 5-39　手持式红外测温仪

线铁塔又很高，人上去很不容易。利用红外测温探测器，在地面上就可以测得接头处的温度高低，这样既节省人力，又可以不停电检查。对于那些远距离的输电线，把红外测温仪安装在汽车上，可以在移动中检测电线接头是否正常。

在冶金和锻造领域，利用红外测温仪可以非接触地远距离测量锅炉炉膛温度和锻件温度，并可以实现轧钢、锻造等生产线的温度控制。

利用红外热敏探测器还可以实现内部无损探伤以及金属构件焊接质量的检测。均匀地加热结构件的一个平面，并测量另一个表面上的温度分布，即可得到内部结构是否有损伤或者焊面是否良好的信息。

红外无损探伤的特点是：加热和探伤设备都比较简单，能针对各种特殊的需要设计出合适的检测方案，因此它的应用范围比较广泛。例如金属、陶瓷、塑料、橡胶等材料中的裂缝、孔洞、异物、气泡、截面变形等各种缺陷的探伤、结构的检查、焊接质量的鉴定以及电子器件和线路的可靠性的检测等，都可以用红外无损探伤来解决。

5.5.3 热释电红外传感器

1. 热释电红外传感器的工作原理

热释电红外传感器通过目标与背景的温差来探测目标，其工作原理是热释电效应。即某些晶体在温度变化时，在晶体表面将产生符号相反的电荷，这种由于热的变化而产生的电极化现象称为热释电效应，根据热释电效应制成的元件称为热释电元件。

热释电元件由陶瓷氧化物或压电晶体（钛酸钡一类晶体）等热释电材料组成，将热释电材料制成很小的薄片，在薄片两侧镀上电极，在表面覆以黑色膜（吸收红外线能量），在热释电元件监测范围内若有红外线间歇地照射，使其表面温度有 ΔT 的变化时，其晶体内部的原子排列将产生变化，引起自发极化电荷 ΔQ，从而在上下电极之间将产生一微弱的电压 ΔU。热释电效应所产生的电荷 ΔQ 会被空气中的离子所结合而消失，即当环境温度稳定不变时，$\Delta T = 0$，传感器无输出。热释电效应同压电效应类似，是指由于温度的变化而引起晶体表面电荷的现象。

图 5-40 为热释电红外传感器的结构。其内部由光学滤镜、场效应晶体管、红外感应源（热释电元件）、偏置电阻及电磁干扰（EMI）电容等元器件组成。

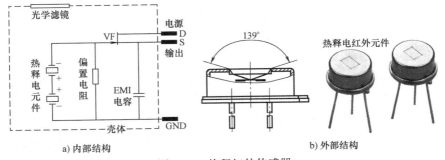

a) 内部结构   b) 外部结构

图 5-40　热释红外传感器

光学滤镜的主要作用是只允许波长在 $10\mu m$ 左右的红外线（人体发出的红外线波长）通过，而将灯光、太阳光及其他辐射滤掉，以抑制外界的干扰。红外感应源通常由两个串联或者并联的热释电元件组成，这两个热释电元件的电极相反，环境背景辐射对两个热释电元件几乎具有相同的作用，使其产生的热释电效应相互抵消，输出信号接近为零。一旦有人侵入探测区域内，人体红外辐射通过部分镜面聚焦，并被热释电元件接收，由于角度不同，两片热释电元件接收到的热量不同，热释电能量也不同，不能完全抵消，经处理电路处理后输出控制信号。由于它的输出阻抗极高，在传感器中有一个场效应晶体管进行阻抗变换。

2. 热释电红外报警器

热释电红外报警器主要由光学系统、热释电红外传感器、信号滤波和放大、信号处理和报警电路等几部分组成。光学系统主要是指菲涅尔透镜，如图 5-41 所示，它可以将人体辐射的红外线聚焦到热释电红外探测元件上，同时也产生交替变化的红外辐射高灵敏区和盲区，以适应热释电探测元件要求信号不断变化的特性。图 5-42 所示的是将待测目标、菲涅尔透镜、热释电红外传感器相结合使用时的工作原理示意图和人体通过传感器时的输出信号波形。

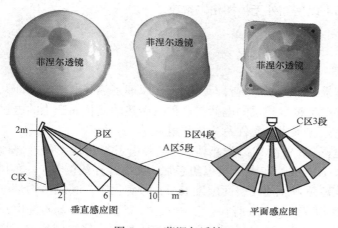

图 5-41 菲涅尔透镜

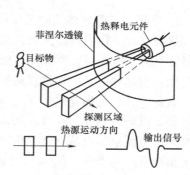

图 5-42 热释电红外报警器工作原理和
人体通过传感器时的输出信号波形

人体或者体积较大的动物都有恒定的体温，一般在 37℃ 左右，所以会发出特定波长 10μm 左右的红外线，当人体进入检测区，因人体温度与环境温度有差别，人体发射的 10μm 左右的红外线通过安装在传感器前面的菲涅耳透镜滤光片增强后聚集到红外感应源（热释电元件）上，红外感应源在接收到人体红外辐射时就会失去电荷平衡，向外释放电荷，进而产生 ΔT，并将 ΔT 向外围电路输出，后续电路经检测处理后就能产生报警信号。若人体进入检测区后不动，则温度没有变化，传感器也没有信号输出，所以这种传感器适合检测人体或者动物的活动情况。由于探测器的前方装设了一个菲涅尔透镜，它和放大电路相配合，可将信号放大 70dB 以上，这样就可以测出 10～20m 范围内人体或者动物的行动。图 5-43 所示为热释电红外报警器及其电路原理图。

当人体以 0.1～10Hz 的动作频率在报警器前移动时，人体所释放出的红外线被热释电传感器 KDS9 接收，产生脉动电压信号。该信号通过一个由 C_1、C_2、R_1、R_2 组成的带通滤波器滤波后，经 LM324 集成运算放大器 IC1、IC2 进行两级放大，再送给由 IC3、IC4、R_9、R_{10}、R_{11} 组成的窗口比较器，若信号幅度超过窗口比较器的上下限，系统将输出高电平信号；无异常情况时则输出低电平信号。两个二极管 VD_1、VD_2 的主要作用是使输出更稳定。

a) 热释电红外报警器

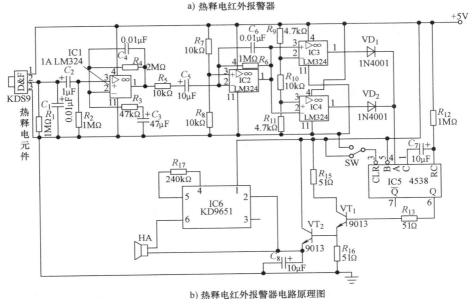

b) 热释电红外报警器电路原理图

图 5-43 热释电红外报警器

窗口比较器的上下限电压即参考电压由 R_9、R_{10}、R_{11} 决定，分别为 3.8V 和 1.2V。将这个高低电平变化的信号的上升沿信号作为单稳电路 IC5 的触发信号，并让其输出一个脉宽大约为 10s 的高电平信号。再用这一脉宽信号作为报警电路 IC6 的输入控制信号，来使电路产生 10s 的报警信号，最后用晶体管 VT_1 和 VT_2 再一次对电信号进行放大，以便有足够大的电流来驱动扬声器使其连续发出 10s 的报警声。

热释电红外传感器的特点是反应速度快、灵敏度高、准确度高、测量范围广、使用方便，尤其可以进行非接触式测量，因此主要应用于铁路、车辆、石油化工、食品、医药、塑料、橡胶、纺织、造纸、电力等行业的温度检测、设备故障的诊断。在民用产品中，其广泛应用于各类入侵报警器、自动开关(人体感应灯)、非接触测温、火焰报警器等自动化设施中。图 5-44 所示为热释电感应灯应用实例。

图 5-44 热释电感应灯

5.6　光电式传感器的应用

光电式传感器由光源、光学元器件和光电元器件组成光路系统，结合相应的测量转换电路而构成，如图 5-45 所示。图中 X_1 和 X_2 为被测信号。常用的光源有各种白炽灯、发光二极管和激光器等，常用的光学元件有各种反射镜、透镜和半反半透镜等。

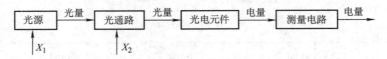

图 5-45　光电式传感器组成框图

5.6.1　光电式传感器的类型

光电式传感器在检测与控制中应用非常广泛，按输出形式可以分为模拟式传感器和脉冲式传感器两种。按光的传输路径可以分为反射式与遮断式两种。按被测物、光源、光敏元件三者间的关系，可以将光电式传感器分为以下四种类型，如图 5-46 所示。

1）被测物是光源，它可以直接照射在光电元器件上，也可以经过一定的光路后作用到光电元器件上，光电元器件的输出反映了光源本身的某些物理参数，如图 5-46a 所示。如光电比色高温计和照度计等。

2）恒定光源发射的光通量穿过被测物，其中一部分由被测物吸收，剩余部分投射到光电元件上，吸收量取决于被测物的某些参数，如图 5-46b 所示。如测量透明度、浑浊度等。

3）恒定光源发出的光投射到被测物上，再从被测物体反射到光电元器件上。反射光通量取决于反射表面的性质、状态和与光源之间的距离，如图 5-46c 所示。如测量工件表面粗糙度、纸张白度等。

4）从恒定光源发射出的光通量在到达光电元件的途中受到被测物的遮挡，使投射到光电元器件上的光通量减弱，光电元器件的输出反映了被测物的尺寸或位置，如图 5-46d 所示。如工件尺寸测量、振动测量等。

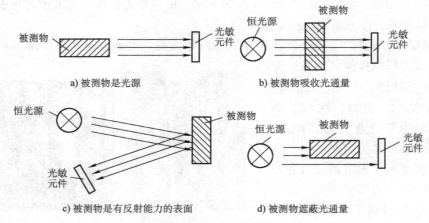

图 5-46　模拟式光电传感器的常见形式

5.6.2 光电式传感器的应用

1. 带材跑偏检测仪

这种装置可以用来检测带材在加工过程中偏离正确位置的大小和方向。例如，在冷轧带钢生产线上，如果带钢的运动出现走偏现象，就会使其边缘与传送机械发生碰撞摩擦，引起带钢卷边或断裂，造成废品，同时也可能损坏传送机械。因此，在生产过程中必须自动检测带材的走偏量并随时予以纠正。光电带材跑偏检测仪由光电式边缘位置传感器和测量电桥、放大电路组成，如图 5-47 所示。

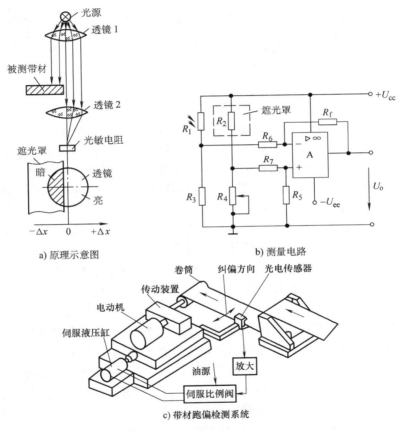

a) 原理示意图

b) 测量电路

c) 带材跑偏检测系统

图 5-47　带材跑偏检测装置

由光源发出的光经透镜 1 汇聚成平行光束后，再经透镜 2 汇聚入射到光敏电阻（R_1）上。透镜 1、2 分别安置在带材合适位置的上、下方，在平行光束到达透镜 2 的途中，将有部分光线受到被测带材的遮挡，而使光敏电阻受照的光通量减小。R_1、R_2 是同型号的光敏电阻，R_1 作为测量元件安置在带材下方、R_2 作为温度补偿元件用遮光罩覆盖。$R_1 \sim R_4$ 组成一个电桥电路，当带材处于正确位置（中间位置）时，通过预调电桥平衡，使放大器的输出电压 U_o 为零。如果带材在移动过程中左偏时，遮光面积减小，则光敏电阻的光照增加，阻值变小，电桥失衡，放大器输出负压 U_o；若带材右偏，则遮光面积增大，光敏电阻的光照减弱，阻值变大，电桥失衡，放大器输出正压 U_o。输出电压 U_o 的正负及大小，反映了带材走偏的方向及大小。输出电压 U_o 一方面由显示器显示出来，另一方面被送到纠偏控制系统，作为驱动执行机构产生纠偏动作的控制信号。

2. 光电式烟尘浓度计

工厂烟囱烟尘的排放是环境污染的重要来源，为了控制和减少烟尘的排放量，对烟尘的监测是必要的。图5-48所示为光电式烟尘浓度计工作原理图。

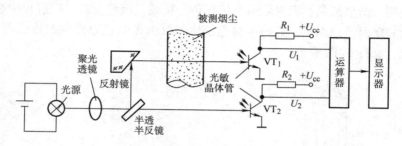

图 5-48　光电式烟尘浓度计

光源发出的光线经半透半反镜分成两束强度相等的光线：一束光线直接到达光敏晶体管 VT_2 上，产生作为被测烟尘浓度的参比信号；另一束光线穿过被测烟尘到达光敏晶体管 VT_1 上，其中一部分光线被烟尘吸收或折射，烟尘浓度越高，光线的衰减量越大，到达光敏晶体管 VT1 的光通量就越小。两束光线均转换为电压信号 U_1、U_2，由运算器计算出 U_1、U_2 的比值，并进一步算出被测烟尘的浓度。

采用半透半反镜及光敏晶体管作为参比通道的好处是：当光源的光通量由于种种原因有所变化或因环境温度变化引起光敏晶体管灵敏度发生改变时，由于两个通道结构完全一样，所以在最后运算 U_1/U_2 值时，上述误差可自动抵消，从而减小了测量误差。根据这种测量方法也可以制作烟雾报警器，以便及时发现火灾。

3. 光电测速计

工业生产中，经常需要检测工件的运动速度。图5-49所示是利用光敏元件检测运动速度的示意图和电路简图。当物体自左向右运动时，首先遮断光源 A 的光线，光敏元件 VD_A 输出低电平，触发 RS 触发器，使其置"1"，与非门打开，高频脉冲可以通过，计数器开始计数。当物体经过设定的 S_0 距离而遮挡光源 B 时，光敏元件 VD_B 输出低电平，RS 触发器置"0"，与非门关闭，计数器停止计数。设高频脉冲的频率 $f=1MHz$，周期 $T=1\mu s$，计数器所计脉冲为 n，则可判断出物体通过已知距离 S_0，所经历的时间为 $t=nT$（单位为 μs），则运动物体的平均速度为

$$\bar{v} = \frac{S_0}{t} \tag{5-2}$$

应用上述原理，还可以测出运动物体的长度 L，请读者自行分析。

4. 光电式转速仪

光电式转速传感器分为反射式和直射式两种。反射式转速传感器的工作原理如图5-50a所示。用金属箔或荧光纸在被测转轴上，贴出一圈黑白相间的反射条纹，光源发射的光线经透镜、半透膜和聚焦透镜投射在转轴反射面上，反射光经聚焦透镜汇聚后，照射在光电元件上产生光电流。该轴旋转时，黑白相间的反射面造成反射光强弱变化，形成频率与转速及黑

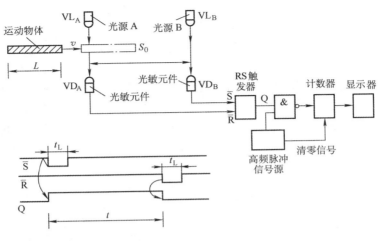

图 5-49 光电测速计原理

白间隔数有关的光脉冲，使光电元件产生相应的电脉冲。当黑白间隔数一定时，电脉冲的频率便与转速成正比。此电脉冲经测量电路处理后，就可得到轴的转速。

直射型光电转速计的工作原理见图 5-50b。转轴上装有带孔的圆盘，圆盘的一边设置光源，另一边设置光电元件。圆盘随轴转动，当光线通过小孔时，光电元件产生一个电脉冲，转轴连续转动，光电元件就输出一系列与转速及圆盘上孔数成正比的电脉冲数。在孔数一定时，脉冲数就和转速成正比。电脉冲输入测量电路后被放大和整形，如图 5-50c 所示，再送入频率计显示，也可专门设计一个计数器进行计数和显示。

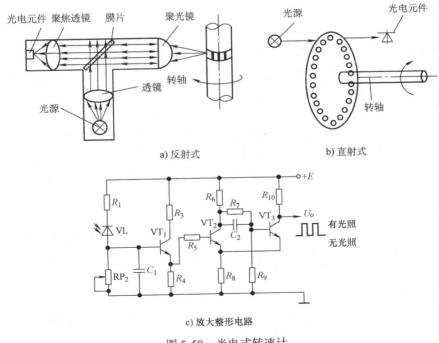

a) 反射式   b) 直射式

c) 放大整形电路

图 5-50 光电式转速计

5. 条形码扫描笔

现在越来越多的商品外包装上都印有条形码符号。条形码由黑白相间、粗细不同的线条组成，它上面带有国家、厂家、商品型号、规格、价格等诸多信息。对这些信息的检测是通过光电扫描笔来实现数据读入的。

图 5-51 所示是光电扫描笔的结构与输出波形。扫描笔的前方为光电读入头，它由一个发光二极管和一个光敏晶体管组成，当扫描笔头在条形码上移动时，若遇到黑色线条，发光二极管发出的光线将被黑线吸收，光敏晶体管接收不到反射光，呈现高阻抗，处于截止状态。当遇到白色间隔时，发光二极管发出的光线被反射到光敏晶体管的基极，光敏晶体管产生光电流而导通。

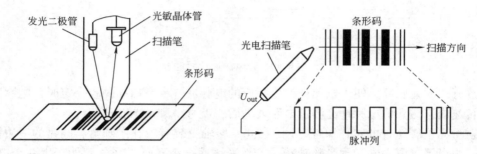

图 5-51　光电扫描笔的结构与输出波形

整个条形码被扫描过之后，光敏晶体管将条形码变成一个一个电脉冲信号，该信号经放大、整形后便形成了脉冲列，脉冲列的宽窄与条形码的宽窄及间隔成对应关系，脉冲列再经过计算机处理后，完成对条形码信息的识读。

5.6.3　光电开关

光电开关是用来检测物体的靠近、通过等状态的光电式传感器。它把发射端和接收端之间光的强弱变化转化为开关信号的变化以达到探测的目的。由于光电开关输出回路和输入回路是电隔离的（即电绝缘），所以它可以在许多场合得到应用。

1. 对射式光电开关

它包含了在结构上相互分离且光轴相对放置的发射器和接收器，发射器发出的光线直接进入接收器，当被检测物体经过发射器和接收器之间且阻断光线时，光电开关就会产生开关信号。当检测物体为不透明时，对射式光电开关是最可靠的检测装置，如图 5-52a 所示。

2. 镜反射式光电开关

它亦集发射器与接收器于一体，光电开关发射器发出的光线经过反射镜反射回接收器，当被检测物体经过且完全阻断光线时，光电开关就会产生检测开关信号，如图 5-52b 所示。

3. 漫反射式光电开关

如图 5-52c 所示，当有被检测物体经过时，物体将光电开关发射器发射的足够量的光线反射到接收器，于是光电开关就会产生开关信号。当被检测物体的表面光亮或其反光率极高时，漫反射式的光电开关是首选的检测模式。

4. 槽式光电开关(又称光电断续器)

它通常采用标准的 U 字形结构,其发射器和接收器分别位于 U 形槽的两边,并形成一光轴,当被检测物体经过 U 形槽且阻断光轴时,光电开关就会产生开关量信号。槽式光电开关比较适合检测高速运动的物体,并能分辨透明与半透明的物体,其使用安全可靠,如图 5-52d 所示。

5. 光纤式光电开关

它采用塑料或玻璃光纤传感器来引导光线,可以对距离远的被检测物体进行检测。通常光纤传感器分为对射式和漫反射式,如图 5-52e 所示。

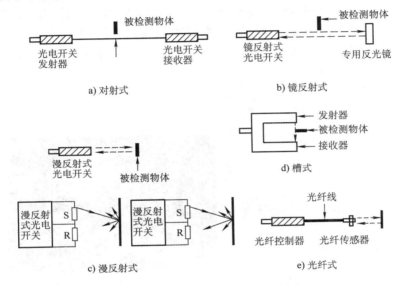

图 5-52 各种光电开关工作示意图

6. 声光双控照明灯

图 5-53 所示为声光双控 LED 照明灯原理图。

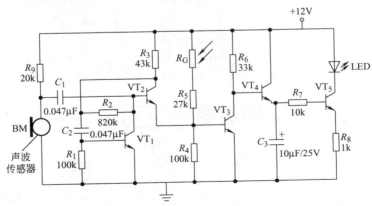

图 5-53 声光双控 LED 照明灯原理图

当白天光线强时,光敏电阻 R_G 为低电阻,R_4 顶端分压较大,使 VT_3 一直处于导通状态,VT_4 基极一直接地,所以 VT_4 截止,C_3 无法充电,VT_5 也截止,LED 不亮。当晚上光

线较暗时光敏电阻 R_G 为高阻抗，此时电阻 R_4 顶端的分压比较小，不足以使晶体管 VT_3 导通，晶体管 VT_4 的基极为高电平 V_{CC}，集电极也为 V_{CC}，由于集电极电压不大于基极，所以 VT_4 截止，电容 C_3 储存的电能不足以使三极管 VT_5 导通，LED 支路中没有电流流过，所以不亮。

当有声音发出时，声音信号通过声波传感器转化为电信号使 VT_2 瞬间导通，R_4 上端电压升高，VT_3 瞬时导通，VT_4 基极瞬间接地，然后上升，在此期间 VT_4 导通，C_3 正极接 V_{CC}，C_3 被充电，C_3 正极电压高于 VT_5 导通电压，VT_5 导通，LED 发光，此后 C_3 有放电过程，在 C_3 正极电压低于 VT_5 导通电压之前，LED 保持点亮状态。

此系列声光控延时开关是一种自动开关，主要用于控制楼梯口、走廊、卫生间、地下室等场所。当白天或光线较强时（光照度 >6lx），由于内部光控电路的作用，开关处于自锁状态，此时，声音不起作用。当光线较暗时（光照度 <6lx），开关自动进入工作状态。此时，当来人的脚步声或拍手声的强度大于 70dB，开关自动接通，并延时 70~80s 后断开，从而达到安全、方便、节能的效果。

7. 光电开关的应用实例

图 5-54 所示为光电开关的应用实例。

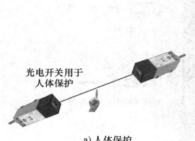

a) 人体保护

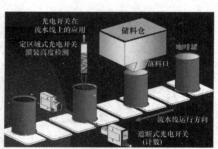

b) 灌装高度检测与产品计数

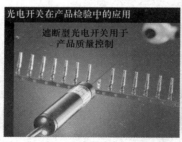

c) 产品检验

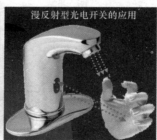

d) 自动出水龙头

e) 进出检测

f) 电梯自动运行判断

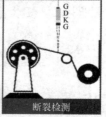

g) 断裂检测

图 5-54 光电开关的应用实例

1. 光电效应有哪几种？分别对应什么光电元件？

2. 试比较光敏电阻、光电池、光敏二极管和光敏晶体管的性能差异，并简述在不同场合下应选用哪种元件最为合适。

3. 光电式传感器由哪些部分组成？被测量可以影响光电式传感器的哪些部分？

4. 简述光电倍增管的工作原理。

5. 试述图 5-55 所示光敏电阻式光控开关的工作原理。

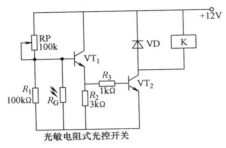

图 5-55　光敏电阻式光控开关

6. 试分析图 5-56 所示光控自动照明灯电路的工作原理。

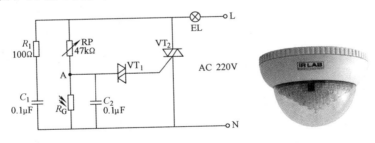

a) 光敏电阻控制的光控自动照明灯电路　　b) 光敏电阻自动控制灯外形

图 5-56　光控自动照明灯

7. 根据硅光电池的光电特性，在 4000lx 的光照下要得到 2V 的输出电压，需要几片光电池？如何连接？

8. 光纤传感器有哪两种类型？光纤传感器的调制方法有哪些？

9. 简述光纤液位传感器的工作原理。

10. 设计一光电开关用于生产流水线的产品计数，画出结构图，并简要说明，为防止荧光灯等其他光源的干扰，设计中应采取什么措施？

11. 根据图 5-50b 所示的光电数字转速表的工作原理，如果转盘的孔数为 N，每秒钟光敏二极管的脉冲个数为 f，试问转速为每分钟多少转？

12. 冲床工作时，为保护工人的手指安全，设计一安全控制系统，选用两种以上的传感器来同时探测工人的手是否处于危险区域(冲头下方)。只要有一个传感器输出有效(即检测到手未离开该危险区),则不让冲头动作,或使正在动作的冲头惯性轮刹车。说明检测控制方案,以及必须同时设置两个传感器组成"或"的关系、必须使用两只手(左右手)同时操作冲床开关的好处。

13. 思考如何利用热释电传感器及其他元器件实现商场玻璃大门的自动开闭。

14. 试分析光电扫描笔是如何工作的?

第6章 磁电式传感器

学习目的

1) 掌握霍尔传感器的工作原理与特性，熟悉霍尔传感器件。
2) 了解磁敏电阻和磁敏二极管等磁敏元件的工作原理和特性。

6.1 概述

磁电感应式传感器是通过磁电转换将被测非电量(如振动、位移、速度等)转换为电信号的一种传感器。

1820年，奥斯特首次通过实验发现电流的磁效应。1831年，英国物理学家法拉第发现电磁感应定律。根据电磁感应定律，在切割磁通的电路里，产生与磁通变化速率成正比的感应电动势。最简单的把磁信号转换为电信号的磁电传感器就是线圈。随着科技的发展，现代磁电传感器已向固体化方向发展，它是利用磁场作用在被测物上，使物质的电性能发生变化的物理效应制成的，从而使磁场强度转换为电信号。

1879年，美国物理学家霍尔经过大量的实验发现：如果让恒定电流通过金属薄片，并将薄片置于强磁场中，在金属薄片的另外两侧将产生与磁场强度成正比的电动势。这个现象后来被人们称为霍尔效应。但是由于这种效应在金属中非常微弱，当时并没有引起人们的重视。1948年以后，由于半导体技术迅速发展，人们找到了霍尔效应比较明显的半导体材料，并制成了砷化镓、锑化铟、硅、锗等材料的霍尔元件。用霍尔元件做成的传感器称为霍尔传感器。霍尔传感器可以做得很小(几个平方毫米)，制成电罗盘可以用于测量地球磁场；将它卡在环形铁心中，可以制成大电流传感器。它还广泛用于无刷电动机、高斯计、接近开关、微位移测量等。它的最大特点是非接触测量。其他类型的磁电感应式传感器很多，常用的有磁敏电阻、磁敏二极管和磁敏晶体管等。磁敏电阻一般用于磁场强度、漏磁、制磁的检测或在交流变换器、频率变换器、功率电压变换器、移位电压变换器等电路中作控制元件，还可用于接近开关、磁卡文字识别、磁电编码器、电动机测速等方面或制作磁敏传感器用。磁敏二极管和磁敏晶体管多用于检测弱磁磁场、无触点开关、位移测量、转速测量等。不同材料制作的磁电式传感器其工作原理和特性也不相同。本章主要介绍霍尔传感器以及磁阻元件、磁敏二极管、磁敏晶体管等常用半导体磁传感器的原理、特性和应用。

6.2 霍尔传感器的工作原理与特性

6.2.1 霍尔效应

在置于磁场中的导体或半导体内通入电流，若电流与磁场垂直，则在与磁场和电流都垂直的方向上会出现一个电动势,这种现象称为霍尔效应,所产生的电动势称为霍尔电动势。利用霍尔效应制成的元件称为霍尔传感器。

如图 6-1 所示,在长、宽、厚分别为 L、W、H 的半导体薄片的相对两侧 a、b 通以控制电流,在薄片垂直方向加以磁场 B。设图中的材料是 N 型半导体,导电的载流子是电子。在图示方向磁场的作用下,电子将受到一个由 c 侧指向 d 侧方向的力的作用,这个力就是洛仑兹力。洛仑兹力用 F_L 表示,大小为

$$F_L = qvB \tag{6-1}$$

式中,q 是电子电荷量;v 是载流子的运动速度;B 是磁感应强度。

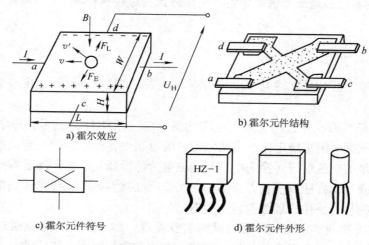

a) 霍尔效应
b) 霍尔元件结构
c) 霍尔元件符号
d) 霍尔元件外形

图 6-1 霍尔效应与霍尔元件

在洛仑兹力的作用下,电子向 d 侧偏转,使该侧形成负电荷的积累,c 侧则形成正电荷的积累。这样,c、d 两端面因电荷积累而建立了一个电场 E_H,称为霍尔电场。该电场对电子的作用力与洛仑兹力的方向相反,即阻止电荷的继续积累。当电场力($F_H = qE_H$)与洛仑兹力大小相等时,达到动态平衡。这时有

$$qE_H = qvB$$

所以霍尔电场的强度为

$$E_H = vB \tag{6-2}$$

在 c 与 d 两侧面间建立的电动势差称为霍尔电动势,用 U_H 表示:

$$U_H = E_H W \text{ 或 } U_H = vBW \tag{6-3}$$

当材料中的电子浓度为 n 时,$v = I/(nqHW)$,代入式(6-3)得

$$U_H = vBW = \frac{I}{nqHW} BW = \frac{1}{nqH} IB \tag{6-4}$$

设霍尔系数 $R_H = \frac{1}{nq}$,得

$$U_H = \frac{R_H}{H} IB \tag{6-5}$$

设霍尔灵敏度 $K_H = \frac{R_H}{H}$,则

$$U_{\mathrm{H}} = \frac{R_{\mathrm{H}}}{H} IB = K_{\mathrm{H}} IB \tag{6-6}$$

式(6-6)中，霍尔系数 R_{H} 反映材料霍尔效应的强弱，是由材料性质所决定的一个常数；霍尔灵敏度 K_{H} 表示霍尔元件在单位控制电流和单位磁感应强度时产生的霍尔电动势的大小。

通过以上分析，可以看出霍尔电动势与材料的关系如下：

1）霍尔电动势 U_{H} 的大小与材料的性质有关。一般说来，金属材料载流子浓度 n 较大，导致 R_{H} 和 K_{H} 变小，故不宜做霍尔元件。因材料电阻率 ρ 与载流子浓度 n 和迁移率 μ 有关，$R_{\mathrm{H}} = \rho\mu$，而电子的迁移率 μ 比空穴大，所以霍尔元件一般采用 N 型半导体材料。

2）霍尔电动势 U_{H} 的大小与元件的尺寸关系很大，所以生产霍尔元件时要考虑以下几点。

① 根据式(6-6)，H 越小，K_{H} 越大，霍尔灵敏度越高，所以霍尔元件的厚度都比较薄。但 H 太小，会使元件的输入、输出电阻增加，因此，也不宜太薄。

② 元件的长宽比对 U_{H} 也有影响。L/W 加大时，控制电极对霍尔电动势影响减小。但如果 L/W 过大，载流子在偏转过程中的损失将加大，使 U_{H} 下降，通常要对式(6-6)加以形状效应修正为

$$U_{\mathrm{H}} = K_{\mathrm{H}} IBf(L/W) \tag{6-7}$$

式中，$f(L/W)$ 为形状修正系数，其修正值见表 6-1。通常取 $L/W = 2$。

表 6-1　形状修正系数

L/W	0.5	1.0	1.5	2.0	2.5	3.0	4.0
$f(L/W)$	0.370	0.675	0.841	0.923	0.967	0.984	0.996

3）霍尔电动势 U_{H} 的大小与控制电流及磁场强度有关。根据式(6-6)，U_{H} 正比于 I 及 B。当控制电流恒定时，B 越大，U_{H} 越大。当磁场改变方向时，U_{H} 也改变方向。同样，当霍尔灵敏度 K_{H} 及磁感应强度 B 恒定时，增加控制 I，也可以提高霍尔电动势的输出。但电流不宜过大，否则会烧坏霍尔元件。

6.2.2　霍尔元件的结构和主要参数

霍尔元件是一种四端型器件，如图 6-2 所示，它由霍尔片、4 根引线和壳体组成。霍尔片是一块矩形半导体单晶薄片，尺寸一般为 $4\mathrm{mm} \times 2\mathrm{mm} \times 0.1\,\mathrm{mm}$。通常 A 和 B 两个红色引线为控制电流 I，C 和 D 两个绿色引线为霍尔电动势 U_{H} 输出线。

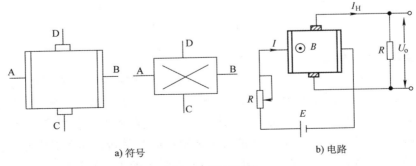

a) 符号　　　　　　　　　　　b) 电路

图 6-2　霍尔元件

其主要特征参数：

（1）额定控制电流 I　使霍尔片温升为 10℃ 所施加的控制电流值。

（2）输入电阻 R_i　指控制电极间的电阻值。

（3）输出电阻 R_o　指霍尔电动势输出极之间的电阻值。

（4）最大磁感应强度 B_m　磁感应强度超过 B_m 时，霍尔电动势的非线性误差明显增大，数值一般小于零点几特斯拉。

（5）不等位电势　在额定控制电流下，当外加磁场为零时，霍尔元件输出端之间的开路电压称为不等位电势。它是由于 4 个电极的几何尺寸不对称引起的，如图 6-3 所示。使用时多采用电桥法来补偿不等位电势引起的误差。

（6）霍尔电动势温度系数　指在磁感应强度及控制电流一定的情况下，温度变化 1℃ 时相应霍尔电动势变化的百分数。它与霍尔元件的材料有关，一般为 0.1%/℃ 左右。在要求较高的场合，应选择低温漂的霍尔元件。

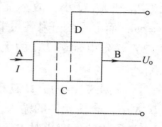

图 6-3　霍尔元件的不等位电势

6.2.3　霍尔集成传感器

将霍尔敏感元件、放大器、温度补偿电路及稳压电源等集成于一个芯片上构成霍尔集成传感器。有些霍尔传感器的外形与 DIP 封装的集成电路相同，故也称集成霍尔传感器。霍尔集成传感器分为线性型霍尔传感器和开关型霍尔传感器。

1. 线性型霍尔集成传感器

线性型霍尔集成传感器的输出电压与外加磁场强度在一定范围内呈线性关系，其广泛用于位置、力、重量、厚度、速度、磁场及电流等的测量和控制。这种传感器有单端输出和双端输出（差动输出）两种电路，如图 6-4 所示。

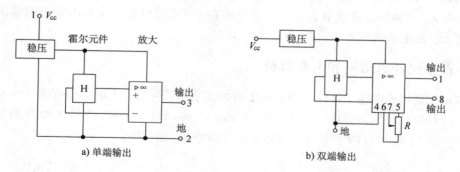

a) 单端输出　　　　　　　　　　　　　b) 双端输出

图 6-4　线性型霍尔集成传感器结构图

2. 开关型霍尔集成传感器

开关型霍尔集成传感器由霍尔元件、放大器、施密特整形电路和开关输出等部分组成，其内部结构框图及外形如图 6-5 所示。当有磁场作用在霍尔开关集成传感器上时，根据霍尔效应原理，霍尔元件输出霍尔电动势 U_H，该电压经放大器放大后，送至施密特整形电路。当放大后的霍尔电动势大于"开启"阈值时，施密特电路翻转，输出高电平，使晶体管导通，整个电路处于开状态。当磁场减弱时，霍尔元件输出的 U_H 电压很小，经放大器放大后

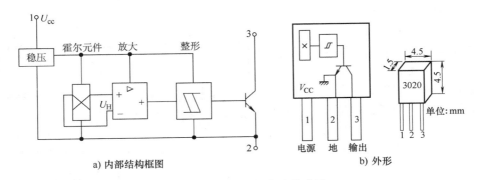

a) 内部结构框图　　　　　　　　　　　b) 外形

图 6-5　开关型霍尔集成传感器

其值仍小于施密特的"关闭"阈值时，施密特整形器又翻转，输出低电平，使晶体管截止，电路处于关状态。这样，一次磁场强度的变化，就使传感器完成一次开关动作。

开关型霍尔集成传感器的工作特性如图 6-6 所示。从工作曲线上看，工作特性有一定的迟滞，这对开关动作的可靠性是非常有利的。图中的 B_{OP} 为工作点"开"的磁感应强度，B_{RP} 为释放点"关"的磁感应强度。当外加磁感应强度高于 B_{OP} 时，输出电平由高变低，传感器处于开状态。当外加磁感应强度低于 B_{RP} 时，输出电平由低变高，传感器处于关状态。

另外还有一种"锁定型"传感器，当磁场强度超过工作点 B_{OP} 时，其输出才导通。而在磁场撤销后，其输出状态保持不变，必须施加反向磁场并使之超过释放点 B_{RP}，才能使其关断，其工作特性如图 6-7 所示。

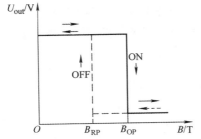

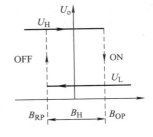

图 6-6　开关型霍尔集成传感器工作特性　　图 6-7　锁定型霍尔传感器工作特性

6.3　磁敏传感器

6.3.1　磁敏电阻

1. 磁阻效应

将一载流导体置于外磁场中，除了产生霍尔效应外，其电阻也会随磁场变化，这种现象称为磁阻效应。磁敏电阻是利用磁阻效应制成的一种磁敏元件。

在没有外加磁场时，磁阻元件的电流密度矢量如图 6-8a 所示。当磁场垂直作用在磁阻元件表面上时，由于霍尔效应，使得电流密度矢量偏移电场方向某个霍尔角 θ，如图 6-8b 所示。这使电流流通的途径变长，导致元件两端金属电极间的电阻值增大。电极间的距离越长，电阻的增长比例就越大，所以在磁阻元件的结构中，大多数是把基片切成薄片，然后用光刻的方法插入金属电极和金属边界。

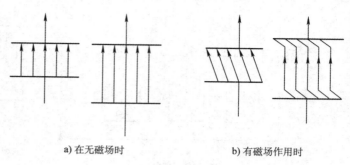

a) 在无磁场时   b) 有磁场作用时

图 6-8　磁阻元件工作原理示意图

当温度恒定时，在弱磁场范围内，磁阻与磁感应强度的二次方成正比。对于只有电子参与导电的最简单的情况，理论推出磁阻效应的表达式为

$$\rho_B = \rho_0 (1 + 0.273\mu^2 B^2) \tag{6-8}$$

式中，B 是磁感应强度；μ 是电子迁移率；ρ_0 是零磁场下的电阻率；ρ_B 是磁感应强度为 B 时的电阻率。

设电阻率的变化为 $\Delta\rho = \rho_B - \rho_0$，则电阻率的相对变化为

$$\frac{\Delta\rho}{\rho_0} = 0.273\mu^2 B^2 = k(\mu B)^2 \tag{6-9}$$

由式（6-9）可知，磁场一定时，迁移率高的材料磁阻效应明显。InSb 和 InAs 等半导体的载流子迁移率都很高，更适合于制作磁敏电阻。

2. 磁敏电阻的形状

磁阻效应除与材料有关外，还与磁阻器件的几何形状及尺寸密切相关。

在恒定磁感应强度下，磁敏电阻的长与宽的比越小，电阻率的相对变化越大。考虑到形状影响时，电阻率的相对变化与磁感应强度和迁移率的关系可用下式近似表示：

$$\frac{\Delta\rho}{\rho_0} = k(\mu B)^2[1 - f(l/b)] \tag{6-10}$$

式中，$f(l/b)$ 是形状效应系数；l 和 b 分别为磁阻器件的长度和宽度。

除长方形磁阻器件外，还有圆盘形磁阻器件，其中心和边缘各有一个电极，如图 6-9 所示。这种圆盘形磁阻器件称为科尔比诺圆盘。这时的效应称为科尔比诺效应。因为圆盘的磁阻最大，故大多磁阻器件做成圆盘结构。

a) 圆盘形磁敏电阻　b) 磁敏电阻外形

图 6-9　磁敏电阻

3. 磁敏电阻的基本特性

（1）B-R 特性　它由无磁场时的电阻 R_0 和磁感应强度 B 时的电阻 R_B 来表示。R_0 随元件形状不同而异，约为数十欧至数千欧，R_B 随磁感应强度变化而变化。图 6-10 为磁敏电阻的 B-R 特性曲线。在 0.1T 以下的弱磁场中，曲线呈现二次方特性，而超过 0.1T 后呈现线性变化。

（2）灵敏度 K　磁敏电阻的灵敏度 K 可由下式表示：

$$K = \frac{R_3}{R_0} \tag{6-11}$$

式中，R_3 是磁感应强度为 0.3T 时的 R_B 值；R_0 是无磁场时的电阻值。

一般情况下，磁敏电阻的灵敏度 $K \geqslant 2.7$。

（3）温度系数　磁敏电阻的温度系数约为 $-2\%/℃$，这个值较大。为补偿磁敏电阻的温度特性，可采用两个元件串联成对使用，用差动方式工作。

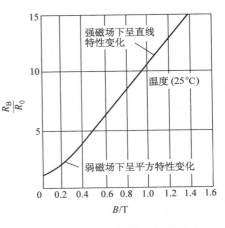

图 6-10　磁敏电阻的 $B\text{-}R$ 特性

6.3.2　磁敏二极管

1. 磁敏二极管的结构

磁敏二极管是 PN 结型的磁电转换元件，有硅磁敏二极管和锗磁敏二极管两种，其结构、符号、外形如图 6-11 所示。在高纯度锗半导体的两端用合金法制成高掺杂的 P 型和 N 型两个区域，在 P 和 N 之间有一个较长的本征区 I，本征区 I 的一面磨成光滑的复合表面（为 I 区），另一面打毛，成为高复合区（r 区），因为电子-空穴对易于在粗糙表面复合而消失。当通以正向电流后就会在 P、I、N 结之间形成电流。由此可知，磁敏二极管是 PIN 型的。

与普通二极管的区别：普通二极管 PN 结的基区很短，以避免载流子在基区复合，磁敏二极管的 PN 结却有很长的基区，大于载流子的扩散长度，但基区是由接近本征半导体的高阻材料构成的。

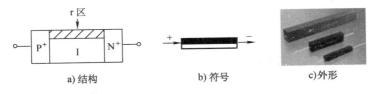

图 6-11　磁敏二极管

2. 工作原理

1）在没有外加磁场的情况下，外加正偏压时，大部分的空穴和电子分别流入 N 区和 P 区而产生电流，只有很少部分载流子在 r 区复合，如图 6-12a 所示。此时 I 区有恒定的阻值，器件呈稳定状态。

2）若给磁敏二极管外加一个磁场 H^+，在正向磁场的作用下，空穴和电子受洛仑兹力

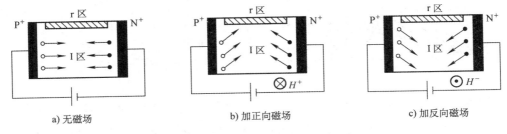

图 6-12　磁敏二极管的工作原理示意图

的作用偏向 r 区，如图 6-12b 所示。由于空穴和电子在 r 区的复合速率大，因此载流子复合掉的数量比在没有磁场时大得多，从而使 I 区中的载流子数量减少，回路中的电流减小。

3）当在磁敏二极管上加一个反向磁场 H^- 时，载流子在洛仑兹力的作用下，均偏离复合区 r，如图 6-12c 所示。其偏离 r 区的结果与加正向磁场时的情况恰好相反，此时磁敏二极管正向电流增大。

利用磁敏二极管在磁场强度的变化下，其电流发生变化，于是就实现了磁电转换。且 I 区和 r 区的复合能力之差越大，磁敏二极管的灵敏度就越高。

3. 磁敏二极管的主要特性

（1）**磁电特性**　指在给定条件下，磁敏二极管的输出电压变化量与外加磁场间的变化关系。图 6-13 给出了磁敏二极管单个使用和互补使用时的磁电特性曲线。由图可知，单个使用时，正向磁灵敏度大于反向；互补使用时，正、反向磁灵敏度曲线对称，且在弱磁场下有较好的线性。

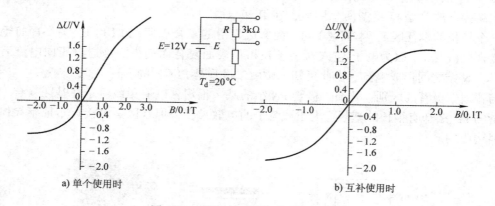

a) 单个使用时　　　　　　b) 互补使用时

图 6-13　磁敏二极管的磁电特性曲线

（2）**伏安特性**　指在给定磁场的情况下，磁敏二极管两端正向偏压和通过它的电流的关系曲线。如图 6-14 所示，不同种类的磁敏二极管伏安特性也不同。

（3）**温度特性**　是指在标准测试条件下，输出电压变化量（或无磁场作用时输出电压）随温度变化的规律，如图 6-15 所示。

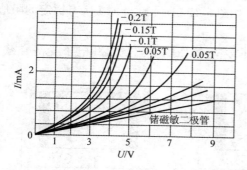
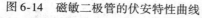

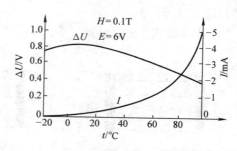

图 6-14　磁敏二极管的伏安特性曲线　　　图 6-15　磁敏二极管的温度特性曲线（单个使用时）

一般情况下，磁敏二极管受温度的影响较大。反映磁敏二极管的温度特性好坏，也可用温度系数来表示。硅磁敏二极管在标准测试条件下，u_0 的温度系数小于 +20mV/℃，Δu 的温度系数小于 0.6%/℃。而锗磁敏二极管 u_0 的温度系数小于 $-60\text{mV}/℃$，Δu 的温度系数小于 $1.5\%/℃$。所以，规定硅管的使用温度为 $-40 \sim 85℃$，而锗管则规定为 $-40 \sim 65℃$。

（4）频率特性　硅磁敏二极管的响应时间，几乎等于注入载流子漂移过程中被复合并达到动态平衡的时间。所以，频率响应时间与载流子的有效寿命相当。硅管的响应时间少于 $1\mu s$，即响应频率高达 1MHz。锗磁敏二极管的响应频率低于 10kHz，如图 6-16 所示。

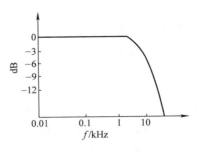

图 6-16　锗磁敏二极管的频率特性

6.3.3　磁敏晶体管

1. 磁敏晶体管的结构、符号与处形

磁敏晶体管的结构、符号与外形如图 6-17 所示。NPN 型磁敏晶体管是在弱 P 型近本征半导体上，用合金法或扩散法形成 3 个结——发射结、基极结、集电结所形成的半导体元件。其最大特点是基区较长，在长基区的侧面制成一个复合率很高的高复合区 r。在 r 区的对面保持光滑的无复合的镜面 I 区，长基区分为输运基区和复合基区两部分。

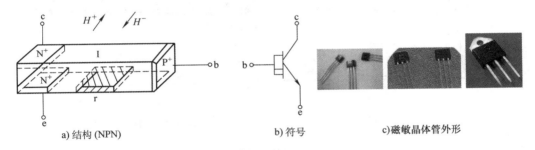

a) 结构 (NPN)　　　　　　b) 符号　　　　　　c)磁敏晶体管外形

图 6-17　磁敏晶体管的结构、符号与外形

2. 工作原理

1）当不受磁场作用时，如图 6-18a 所示，由于磁敏晶体管的基区宽度大于载流子的有效扩散长度，因而注入的载流子除少部分输入到集电极 c 外，大部分通过 e - I - b 而形成基极电流。显而易见，基极电流大于集电极电流。所以，电流放大系数 $\beta = I_C/I_B < 1$。

2）当受到正向磁场 H^+ 作用时，如图 6-18b 所示，由于洛仑兹力作用，载流子向发射结一侧偏转，从而使集电极电流明显下降。

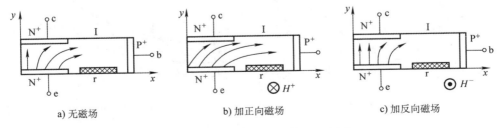

a) 无磁场　　　　　　b) 加正向磁场　　　　　　c) 加反向磁场

图 6-18　磁敏晶体管工作原理示意图

3）当受反向磁场 H^- 作用时，如图6-18c所示，载流子在洛仑兹力的作用下，向集电结一侧偏转，使集电极电流增大。

由此可以看出，磁敏晶体管工作原理与磁敏二极管完全相同。在正向或反向磁场作用下，会引起集电极电流的减少或增加。因此，可以用磁场方向控制集电极电流的增加或减少，用磁场的强弱控制集电极电流的增加或减少的变化量。

3. 磁敏晶体管的主要特性

（1）磁电特性 磁电特性是磁敏晶体管最重要的工作特性之一。例如，国产 NPN 型 3BCM 锗磁敏晶体管的磁电特性曲线如图6-19所示。在弱磁场作用下，曲线接近一条直线。

图 6-19 3BCM 的磁电特性

（2）伏安特性 磁敏晶体管的伏安特性类似普通晶体管的伏安特性曲线。图6-20a所示为不受磁场作用时磁敏晶体管的伏安特性曲线。图6-20b给出了磁敏晶体管在基极恒流条件下（$I_b = 3mA$）集电极电流变化的特性曲线。

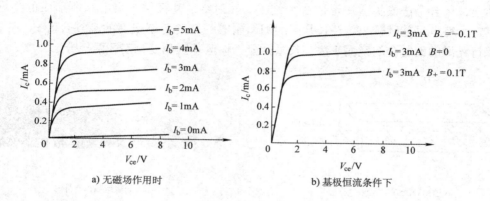

a) 无磁场作用时　　　　　　　　　　　　b) 基极恒流条件下

图 6-20　磁敏晶体管的伏安特性曲线

（3）温度特性 磁敏晶体管对温度也是敏感的。

3ACM、3BCM 磁敏晶体管的温度系数为 0.8%/℃；3CCM 磁敏晶体管的温度系数为 $-0.6\%/℃$。3BCM 磁敏晶体管的温度特性曲线如图6-21所示。

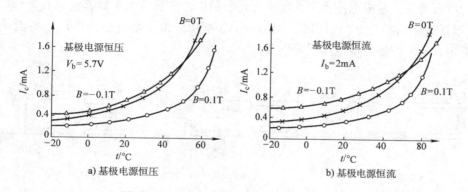

a) 基极电源恒压　　　　　　　　　　　　b) 基极电源恒流

图 6-21　3BCM 磁敏晶体管的温度特性曲线

6.4 磁电式传感器的应用

6.4.1 霍尔传感器的应用

霍尔传感器结构简单、工艺成熟、体积小、寿命长、线性度好、频带宽，因而得到了广泛的应用。例如，用于测量磁感应强度、电功率、电能、大电流、微气隙中的磁场；用以制成磁读头、磁罗盘、无刷电机；用于无触点发信，用作接近开关、霍尔电键；用于制成乘、除、平方、开方等计算元件；用于制作微波电路中的环行器、隔离器等。至于再经过二次转换或多次转换、用于非磁量的检测和控制，霍尔元件的应用领域就更广泛了，如测量微位移、转速、加速度、振动、压力、流量及液位等。

1. 磁场测量（微磁场测量）

磁场测量的方法很多，其中应用比较普遍的是以霍尔元件做探头的特斯拉计（或高斯计、磁强计），图 6-22 所示为常见霍尔高斯计外形。Ge 和 GaAs 霍尔元件的霍尔电动势温度系数小，线性范围大，适用于做测量磁场的探头。把探头放在待测磁场中，探头的磁敏感面要与磁场方向垂直。控制电流，由恒流源（或恒压源）供给，用电表或电位差计来测量霍尔电动势。根据 $U_H = K_H IB$，若控制电流 I 不变，则霍尔输出电动势 U_H 正比于磁场 B，故可以利用它来测量

图 6-22 霍尔高斯计

磁场。利用霍尔元件测量弱磁场的能力，可以构成磁罗盘，在宇航和人造卫星中得到应用。

2. 电流测量（电流计）

由霍尔元件构成的电流传感器具有测量为非接触式、测量准确度高、不必切断电路电流、测量的频率范围广（从零到几千赫兹）、本身几乎不消耗电路功率等特点。根据安培定律，在载流导体周围将产生一正比于该电流的磁场。用霍尔元件来测量这一磁场，可得到一正比于该磁场的霍尔电动势。通过测量霍尔电动势的大小来间接测量电流的大小，这就是霍尔钳形电流表的基本测量原理，如图 6-23 所示。

a)霍尔元件测量电流原理图　　　　　b)霍尔电流传感器外形

图 6-23 霍尔电流测量原理与装置

3. 霍尔转速表

在被测转速的转轴上安装一个齿盘, 也可选取机械系统中的一个齿轮, 将线性型霍尔器件及磁路系统靠近齿盘。齿盘的转动使磁路的磁阻随气隙的改变而周期性地变化, 霍尔器件输出的微小脉冲信号经隔直、放大、整形后就可以确定被测物的转速, 如图 6-24 所示。转速计算公式为

$$n = 60\frac{f}{z} \tag{6-12}$$

式中, f 是输出脉冲数; z 是齿盘的齿数; n 是转速 (r/min)。

4. 角位移测量仪

当霍尔元件与磁场方向不垂直, 而是与其法线成某一角度 θ 时, 这时霍尔电动势为

$$U_H = K_H IB\cos\theta \tag{6-13}$$

当 θ 不同时, 霍尔电动势 U_H 也不同。霍尔角位移测量仪的结构如图 6-25 所示。霍尔器件与被测物连动, 而霍尔器件又在一个恒定的磁场中转动, 于是霍尔电动势 U_H 就反映了转角 θ 的变化。不过, 这个变化是非线性的 ($U_H \propto \cos\theta$), 若要求 U_H 与 θ 成线性关系, 必须采用特定形状的磁极。

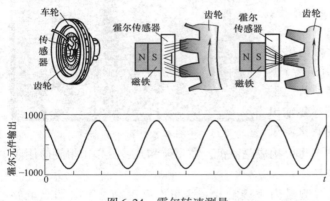

图 6-24　霍尔转速测量

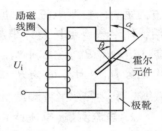

图 6-25　角位移测量仪

5. 接近开关

当霍尔元件通以恒定的控制电流, 且有磁体近距离接近霍尔元件然后再离开时, 元件的霍尔输出将发生显著变化, 将输出一个脉冲霍尔电动势。利用这种特性可进行无触点发信, 这种情况下, 对霍尔元件本身的线性和温度稳定性等要求不高, 只要有足够大的输出即可。另外, 作用于霍尔元件的磁感应强度变化值, 仅与磁体和元件的相对位置有关, 与相对运动速度无关, 这就使发信装置的结构既简单又可靠。图 6-26 所示为几种常见霍尔接近开关外形图。

图 6-26　几种常见霍尔接近开关外形图

霍尔无触点发信可广泛用于精确定位、导磁产品计数、转速测量、接近开关和其他周期性信号的发信。

6. 功率测量

　　图 6-27 所示是直流功率计电路。若外加磁场正比于外加电压，表示为 $B = k_1 U_i$（式中 U_i 为外加电压；k_1 为与器件、器件材料和结构有关的常数）。则霍尔电动势 U_H 为

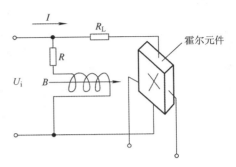

图 6-27　直流功率计电路

$$U_H = K_H IB = K_H I k_1 U_i = K_H k_1 I U_i = kP \quad (6\text{-}14)$$

式中，$k = K_H k_1$ 是常数；P 是功率。

　　因此，可利用霍尔元件进行直流功率测量。该电路适用于直流大功率的测量，R_L 为负载电阻，指示仪表一般采用功率刻度的伏特表，霍尔元件采用 N 型锗材料元件较为有利。其测量误差一般不超过 ±1%。这种功率测量方法有下列优点：由于霍尔电动势正比于被测功率，因此可以做成直读式功率计；功率测量范围可从微瓦到数百瓦；装置中设有转动部分，输出和输入之间相互隔离，稳定性好、准确度高、结构简单、体积小、寿命长、成本低廉。

7. 霍尔无触点汽车电子点火器

　　传统的汽车发动机点火装置采用机械式分电器，它由分电器转轴凸轮来控制合金触点的闭合来驱动火花塞点火，存在点火时间不准、触点易磨损和烧坏、高速时动力不足等缺点。采用霍尔无触点电子点火装置可以克服上述缺点，提高燃烧效率。图 6-28 所示为四气缸霍尔式汽车电子点火装置示意图。

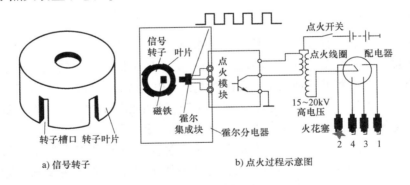

a) 信号转子　　　　　　　　b) 点火过程示意图

图 6-28　四气缸霍尔式汽车电子点火装置示意图

　　霍尔式汽车电子点火系统由内装霍尔集成块的霍尔式分电器、点火模块、火花塞、点火线圈、电源、点火开关等组成。工作时接通点火开关，发动机曲轴带动分电器轴转动，信号转子叶片交替穿过霍尔元件气隙，当信号转子叶片进入气隙时，磁场被旁路，霍尔元件不产生霍尔电压，霍尔集成电路末级晶体管截止，霍尔集成块输出 11.1 ~ 11.4V 的高电位信号，高电位信号通过电子点火模块中的集成电路导通饱和，接通一次点火线圈，点火线圈铁心储存磁场能；当转子叶片离开霍尔元件间隙时，霍尔集成块输出 0.3 ~ 0.4V 的低电位信号，低电位信号通过电子点火模块使大功率晶体管截止，一次线圈断电。一次线圈电流骤然消失

使二次线圈感应出 15~25kV 的高压电，配电器将高压电按点火顺序准时地送给各工作缸火花塞使火花塞产生火花放电，完成气缸点火过程。

8. 霍尔压力传感器

图 6-29 所示为霍尔压力传感器结构，图 6-29a 中作为压力敏感元件的弹簧片，其一端固定，另一端安装着霍尔元件。当输入压力增加时，弹簧伸长，使处于恒定梯度磁场中的霍尔元件产生相应的位移，从霍尔元件输出的电压的高低即可反映出压力的大小。图 6-29b 中作为压力敏感元件的波纹管，当输入压力发生变化时，波纹管上下伸缩，使固定在波纹管上面的磁钢与霍尔元件之间的距离发生变化，导致作用在霍尔元件上的磁场强度发生变化，从霍尔元件输出的电压的高低便可得知被测压力的大小。

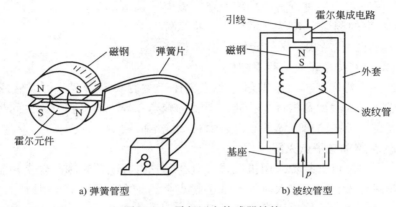

a) 弹簧管型   b) 波纹管型

图 6-29   霍尔压力传感器结构

6.4.2　磁敏电阻的应用

利用磁敏电阻的电气特性可以在外磁场的作用下改变其阻值的特点，可以用来作为电流传感器、磁敏接近开关、角速度/角位移传感器、磁场传感器等。磁阻元件的阻值与通过电流量的大小组合起来，能够实现乘法运算的功能，可以制作出电流计、磁通计、功率计、模拟运算器、可变电阻等。此外，磁敏电阻还可用于开关电源、UPS、变频器、伺服马达驱动器、电能表、电子仪器仪表、家用电器等，应用非常广泛。

图 6-30 所示是将 InSb-NiSb 材料制成具有中心抽头的三端环形磁阻元件的无触点电位器。将半圆形磁钢(一种稀土永磁体)同心固定于磁阻元件上，并与两个轴承固定的转轴连接。随着转轴的转动，不断地改变磁钢在圆形磁阻元件上面的位置。这种无触点电位器实际上是一种中间抽头的两臂磁阻元件的互补电路。旋转磁钢改变作用于两臂磁阻元件的磁钢面积比，可产生磁阻比的变化。

图 6-31 所示表示电源电压 E_c =6V 时，输出电压与磁钢旋转角度的关系。从图中可见，旋转角输出特性是以 360° 为周期、以 180° 为界对称出现的。若以输出电压的一半为中心点，在 ±25° 范围内，其线性度达 0.5%；在 ±45° 范围内，线性度达 1.5%。这种无触点电位器是通过磁钢与磁阻器件的相对位置变化来改变输出电压的，它的分辨率比触点式电位器高两个数量级，而且不发生因触点移动而引起的摩擦噪声。但这种无触点电位器的成本比较高，不可能完全代替触点式电位器。

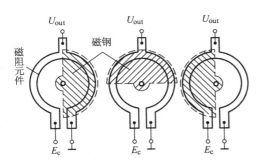

图 6-30 磁阻元件无触点电位器

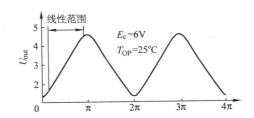

图 6-31 无触点电位器旋转的输出特性

6.4.3 磁敏二极管和磁敏晶体管的应用

磁敏二极管比较适合于应用在绝对精度要求不高、希望尽可能简单地检测磁场的有无、磁场方向及强弱等，而又能获得较大电压输出的场合。磁敏晶体管的应用技术领域与磁敏二极管相似，主要在磁场测量、大电流测量、磁力探伤、接近开关、程序控制、位置控制、转速测量、直流无刷电动机和各种工业过程自动控制等技术领域中应用。

1. 流量测量

图 6-32 所示为磁敏二极管涡轮流量计示意图，磁敏二极管用环氧树脂封装在导流头内，由导磁体同涡轮上的针形磁铁构成磁回路。磁敏二极管是不动的，当装在涡轮上的磁铁随涡轮旋转到一定位置时，磁敏二极管输出一个脉冲信号。经运算放大器放大后送到频率计，指示出流量值。这种流量计所测最小流量为 $0.5\,\mathrm{m^3/}$ 日、涡轮转速在 $60\sim2700\,\mathrm{r/min}$ 范围内都可以使用。

2. 磁敏二极管漏磁探伤

利用磁敏二极管可以检测弱磁场的变化这一特性，可以制成漏磁探伤仪。图 6-33 所示为漏磁探伤原理图，钢棒被磁化部分与铁心构成闭合磁路。由激磁线圈感应的磁通 Φ 通过棒材局部表面，若没有缺陷存在，探头附近则没有泄漏磁通，因而探头没有信号输出。如果棒材有局部缺陷，那么，缺陷处的泄漏磁通将作用于探头上，使其产生信号输出，如图 6-33b 所示。所以，根据信号的有、无可以判定钢棒有无缺陷。

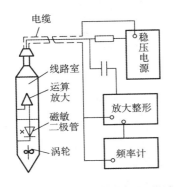

图 6-32 磁敏二极管涡轮流量计

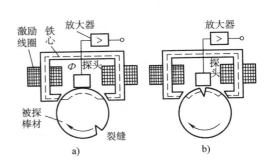

图 6-33 漏磁探伤原理图

6.4.4 半导体磁传感器的特点及应用

表6-2为半导体磁传感器的特点及应用。

表6-2 半导体磁传感器的特点及应用

序号	名　称	特　点	用　途
1	砷化钾霍尔元件 SHUH	高稳定性、低温漂、小尺寸	用于磁场及电流的精密检测
2	锑化铟霍尔元件 TYH	灵敏度高、价格低	在无刷电机、录像机磁鼓电机、主导轴电机、计算机软盘驱动电机、电流传感器等方面广泛应用
3	各种精密磁探头 CT	灵敏度高、稳定性好、结构简单	用于各种场合的精密磁场检测
4	霍尔电流(电压、功率)传感器	结构简单、性能稳定、价格低。与被测电流、电压系统有良好的电气隔离	广泛用于直流、交流、脉动电流的检测
5	锑化铟磁敏电阻 TYCZ	为薄膜型 InSb 磁敏元件，灵敏度高、价格低、结构简单	广泛用于无触点开关、无触点电位器、各种编码器产品中可测量直线位移、角位移、转数、转速等参数
6	强磁体磁阻元件 QCCZ	温度系数小、稳定性好、价格低	在转速、角位移、直线位移、位置传感器及各种编码器中广为应用
7	集成霍尔器件(开关型)	无触点、长寿命、开关速度快、集电极开路输出	能直接驱动晶体管和 TTL、MOS 等集成电路，安装使用方便
8	数字特斯拉计系列	体积小、重量轻、稳定性好、使用方便	用于各种场合的磁场强度检测

1. 什么是霍尔效应？试分析霍尔效应产生的过程。一个霍尔元件在一定的电流控制下，其霍尔电动势与哪些因素有关？

2. 说明为什么导体材料和绝缘体材料均不宜做成霍尔元件？为什么霍尔元件一般采用 N 型半导体材料？

3. 霍尔集成传感器有哪几种类型？其工作特点是什么？

4. 磁敏二极管和磁敏晶体管有何特点？适用于什么场合？

5. 设计一个利用霍尔集成电路检测发电机转速的电路，要求当转速过高或过低时发出警报信号。

6. 设计一个采用霍尔传感器的液位控制系统，要求画出磁路系统示意图和电路原理简图，并说明其工作原理。

7. 试分析图 6-34 所示霍尔计数装置的工作原理。

8. 思考有哪些可以用霍尔传感器检测的物理量以及霍尔传感器的应用领域。

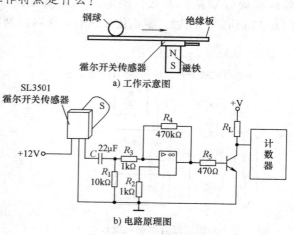

图6-34 霍尔计数装置示意图

第7章 波式传感器

1) 掌握几种波式传感器的类型、工作原理及其应用。
2) 理解各种波式传感器的物理基础。
3) 了解各种波式传感器的应用领域。

7.1 超声波传感器

人们听到的声音是由物体振动产生的，它的频率在 20 ~ 20kHz 范围内。超过 20kHz 的称为超声波，低于 20Hz 的称为次声波。检测常用的超声波频率范围为 $1 \times 10^4 \sim 1 \times 10^7 \text{Hz}$。超声波、次声波人耳感觉不到，但许多动物都能感受到，如海豚、蝙蝠以及某些昆虫，都能很好地感受超声波。超声波不同于声波，其波长短，绕射现象小，且方向性好，传播能量集中，能定向传播。而且超声波在传播过程中衰减很小。在传播过程中，超声波遇到不同的媒介，大部分能量会被反射回来；超声波对液体、固体的穿透能力很强，尤其是对不透光的固体，它可以穿透几十米的深度；超声波遇到杂质或分界面会产生反射、折射和波形变换等现象。正是因为超声波的这些特性，在工业、国防、医疗、家电等检测和控制领域有着广泛的应用。

7.1.1 超声波的物理基础

超声波的传播方式主要分为三种形式：横波——质点的振动方向垂直于传播方向，横波只能在固体中传播；纵波——质点的振动方向与传播方向一致，纵波能在固体、液体和气体中传播；表面波——质点振动介于横波与纵波之间，沿表面传播。表面波只能在固体中传播。表面波随深度增加而衰减加快。为了测量各种状态下的物理量多采用纵波。

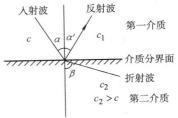

图 7-1 波的反射与折射

当超声波在两种介质中传播时，在它们的界面上部分被反射回原介质中，称为反射波；另一部分能透过界面，在另一介质中继续传播称为折射波，如图 7-1 所示。下面是与超声波有关的几个基本性质：

1. 传播速度

超声波的传播速度与介质的密度和弹性特性有关，也与环境条件有关。

对于液体，其传播速度 c 为

$$c = \sqrt{\frac{1}{\rho B_g}} \tag{7-1}$$

式中，ρ 是介质的密度；B_g 是绝对压缩系数。

在气体中，超声波的传播速度与气体的种类、压力及温度有关，在空气中的传播速度 c 为

$$c = 331.5 + 0.607t(\text{m/s}) \tag{7-2}$$

式中，t 为环境温度。

对固体，其传播速度 c 为

$$c = \sqrt{\frac{E(1-\mu)}{\rho(1+\mu)(1-2\mu)}} \tag{7-3}$$

式中，E 为固体的弹性模量；μ 为泊松系数比。

2. 反射定律

入射角 α 的正弦与反射角 α' 的正弦之比等于入射波所处介质的波速 c 与反射波所处介质的波速 c_1 之比，即

$$\frac{\sin\alpha}{\sin\alpha'} = \frac{c}{c_1} \tag{7-4}$$

当入射波和反射波的波形一样，波速一样，入射角即等于反射角。

3. 折射定律

入射角 α 的正弦与折射角 β 的正弦之比等于超声波在入射波及折射波所处介质中的传播速度 c 与 c_2 之比，即

$$\frac{\sin\alpha}{\sin\beta} = \frac{c}{c_2} \tag{7-5}$$

在自动检测中，经常采用超声波在两介质中的界面所产生的折射和反射现象进行测量。

4. 透射率与反射率

超声波从第一介质垂直入射到第二介质中时，透射声压与入射声压之比称为透射率。而反射声压与入射声压之比称为反射率。由理论和实验得知，超声波从密度小的介质入射到密度大的介质时，透射率较大，例如，超声波从水中入射到钢中时，透射率高达 93.5%。反之，超声波自密度大的介质入射到密度小的介质中时，透射率就较小，反射率较大。例如超声波进入钢板并传播一段距离，到达钢板底面时，若底部是钢与水的界面，则出射到水中的声压只有原声压的 6.5%。而由底部钢与水的界面反射回钢板的反射率却高达 93.5%，若底部是钢与空气的界面，反射率就更大。超声波的这一特性在金属探伤、测厚中得到了很好的应用。

5. 超声波在介质中的衰减

超声波在介质中传播时，由于声波的散射或漫射及吸收等会导致能量的衰减，随着传播距离的增加，声波的强度逐渐减弱。以固体介质为例，设超声波入射介质时的强度为 I_0，通过厚度为 δ 的介质后的强度为 I，衰减系数为 A，如图 7-2 所示，则有下列关系式：

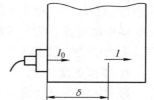

$$I = I_0 e^{-A\delta} \tag{7-6}$$

介质中的能量衰减程度与超声波和介质密度有很大关系。气

图 7-2　超声波能量衰减

体的密度很小，因此衰减很快，尤其对于高频率超声波而言，衰减更快。因此，在空气中测量时，要采用较低频率的超声波，一般低于数十 kHz，而在固体中则应该采用频率高的超声波，一般应该在 MHz 数量级以上。

7.1.2 超声波换能器及耦合技术

超声波换能器又称为超声波探头。超声波换能器根据其工作原理不同，分为压电式、磁致伸缩式、电磁式等数种。在检测技术中主要采用压电式。换能器由于其结构的不同，又分为直探头、斜探头、双探头、表面探头、聚焦探头、水浸探头、空气传导探头以及其他专用探头等。

1. 以固体为传导介质的探头

用于固体介质的单晶直探头(俗称直探头)的结构如图 7-3a 所示。压电晶片采用锆钛酸铅系列压电陶瓷(PZT)材料制作，外壳用金属制作。保护膜用于防止压电晶片的磨损和改善耦合条件；阻尼吸收块用于吸收压电晶片背面的超声脉冲能量，防止杂乱反射波的产生。

双晶直探头的结构如图 7-3b 所示，它是由两个单晶直探头组成，装配在同一壳体内。两个探头之间用一块吸声性强、绝缘性能好的薄片加以隔离，并在压电晶片下方增设延迟块，使超声波的发射和接受互不干扰。在双探头中，一只压电晶片负责发射超声脉冲，而另一只则担任接收超声脉冲的任务。双探头的结构虽然复杂一些，但信号发射和接收的电路却较为简单。

有时为了使超声波能倾斜入射到被测介质中，可选用斜探头，如图 7-3c 所示。压电晶片粘贴在与底面成一定角度(如 30°、45° 等)的有机玻璃斜楔块上。压电片的上方用吸声性强的阻尼吸收块覆盖。当斜楔块与不同材料的被测介质(试件)接触时，超声波产生一定角度的折射，倾斜入射到试件中去，折射角可通过计算求得。

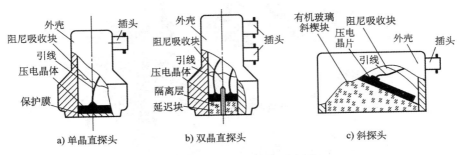

图 7-3 超声波探头结构示意图

2. 耦合剂

在图 7-3 中，无论是直探头还是斜探头，一般不能直接将其放在试件表面(特别是粗糙金属表面)来回移动，以防探头磨损。更重要的是，由于超声探头与被测物体接触时，在工件表面不平整的情况下，探头与被测物体表面间必然存在一层空气薄层。由于空气的密度很小，将引起 3 种介质两个界面间强烈的杂乱反射波，造成严重的测量干扰，而且空气还会造成超声波的严重衰减。因此必须将接触面之间的空气排挤掉，使超声波能够顺利入射到被测介质中。在工业测量中，经常使用一种称为耦合剂的液体物质，使之充满在接触层中，起到传递超声波的作用。常用的耦合剂有水、机油、甘油、水玻璃、胶水、化学糨糊等，可根据不同的被测介质而选定。耦合剂的厚度应该尽量薄一些，以减小耦合损耗。

3. 以空气为传导介质的超声波发射器和接收器

以空气为传导介质的超声波发射器和接收器一般是分开设置的，两者的结构也略有不同。图 7-4 所示为以空气为传导介质的超声波发射器和接收器的结构简图。发射器的压电片上粘贴了一只锥形共振盘，如图 7-4a 所示，以便提高发射效率和增强方向性。而接收器则在共振盘上还增加了一只阻抗匹配器，以提高接收效率，如图7-4b所示。

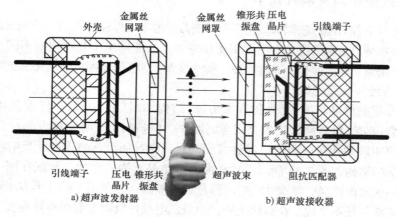

a) 超声波发射器   b) 超声波接收器

图7-4 空气传导型超声波发生、接收器结构

7.1.3 各种超声波探头

图7-5所示为各种常见的超声波探头。

图7-5 常见各种超声波探头

7.1.4 超声波传感器的应用

根据超声波的走向来看，超声波传感器的应用有两种基本类型，如图7-6所示。当超声波发生器与接收器分别置于被测物两侧时，这种类型称为透射型，如图7-6a所示。透射型的典型应用有：遥控器、防盗报警器、接近开关等。当超声波发生器与接收器置于同侧时，这种类型称为反射型，如图7-6b所示。反射型的典型应用有：接近开关、距离测量、液位或料位测量、金属探伤以及厚度测量等。下面具体介绍超声波传感器在工业测量中的几种应用。

1. 超声波探伤

超声波探伤是无损探伤技术中的一种主要检测手段。它主要用于检测金属板材、管材、锻件和焊缝等材料中的缺陷(如裂缝、气孔、夹渣等)、材料厚度、材料的晶粒等,配合断裂力学对材料的使用寿命进行评估。超声波探伤因为检测灵敏度高、速度快、成本低等优点,而得到人们的普遍重视,并在生产实践中得以广泛的应用。超声波探伤的方法多种多样,而脉冲反射法根据波形的不同分为纵波探伤、横波探伤和表面波探伤等。下面分别给予介绍。

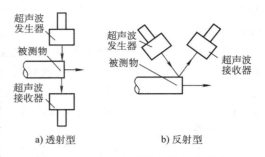

图 7-6　超声波应用的两种基本形式

(1) 纵波探伤法　测试前,先将探头插入探伤仪的连接插座上。探伤仪面板上有一个荧光屏,如图 7-7a 所示。通过荧光屏可以知道工件中是否有缺陷、缺陷的大小及缺陷的位置。

工作时,探头放置在被测工件上,并在工件上来回移动进行检测。探头发出的超声波,以一定的速度向工件内部传播,如果工件中没有缺陷,则超声波传播到工件底部便产生反射,在荧光屏上只产生开始脉冲 T 和底部脉冲 B,如图 7-7b 所示。如工件中有缺陷,一部分声波脉冲在缺陷处产生反射,另一部分继续传播到工件底部产生反射,这样在荧光屏上除了仍会出现开始脉冲 T 和底部脉冲 B 以外,还会出现缺陷脉冲 F,如图 7-7c 所示。荧光屏上的水平亮线为扫描线(时间基线),其长度与工件的厚度成正比(可调整)。通过缺陷脉冲在荧光屏上的位置,可以确定缺陷在工件中的位置。同时也可以根据缺陷脉冲的幅度的高低来推算缺陷当量的大小。如缺陷的面积大,则缺陷脉冲的幅度就高,通过移动探头,还可以确定缺陷的大致长度。

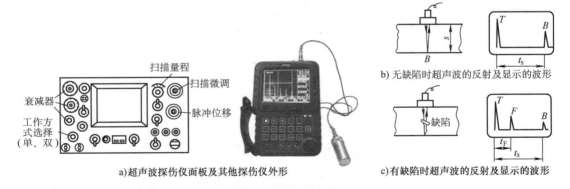

图 7-7　超声波探伤

(2) 横波探伤法　用斜探头进行探伤的方法称为横波探伤法。超声波的一个显著特点是:超声波波束中心线与缺陷截面积垂直时,探测灵敏度最高。如遇到图 7-8 中所示的斜向缺陷时,用直探头虽然能探测出缺陷的存在,但并不能真实反映缺陷的大小。如用斜探头探测,探伤的效果会良好。因此在实际应用中,应该根据不同缺陷的性质、取向采用不同的探

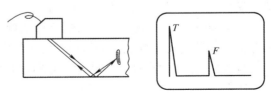

图 7-8　横波单探头法探伤

头进行探伤。有些工件的缺陷性质、取向事先不能确定，为了保证探伤质量，则应该采用不同种类的探头进行多次探测。

（3）表面波探伤法　表面波探伤法主要是检测工件表面附近的缺陷存在与否，如图 7-9 所示。当超声波的入射角 α 超过一定值后，折射角 β 可能达到 90°，这时固体表面受到超声波能量引起的交替变化的表面张力作用，质点在介质表面的平衡位置附近作椭圆轨迹振动，这种振动称为表面波。当工件表面存在缺陷时，表面波被反射回探头，可在荧光屏上显示出来。

2. 超声波流量计

图 7-10 所示是超声波流量计的原理图。在被测管道上下游的一定距离上，分别安装两对超声波发射和接收探头（F_1，T_1）、（F_2，T_2），其中（F_1，T_1）的超声波是顺流传播的，而（F_2，T_2）的超声波是逆流传播的。根据这两束波在流体中传播的速度不同，采用测量两个接收探头上超声波传播的时间差、相位差和频率差等方法可测出流体的平均流速，进而推算出流量。

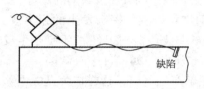
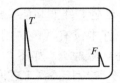
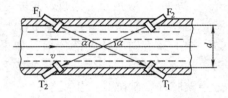

图 7-9　表面波探伤法　　　　　　　　　　图 7-10　超声波流量计原理图

（1）时间差法　设超声波的传播方向与流体的流动方向的夹角为 α，流体在管道内的平均流速为 v，超声波在静止流体中的声速为 c，管道的内径为 d。超声波由发射探头 F_1 至接收探头 T_1 的绝对传播速度为 $v_1 = c + v\cos\alpha$，超声波由发射探头 F_2 至接收探头 T_2 的绝对传播速度为 $v_2 = c - v\cos\alpha$。超声波顺流与逆流传播的时间差为

$$\Delta t = t_2 - t_1 = \frac{d/\sin\alpha}{c - v\cos\alpha} - \frac{d/\sin\alpha}{c + v\cos\alpha} = \frac{2dv\cot\alpha}{c^2 - v^2\cos^2\alpha} \tag{7-7}$$

因为 $v \ll c$，所以

$$\Delta t \approx \frac{2dv}{c^2}\cot\alpha \tag{7-8}$$

则

$$v = \frac{c^2}{2d}\tan\alpha\Delta t \tag{7-9}$$

体积流量约为

$$q_v \approx \frac{\pi}{4}d^2 v = \frac{\pi}{8}dc^2\tan\alpha\Delta t \tag{7-10}$$

由式（7-9）与式（7-10）可知，流速 v 及流量 q_v 均与时间差 Δt 成正比，而时间差的测量可用标准脉冲记数器来实现。上述方法称为时间差法。在这种方法中，流量与声速 c 有关，而声速一般随介质的温度变化而变化，因此，将造成温度漂移。如果采用下述的频率差测量法测量流量，则可以克服温度变化的影响。

（2）频率差法　频率差法测量流量的原理如图 7-11a 所示，F_1、F_2 是完全相同的超声波探头，安装在管壁外面，通过电子开关控制，交替作为超声波的发射器与接收器使用。

首先由 F_1 发射出第一个脉冲，它通过管壁、流体及另一侧管壁被 F_2 接收，此信号经放大再次触发 F_1 的驱动电路，使 F_1 发射第二个脉冲……设 F_1 在一个时间间隔 t_1 内发射了 n_1 个脉冲，则脉冲的重复频率为 $f_1 = n_1/t_1$（顺流）。在紧接着的另一个相同的时间间隔 t_2（$t_2 =$

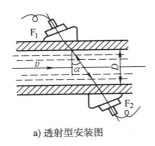
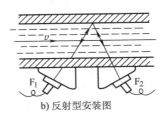

a) 透射型安装图   b) 反射型安装图

图 7-11   频率差法测流量原理

t_1)内，与上述过程相反，由 F_2 发射超声波脉冲，而 F_1 做接收器。同理可以测得 F_2 的脉冲重复频率 f_2（逆流）。经推导，F_1 顺流发射频率与 F_2 逆流发射频率的差 Δf 为

$$\Delta f = f_1 - f_2 = \frac{\sin 2\alpha}{D} v \tag{7-11}$$

由式(7-11)可知，Δf 与被测流速 v 成正比，而与声速 c 无关。发射和接收探头也可以如图 7-11b 所示的那样，安装在管道的同一侧。

超声波流量计最大的特点是：**探头可以安装在被测流体管道的外面，实现非接触测量，这样既不干扰流体流动状态，又不受流体流动的其他参数影响，而且大大降低了流量计的安装费用。** 其输出基本上与流量成线性关系，测量准确度一般可达到 1%。其价格与管道的尺寸无关，因此特别适合大口径管道，以及含有磨损性杂质或腐蚀性液体的测量。

3. 超声波测厚

超声波测厚的方法很多，最常用的方法是利用超声波脉冲反射法进行测厚。现在已有各种型号的超声波测厚仪，可以测量钢及其他金属、有机玻璃、硬塑料等的厚度。

图 7-12 所示是超声波测厚示意图。双晶直探头左边的压电晶片发射超声波脉冲，经探头内部的延迟块延时后，该脉冲进入被测试件，在到达试件底面时，被反射回来，并被右边的压电晶片所接收。这样只要测出从发射超声波脉冲到接收超声波脉冲所需要的时间间隔 t（扣除经两次延迟的时间），再乘以超声波在被测体内的传播速度 c，就是超声波脉冲在被测件体内所经历的来回距离，也就代表了厚度值，即

$$\delta = \frac{1}{2} ct \tag{7-12}$$

在电路上只要在从发射到接收这段时间内使计数电路计数，便可达到数字显示之目的。使用双晶直探头可以使信号处理电路趋于简化，有利于缩小仪表的体积。探头内部的延迟块可减小杂乱反射波的干扰。

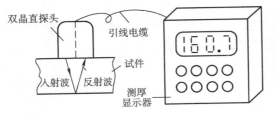

图 7-12   超声波测厚

4. 超声波测密度

图 7-13 所示为超声波测量液体密度的原理示意图。图中采用双晶直探头超声波探头测量，探头安装在测量室（储油箱）的外侧。测量室的长度为 l，根据 $t = 2l/c$ 的关系（t 为探头从发射到接收超声波所需的时间），可以求得超声波在被测介质中的传播速度 c。由实验证明，超声波在液体中的传播速度 c 与液体的密度有关。因此可通过时间 t 的大小来反映液体的密度。

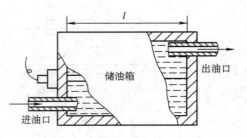

图 7-13　超声波测密度原理示意图

本仪器采用数字显示，测量准确度较高，能连续在线测量，并能参与过程的自动控制。

5. 超声波测量液位和物位

图 7-14 所示是超声波液位计原理图。在被测液体液位的上方安装一个空气传导型的超声波发生器和接收器。按超声波脉冲反射原理，根据超声波的往返时间就可测得液体的液面高度。如果液面晃动，就会因为反射波散射而接收困难，因此可用直管将超声波传播路径限定在某一小的空间内。另外，由于空气中的声速随温度变化而变化，这样会造成由于温度变化带来的测量误差，通常称之为温漂。所以在超声波的传播路径中设置一个反射性良好的小板做标准参照物，随时标定测量环境中的超声波的速度，以便计算修正温度变化造成的测量误差。

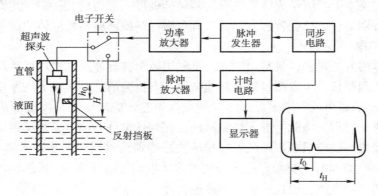

图 7-14　超声波液位计原理图

6. 超声波用于高效清洗

当弱的声波作用于液体时，会对液体产生一定的负压，即液体体积增加，液体中分子空隙加大，形成许多微小的气泡；而当强的声波信号作用于液体时，则会对液体产生一定的正压，即液体的体积被压缩减小，液体中形成的微小气泡被压碎。超声波发生器产生高于 20kHz 的超音频电能，通过换能器转换成同频率机械振动传入清洗液，超声波疏密相间地向前传导，液体中产生无数的微小气泡，如图 7-15

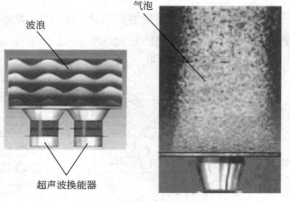

图 7-15　超声波清洗原理

所示。超声波作用于液体中时，液体中每一个气泡的破裂会产生能量极大的冲击波，相当于瞬间产生几百度的高温和高达上万大气压的压力，这种现象称之为"空化作用"，超声波清洗正是利用液体中气泡破裂所产生的冲击波来达到清洗和冲刷工件内外表面的作用。超声波清洗多用于半导体、机械、玻璃、医疗仪器、文物及化工等领域。

7. 超声波在其他领域的应用

超声波的应用非常广泛，图 7-16 所示为超声波在其他领域的应用示意图。

a) 纸箱内容物检测　　b) 液位测量与控制　　c) 堆料高度控制　　d) 密封纸箱内容物检测

e) 液体流量测量　　f) 物位控制　　g) 液位测量　　h) 不同液位界面测量

i) 卸料控制　　j) 装料控制　　k) 旋转测量　　l) 断线报警

m) 自动分类　　n) 在线破损报警　　o) 自动计数　　p) 距离测量

q) 摇晃报警　　r) 传动带运行控制　　s) 厚度检测与报警　　t) 摆放错误报警

图 7-16　超声波在各种领域的应用示意图

7.2 微波传感器

7.2.1 微波的性质与特点

微波是波长为 1～1000mm、频率为 300MHz～300GHz 的电磁波。微波既具有电磁波的性质，又与普通的无线电波及光波不同。其特点是：①能在各种障碍物上产生良好的反射；②在传播过程中定向辐射性好；③待测介质对微波的吸收量跟介质的介电系数成正比，水吸收微波最多；④微波绕过障碍物的本领小；⑤微波在传输过程中受烟、火焰、灰尘和强光的影响较小。由于微波有以上特性，因而被广泛用于液位、物位、厚度及含水量的测量。

7.2.2 微波传感器的工作原理及其分类

1. 微波传感器的工作原理

微波传感器就是指利用微波的特性来检测一些非电量的器件和装置。其原理是：由发射天线发出微波，当遇到被测物体时将被吸收或反射，使微波功率发生变化。若利用接收天线接收到通过被测物或由被测物反射回来的微波，将它转换为电信号，再经过信号调理电路后，即能显示出被测量，这就是微波的检测过程。根据上述原理，微波传感器可分为如下两类。

2. 微波传感器的分类

根据上述原理，微波传感器可分为如下两类。

（1）反射式微波传感器　反射式微波传感器就是指通过检测被测物反射回来的微波功率的大小或经过的时间间隔来测量被测物的位置、厚度等参数。

（2）遮断式微波传感器　遮断式微波传感器是通过检测接收天线接收到的微波功率的大小，来判断发射天线与被测天线之间有无被测物或被测物的位置与含水量等参数。

与一般传感器不同，微波传感器的敏感元件可以认为是一个微波场。它的其他部分可视为一个转换器和接收器，如图 7-17 所示。图中 MS（Microwave Source）是微波源；T（Transducer）是转换器；R（Receiver）是接收器。

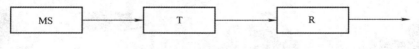

图 7-17　微波传感器的构成

转换器可以是一个微波场的有限空间，被测物即出于其中。如果 MS 与 T 合二为一，称之为有源微波传感器；如果 MS 与 R 合二为一，则称其为自振式微波传感器。

3. 微波天线

由微波振荡器产生振荡信号需要用波导管（波长为 10cm 以上可用同轴电缆）传输，并通过天线发射出去。为了使发射的微波具有尖锐的方向性，天线具有特殊的结构。常用的天线如图 7-18 所示，有喇叭形天线、抛物面天线、介质天线与隙缝天线等。

喇叭形天线结构简单，制造方便，它可以看作是波导管的延续。喇叭形天线在波导管与敞开的空间之间起匹配作用，可以获得最大能量输出。抛物面天线，好像凹面镜产生平行光，因此使微波发射的方向性得到改善。

a) 扇形喇叭天线

b) 圆锥喇叭天线

c) 旋转抛物面天线

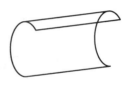

d) 抛物柱面天线

图 7-18   常见微波天线

7.2.3   微波传感器的应用

1. 微波湿度(水分)传感器

水分子是极性分子,常态下成偶极子形式杂乱无章地分布着。在外电场的作用下,偶极子会形成定向的排列。当水分子处于微波场中时,偶极子会在微波场的作用下反复取向,并不断地从电场中得到能量(储能),又不断地释放能量(放能),前者表现为微波信号的相移,后者表现为微波衰减。这个特性可以用水分子自身的介电常数 ε 来表征,即

$$\varepsilon = \varepsilon' + \alpha\varepsilon'' \tag{7-13}$$

式中,ε' 是储能的度量;ε'' 是衰减的度量;α 是常数。

ε' 与 ε'' 不仅与材料有关,还与测试信号的频率有关。所有极性分子均有此特性,一般干燥的物体,如木材、皮革、谷物、纸张、塑料等,其 ε' 值在 1~5 范围内,而水的 ε' 值则高达 64。因此,材料中如果含有少量的水分,其复合的 ε' 值将明显上升,ε'' 也有类似的性质。

使用微波传感器,同时测量干燥物体(纯)与含水一定的潮湿物体所引起的微波信号的相移与衰减量,将获得的信号进行比较,就可以换算出潮湿物体的含水量。目前已经研制成土壤、煤、石油、矿砂、酒精、玉米、稻谷、塑料及皮革等一批含水量测量仪。

图 7-19 给出了一台测量酒精含水量的仪器框图,其中,MS 产生的微波功率经分功器分成两路,再经过相同的衰减器 A_1、A_2 后分别注入到两个完全相同的传输线转换器 T_1、T_2 中。其中 T_1 放置无水酒精,T_2 放置被测样品。相位与衰减测定仪(PT、AT)分别反复接通两路,自动记录与显示它们之间的相位差与衰减差,从而确定出样品酒精的含水量。应该指出,对于颗粒状物料,由于其形状各异、装料不均等影响,测量其含水量时,对微波传感器要求不高。

2. 微波液位计

微波液位计的原理如图 7-20 所示。相距为 s 的发射天线与接收天线,相互构成一定的角度,波长为 λ 的微波从被测液面反射后进入接收天线。接收天线接收到的微波功率将随被测液面的高低不同而异,接收天线接收到的功率 P_V 为

$$P_V = \left(\frac{\lambda}{4\pi}\right)^2 \left[\frac{PGG_0}{s^2 - 4d}\right] \tag{7-14}$$

式中,P 是发射天线的发射功率(W);G 是发射天线的增益;G_0 是接收天线的增益;d 是两天线与被测表面间的垂直距离(m)。

当发射功率、波长、增益均恒定时,只要测出接收功率 P_V,就可得到被测液面的高度。

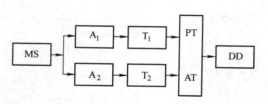

图 7-19　酒精含水量测量仪的原理框图

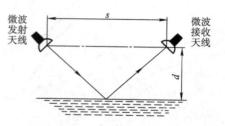

图 7-20　微波液位计原理图

3. 微波物位计

微波物位计的原理如图 7-21 所示。当被测物体位置较低时，发射天线发射的微波束全部由接收天线接收，经检波、放大与定电压比较之后发出物体位置正常的信号。当被测物体位置升高到天线所在高度时，微波束部分被物体吸收，部分被反射，接收天线接收到的微波功率相应减弱，经检波、放大、与定电压比较，低于定电压值，微波物位计就发出被测物体位置高出设定物位的信号。

4. 微波测厚仪

微波测厚仪的原理如图 7-22 所示。这种测厚仪是利用微波在传播过程中遇到被测物金属表面被反射，且反射波的波长与速度都不变的特性进行厚度测量的。

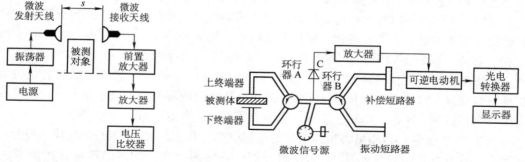

图 7-21　微波开关式物位计原理图　　　　图 7-22　微波测厚仪原理图

如图 7-22 所示，在被测金属物体上下两表面各安装一个终端器。微波信号源发出的微波，经过环行器 A，经上传输波导管传输到上终端器，由上终端器发射到被测金属物体的上表面上，微波在这个表面被全反射后又回到上终端器，再经传输导管、环行器 A、下传输波导管传输到下终端器。由下终端器发射到被测金属物体的下表面上，微波在这个表面被全反射后又回到下终端器，再经过传输波导管回到环行器 A。因此被测物的厚度与微波传输过程中的行程长度有密切关系。当被测物厚度增加时，微波传输的行程长度便减小。

5. 微波温度传感器

任何物体，当它的温度高于环境温度时，都能够向外辐射热量。当该辐射热量到达接收机输入端口时，若仍高于基准温度（或室温），在接收机的输出端将有信号输出，这就是辐射计或噪声温度接收机的基本原理。

微波频段的辐射计就是一个微波温度传感器。图 7-23 给出了微波温度传感器的原理框图。其中 T_{in} 为输入温度（被测温度）；T_c 为基准温度；C 为环行器；BPF 为带通滤波器；LNA 为低噪声放大器；M 为混频器；LO 为本机振荡器。这个传感器的关键部件是低噪声放

170

大器，它决定了传感器的灵敏度。

　　微波温度传感器最有价值的应用是微波遥测，将微波温度传感器装在航天器上，可以遥测大气对流层的状况，进行大地测量及探矿；可以遥测水质污染程度；确定水域范围；判断土质肥沃程度、植物品种等。

　　近年来，微波温度传感器又有新的重要应用——探测人体的癌变组织。癌变组织与周围正常组织之间存在着一个微小的温度差。早期癌变组织比正常组织温度高 0.1℃，如果能精确测量出 0.1℃ 的温差，就可以发现早期癌变，从而可以在早期进行治疗。

6. 微波定位传感器

　　图 7-24 所示为微波定位传感器的原理图。微波源（MS）发射的微波经环行器（C）从天线发射出微波信号。当物料远离小孔（O）时，反射信号很小；当物料移近小孔时，反射信号突然增大，该信号进入转换器（T）变换为电压信号，然后送显示器 D 显示出来。也可以将此信号送至控制器控制执行器工作，使物料停止运动或加速运动。

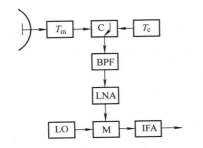

图 7-23　微波温度传感器的原理框图

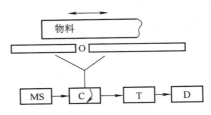

图 7-24　微波定位传感器的原理图

7.3　多普勒传感器

7.3.1　多普勒效应

　　"多普勒效应（Doppler effect）"是由奥地利物理学家克里斯蒂安·多普勒于 1842 年首先发现并加以研究而得名的，其内容为：由于波源和接收者之间存在着相互运动而造成接收者接收到的频率与波源发出的频率不同，这种现象称为多普勒效应，也称多普勒频移。关于多普勒效应的理论有两种：

1. 声波的多普勒效应

　　在日常生活中，我们都会有这种经验：当一列鸣着汽笛的火车或鸣着喇叭的救护车朝我们开来的时候，我们会感到声音比较尖，一旦从我们身边离去时，声音就会变粗。事实上，当声源接近观察者时，声波会被"压缩"，声波的频率提高；而在远离观察者时，声音听起来就显得低沉。当然，当观察者接近或远离固定声源时也会产生多普勒效应。但我们接近或远离声源的速度如果比较小，耳朵就无法区分这些细微的差别。图 7-25 所示为多普勒效应示意图。

　　根据多普勒效应，可定量分析得到多普勒频率

$$f_1 = \frac{v \pm v_0}{v \mp v_s} f \tag{7-15}$$

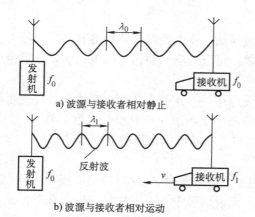

a) 波源与接收者相对静止

b) 波源与接收者相对运动

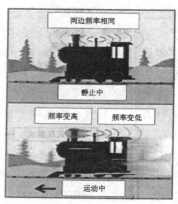

图 7-25 多普勒效应示意图

式中，v_s 是波源相对于介质的速度；v_0 是观察者相对于介质的速度；v 是波在静止介质中的传播速度；f 是波源的固有频率；f_1 是变化后的频率。

当观察者朝波源运动时，v_0 前面的运算符号取"＋"号；当观察者背离波源（即顺着波源）运动时，v_0 前面的运算符号取"－"号。当波源朝观察者运动时，v_s 前面的运算符号取"－"号；当波源背离观察者运动时，v_s 前面的运算符号取"＋"号。从式(7-15)易知，当观察者与声源相互靠近时，$f_1 > f$；当观察者与声源相互远离时，$f_1 < f$。

2. 光波（包括电磁波）**的多普勒效应**

多普勒效应不仅仅适用于声波，它也适用于所有类型的波，包括光波、电磁波。它又被称为多普勒-斐索效应。因为法国物理学家斐索(1819—1896)于1848年独立地对来自恒星的波长偏移做了解释，指出了利用这种效应测量恒星相对速度的办法。光波与声波的不同之处在于，光波频率的变化使人感觉到是颜色的变化。如果恒星远离我们而去，则光的谱线就向红光方向移动，称为红移；如果恒星朝向我们运动，光的谱线就向紫光方向移动，称为蓝移。多普勒-斐索效应使人们对距地球任意远的天体的运动的研究成为可能，只要分析一下接收到的光的频谱就行了。

7.3.2 多普勒效应的应用

根据多普勒效应的原理可测量运动物体的速度，如车速、船速、卫星的速度和流体的流速等。也可根据光学多普勒频移测定天体相对地球的运动。光源中发光原子的无规则热运动引起谱线增宽，称为多普线增宽，根据频移公式可计算出多普线增宽与光源温度的关系。

1. 雷达测速仪

检查机动车速度的雷达测速仪也利用了这种多普勒效应。如图7-26所示，交警向行进中的车辆发射频率已知的电磁波，通常是红外线，同时测量反射波的频率，根据反射波频率变化的多少就能知道车辆的速度。装有多普勒测速仪的警车有时就停在公路旁，在测速的同时把车辆牌号拍摄下来，并把测

图 7-26 多普勒雷达测速原理

得的速度自动打印在照片上。

用多谱勒雷达测量目标的速度，目标回波中的多谱勒频移是非常重要的信息。因为目标与雷达之间存在相对速度时，接收到回波信号的载频相对于发射信号的载频产生了一个频移，与目标和雷达的相对速度的关系为

$$f_d = \frac{2v}{\lambda} con\theta \tag{7-16}$$

式中，f_d 是多谱勒频差；v 是被测目标的运动速度；λ 是微波信号的波长；θ 是运动方向与微波传输方向的夹角。

2. 多普勒效应在医学上的应用

在临床上，多普勒效应的应用也不断增多，近年来迅速发展的超声脉冲多普勒检查仪，当声源或反射界面移动时，如当红细胞流经心脏大血管时，从其表面散射的声音频率发生改变，由这种频率偏移可以知道血流的方向和速度。如红细胞朝向探头时，根据多普勒原理，反射的声频则提高，如红细胞离开探头时，反射的声频则降低。反射液频率增加或减小的量，是与血液流动速度成正比，从而根据超声波的频移量，就可测定血液的流速。

3. 宇宙学研究中的多普勒现象

20 世纪 20 年代，美国天文学家斯莱弗在研究远处的旋涡星云发出的光谱时，首先发现了光谱的红移，认识到了旋涡星云正快速远离地球而去。1929 年哈勃根据光谱红移总结出著名的哈勃定律：星系的远离速度 v 与距地球的距离 r 成正比，即 $v = Hr$，H 为哈勃常数。根据哈勃定律和后来更多天体红移的测定，人们相信宇宙在长时间内一直在膨胀，物质密度一直在变小。由此推知，宇宙结构在某一时刻前是不存在的，它只能是演化的产物。因而 1948 年伽莫夫（G. Gamow）和他的同事们提出大爆炸宇宙模型。20 世纪 60 年代以来，大爆炸宇宙模型逐渐被广泛接受，以致被天文学家称为宇宙的"标准模型"。

多普勒-斐索效应使人们对距地球任意远的天体的运动的研究成为可能，这只要分析一下接收到的光的频谱就行了。1868 年，英国天文学家 W. 哈金斯用这种办法测量了天狼星的视向速度（即物体远离我们而去的速度），得出了 46km/s 的速度值。

4. 移动通信中的多普勒效应

在移动通信中，当移动台移向基站时，频率变高，远离基站时，频率变低，所以我们在移动通信中要充分考虑"多普勒效应"。当然，由于日常生活中，我们移动速度的局限，不可能会带来十分大的频率偏移，但在卫星移动通信中，当飞机移向卫星时，频率变高，远离卫星时，频率变低，而且由于飞机的速度十分快，所以我们在卫星移动通信中要充分考虑"多普勒效应"。为了避免这种影响造成通信中的问题，我们不得不在技术上加以各种考虑。因而也加大了移动通信的复杂性。

5. 多普勒天气雷达

多普勒天气雷达的工作原理即以多普勒效应为基础，具体表现为：当降水粒子相对雷达发射波束相对运动时，可以测定接收信号与发射信号的高频频率之间存在的差异，从而得出所需的信息。运用这种原理，可以测定散射体相对于雷达的速度，在一定条件下反演出大气风场、气流垂直速度的分布以及湍流的情况等。这对研究降水的形成，分析中小尺度天气系统，警戒强对流天气等具有重要意义。

如图 7-27 所示，天气雷达间歇性地向空中发射电磁波（称为脉冲式电磁波），它以近于直线的路径和接近光波的速度在大气中传播。在传播的路径上，若遇到了气象目标物，脉冲电磁波被气象目标物散射，其中散射返回雷达的电磁波（称为回波信号，也称为后向散射），在荧光屏上显示出气象目标的空间位置等的特征。

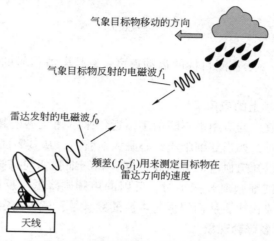

图 7-27　多普勒天气雷达工作原理

　　多普勒雷达是目前世界上最先进的雷达系统，有"超级千里眼"之称。最大探测距离半径为 460km。相较于传统天气雷达，多普勒雷达能够监测到位于垂直地面 8 ~ 12km 的高空中的对流云层的生成和变化，判断云层的移动速度，其产品信息达 72 种之多，天气预报的精确度大大提高。

6. 测量流体速率

　　使用多普勒效应可测量流体速率。当声波在声速方向被具有流速的目标反射时，目标流向声源时反射波的频率较高，而目标离开声源时反射波的频率较低。频率的变化与入射声速的频率及目标的速度成比例，如图 7-28 所示。超声波发射器向流动着的液体发射连续的声波，接收器检测反射声波。通过多普勒频移 f_d 来确定被测流体的流速 v。流速与被测流体的管截面积之积，并计入流量修正系数得到体积流量，如式（7-17）、式（7-18）所示。

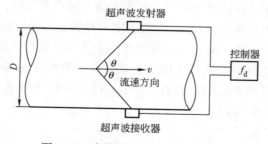

图 7-28　多普勒超声流量计原理图

$$f_d = \frac{cf_0}{2v\cos\theta} \qquad (7-17)$$

　　流量：
$$Q = k \cdot f_d \cdot A \qquad (7-18)$$

式中，f_d 是多普勒频差；f_0 是发射频率；c 是超声波传播速度；v 是流体流速；k 是流量修正系数；A 是管道截面积。

多普勒流量计较多应用在工业废水、生活污水、煤浆、啤酒饮料等介质的测量。

习   题

1. 超声波有哪些传播特性？

2. 应用超声波传感器探测工件时，在探头与工件接触处要涂有一层耦合剂，请问这是为什么？

3. 根据你已学过的知识设计一个超声波探伤使用装置（画出原理框图），并简要说明它探伤的工作过程？

4. 比较微波传感器与超声波传感器有何异同？

5. 多普勒传感器的工作原理是什么？其应用有哪些？

第 8 章　生物传感器

学习目的

1）掌握生物传感器的工作原理及分类。
2）掌握酶传感器的原理及应用。
3）掌握葡萄糖传感器的原理。
4）熟悉免疫传感器的原理。
5）了解微生物传感器的分类及原理。
6）了解生物传感器的应用。

生物传感器是分子生物学与微电子学、电化学、光学相结合的产物，是生命科学与信息科学之间的桥梁。生物传感器技术与纳米技术相结合将是生物传感器领域新的生长点，其中以生物芯片为主的微阵列技术是当今研究的重点。

生物传感器是利用生物关联物质选择分子功能的化学量传感器，它能检测由低分子到高分子的复杂化学物质，如酶、微生物、免疫体和复杂蛋白质等。目前已研究出的生物传感器有：酶传感器、微生物传感器、免疫传感器、半导体生物传感器、热生物传感器、光生物传感器和压电晶体生物传感器等。生物传感器可用于医疗卫生、食品发酵、环境监测等领域。

生物传感器利用生物特有的生化反应，有针对性地对有机物进行简便而迅速的测定。它有极好的选择性，噪声低，操作简单，在短时间内能完成测定，重复性好，且能以电信号方式直接输出，容易实现检测自动化。

8.1　生物传感器的工作原理

生物传感器是在基础传感器上再耦合一个生物敏感膜而形成的，其工作原理如图 8-1 所示。图中生物功能膜上（或膜中）附着有生物传感器的敏感物质，被测量溶液中待测定的物质经扩散作用进入生物敏感膜层，经分子识别或发生生物学反应，其所产生的信息可通过相应的化学或物理原理转变成可定量和可显示的电信号，通过电信号的分析就可知道被测物质的成分或浓度。

生物传感器的生物功能膜起分子识别的作用，它决定传感器的选择性。按识别功能膜将生物传感器大致可分

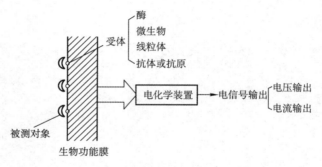

图 8-1　生物传感器工作原理示意图

为生物关联膜式、半导体复合膜式、热敏电阻复合膜式、光电导复合膜式和压电晶体复合膜式。其详细分类如图 8-2 所示。

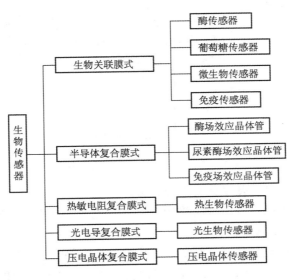

图 8-2 生物传感器的分类示意图

8.2 最常用的生物传感器

8.2.1 酶传感器

酶传感器是最早达到实用化的一种生物传感器，由分子识别功能的固定化酶膜与电化学装置两部分构成。由于酶是蛋白质组成的生物催化剂，能催化许多生物化学反应，生物细胞的复杂代谢就是由成千上万个不同的酶控制的。酶的催化效率极高，而且具有高度专一性，即只能对特定待测生物量(底物)进行选择性催化，并且有化学放大作用，因此利用酶的特性可以制造出高灵敏度、选择性好的传感器。酶的催化反应可用式(8-1)表示

$$S \xrightarrow[T]{E} \sum_{i=1}^{n} P_i \tag{8-1}$$

式中，S 是待测物质；E 是酶；T 是反应温度($\mathrm{^\circ C}$)；P_i 是第 i 个产物。

酶的催化作用是在一定的条件下使底物分解，故酶的催化作用实际上是加速底物的分解速度。

当把装有酶膜的酶传感器插入试液时，被测物质在固定化酶膜上发生催化化学反应，生成或消耗电极活性物质(如 O_2，H_2O_2，CO_2，NH_3 等)，用电化学测量装置(如电极)测定反应中电极活性物量的变化，电极就能把被测物质的浓度变换为电信号，从被测物质浓度与电信号之间的关系就可测定未知浓度，如图 8-3 所示。

大多数酶是水溶性的，需要通过固定化技术制成酶膜，才能构成酶传感器的受体。在酶传感器中构成固定化酶有 3 种方式：①把酶制成膜状，将其设置在电极附近，这种方式应用最普遍；②金属或场效应晶体管栅极表面直接结合酶，使受体与电极结合起来；③把固定化

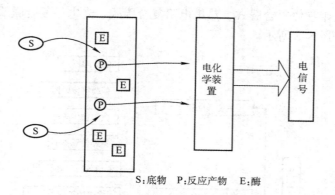

S：底物 P：反应产物 E：酶

图 8-3 酶传感器的原理示意图

的酶填充在小柱中作为受体，使受体与电极分离开。

酶传感器的响应特性除了与电极的特性有关外，也与酶反应的特性有关，如酶的活性、底物浓度、酶膜厚度、pH 值和温度等。

利用酶传感器可以测定各种糖、氨基酸、酯质和无机离子等，在医疗、食品、发酵工业和环境分析等领域获得多方面的应用。例如，酶传感器可以用于水质的监测。酚是一类对人体有害的化合物，经常通过炼油和炼焦等工厂的废水排放到河流和湖泊中。根据测定水中酚含量的需要，科学家利用固定化多酚氧化酶研制成多酚氧化酶传感器，这种酶传感器可快速测定出水中质量分数仅有 2×10^{-7} 的酚。多功能酶传感器、测定酶活性传感器、半导体酶传感器以及检测难溶于水的物质的酶传感器正在研究之中。随着基因工程技术的开发，酶传感器的特性将会得到进一步的发展。

8.2.2 葡萄糖传感器

葡萄糖是典型的单糖类，是一切生物的良好能源，测定血液中葡萄糖浓度对糖尿病患者做临床检查是很重要的。葡萄糖传感器是以葡萄糖氧化酶（GOD）为生物催化剂，氧电极为电化学测量装置，通过测定酶作用后氧含量的变化实现对糖的量的测量，如图 8-4 所示。图中试料中的葡萄糖因葡萄糖氧化酶的作用被氧化，此过程中消耗了氧气，生成了葡萄糖酸和 H_2O_2，反应方程为

$$C_6H_{12}O_6 + O_2 \xrightarrow{\text{葡萄糖氧化酶}} C_6H_{10}O_6 + H_2O_2 \qquad (8-2)$$

式（8-2）表明可以通过测量氧的消耗量或 H_2O_2 的生成量或由葡萄糖酸引起的 pH 值的变化来测量葡萄糖的浓度。因此，从溶液中向电极扩散的氧气一部分因酶反应而被消耗掉，到达电极的氧气量减少，由氧电极测定氧浓度的变化即可知道葡萄糖的浓度。氧电极是隔膜型 Pt 阴电极，氧穿透膜一般是 $10\mu m$ 厚的特氟隆。测量时将其与 Pb 阳极浸入浓 NaOH 溶液中构成电池，溶液中的氧穿透膜后达到 Pt 电极被还原，反应方程为

$$O_2 + 2H_2O + 4e \longrightarrow 4OH^- \qquad (8-3)$$

这样，有阴极电流流过，氧量减小，此电流值减小，当溶液中向膜扩散的氧量达到平衡时，电流值恒定，此恒电流值与起始的电流值之差 ΔI 与试液中葡萄糖的浓度有一定的关系，通过测得 ΔI 就能容易地求出葡萄糖的浓度。

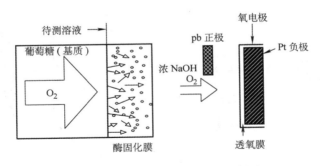

图 8-4 葡萄糖传感器的原理示意图

8.2.3 微生物传感器

微生物传感器由固定化的微生物膜及电化学装置组成，微生物膜的固定法与酶的固定方式相同，一般采用吸附法和包裹法两种。微生物的生存特性对氧气有好气性与厌气性之分，其传感器分为好气性微生物传感器和厌气性微生物传感器两大类。

1. 好气性微生物传感器

好气性微生物生存在含氧条件下，生长过程离不开氧，它吸入氧气而放出二氧化碳，这种微生物的呼吸可用氧电极或二氧化碳电极来测定。将微生物固定化膜与氧电极或二氧化碳电极组合在一起，构成呼吸型微生物传感器，其结构原理如图 8-5a 所示。其中将微生物固定于乙酰纤维素等膜上，然后把它附着在隔膜式氧电极的透氧膜上就构成了呼吸型微生物氧电极。把这种微生物传感器放入含有机化合物的试液中，有机物向微生物膜内扩散，而被微生物摄取，摄取有机物时呼吸旺盛，余下部分的氧通过特氟隆膜到达氧电极，而变成稳定的阴极电流。也就是说，有机物被摄取前后，微生物的呼吸量可转化为电流值来测定。这种电流与有机物的浓度间有着直接关系。利用这种关系就可对有机物进行定量测试。

2. 厌气性微生物传感器

厌气性微生物的生长会受到存在氧的妨碍，可由其生成的二氧化碳或代谢产物量来测定其生理状态。当测定微生物的代谢生成物时，可用离子选择电极来测定，如图 8-5b 所示。用氢生菌固定膜，它能使有机物氧化生成氢，氢通过膜并在铂电极表面扩散、氧化，即可产生电流，其值与试液中有机物的浓度有关，从而可测知有机物的浓度。

微生物传感器是把活着的微生物菌固定于膜面上，作为生物功能元件来使用。目前微生物传感器已用到发酵工艺及环境监测等部门。如通过测水中有机物的含量即可测量江河及工业废水中有机物的污染程度。医疗部门通过测定血清中的微量氨基酸(苯基丙氨酸和亮氨酸)，对早期诊断苯基酮尿素病毒和糖尿病有效。

酶和微生物传感器主要是以低分子有机化合物作为测定对象，但对高分子有机化合物的识别能力不佳。利用抗体对抗原的识别功能和与抗原的结合功能构成对蛋白质、多糖类结构略异的高分子有高选择性的免疫传感器。

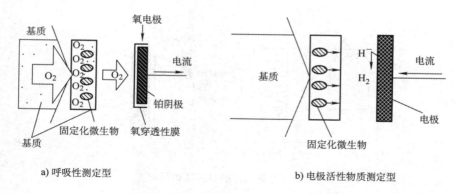

a) 呼吸性测定型   b) 电极活性物质测定型

图 8-5 微生物传感器结构原理示意图

8.2.4 免疫传感器

一旦病原菌或其他异性蛋白质(即抗原)侵入人体,会在人体内产生能识别抗原并将其从体内排除的物质(称为抗体),抗原与抗体结合形成复合物(称免疫反应),从而将抗原清除。免疫传感器的基本原理就是免疫反应,它是利用抗体能识别抗原并与抗原结合的功能而制成的生物传感器。利用固定化抗体(或抗原)膜与相应的抗原(或抗体)产生特异反应,此反应的结果使生物敏感膜的电位发生变化。如用心肌磷质胆固醇固定在醋酸纤维膜上,就可以对梅毒患者血清中的梅毒抗体产生有选择性地反应,其结果使膜电位发生变化。

图 8-6 所示为这种免疫传感器的结构原理图。图中 2、3 两室间有固定化抗原膜,而 1、3 两室之间没有固定化抗原膜。正常情况下,1、2 室内电极间无电位差。若 3 室内注入含有抗体的盐水时,由于抗体和固定化抗原膜上的抗原相结合,使膜表面吸附了特异的抗体,而抗体是有电荷的蛋白质,从而使抗原固定化膜的带电状态发生变化,因此 1、2 室内的电极间有电位差产生。

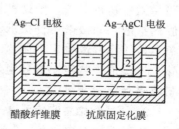

图 8-6 免疫传感器的结构原理图

根据上述原理,可以把免疫传感器的敏感膜与酶免疫分析法结合起来进行超微量测量,它利用了酶为标识剂的化学放大。化学放大就是微量酶(E)使少量基质(S)生成多量生成物。当酶是被测物时,一个 E 应相对许多 P,测量 P 对 E 来说就是化学放大,根据这种原理制成的传感器称为酶免疫传感器。目前正在研究的诊断癌症用的传感器把 α-甲胎蛋白(AFP)作为癌诊断指标,它将 AFP 的抗体固定在膜上组成酶免疫传感器,可检测出 10^{-9} gAFP。这是一种非放射性超微量测量的方法。

8.3 常见生物传感器

图 8-7 所示为各种常见生物传感器外形图。

a) 手指形葡萄糖测试仪　　　b) 光学溶解氧测试仪　　　c) 多参数水质监测仪　　　d) DNA 检测仪

e) 微生物 BOD 检测仪　　　　　　　　　f) 发酵工厂谷氨酸–葡萄糖分析仪

g) 体能分析仪　　　　　　　　　　　　h) 多参数水质监测仪

i) 空气微生物采样器　　　　　　　　　　j) 水样毒性检测仪

k) 大气环境检测仪　　　　　　　l) 葡萄糖、谷氨酸、乳酸分析仪

图 8-7　各种常见生物传感器外形图

181

8.4 生物传感器的应用

生物传感器目前仍处于开发阶段，具有广泛的应用前景。特别是随着生物医学工程的迅速发展，对生物传感器的需求更迫切，在表8-1中列出了生物传感器在生物医学中的应用。由于医疗诊断的需要，很多场合要求生物传感器置入体内检测，并直接显示测量结果。因此，研究、开发集成化微型生物传感器是生物传感器发展的重要方向之一。

表8-1 生物传感器在生物医学中的应用

传感器的类型	应 用 实 例
酶传感器	酶活性监测，尿素、尿酸、血糖胆固醇、有机碱农药、酚的监测
微生物传感器	BOD快速监测，环境中致突变物质的筛选，乳酸、乙酸、抗生素、发酵过程的监测
免疫传感器	探测抗原抗体反应、梅毒血清学反应，血型判定，多种血清学诊断
酶免疫传感器	妊娠诊断，超微量激素TSH等监测
组织切片传感器	可具有酶传感器、免疫传感器等功能，可用作酶活性监测、组织抗体抗原反应

生物传感器在工业生产中也得到了广泛的应用，如发酵工业生产中各种化学物质需连续控制发酵生成物的浓度，以保证发酵质量。为了迅速检测发酵培养液中谷氨酸的含量，可采用谷氨酸传感器，它是将微生物大肠杆菌(含有谷氨酸脱羧酶)固定化在电极硅橡胶膜上与CO_2的电极组成谷氨酸传感器。在测量时，谷氨酸脱羧酶引起发酵培养液反应产生CO_2气体，而CO_2气体可使电极电位增高，而电位的变化又与谷氨酸浓度的对数成正比关系，因此这种传感器可连续测量谷氨酸含量。

生物传感器测定食品的成分也有许多优越性：可以使食品分析专业技术人员从繁琐的常规分析中解放出来，由于采用了专一性高的酶法分析，在分析中不受颜色和其他成分的干扰，速度快。因此有广泛的应用前景。它们不仅可以直接应用在食品成分的分析上，而且在许多场合中可以用作打击假冒食品的主要工具。现举以下实例加以说明。

蜂蜜中掺杂一些特殊成分的鉴别。当掺假物质为蔗糖、饴糖、面粉、人工转化糖等的时候，用葡萄糖传感器测定：①未加以转化的蜂蜜中的葡萄糖量；②加糖化酶转化后的葡萄糖量；③采用稀酸转化后的葡萄糖量。分析结果表明：葡萄糖量超过稀酸转化后的葡萄糖量的50%时，可能掺有转化糖、面粉、饴糖等成分。用糖化酶处理后的蜂蜜，如葡萄糖明显增高，则表明其中掺有饴糖、面粉等。

类似的分析测定方法也可以用在乳品、含糖酒品等许多食品的分析上。如用乳酸传感器可以测定牛乳鲜度，用葡萄糖传感器可鉴别乳品中的糊精。

其他生物传感器如尿素、蔗糖、酒精、谷氨酸、乳酸等都可以用在鉴别食品成分和打假中。这些生物传感器与食品专业分析人员的日常工作结合，不仅可以产生很大的社会效益，而且可以丰富和发展食品分析科学，并且发展和制订我国食品分析法规。

人们已经注意到，生物体本身就存在各式各样的传感器，生物体借助于这些传感器与环境不断地交流信息，以维持正常的生命活动。例如细菌的趋化性和趋光性，植物的向阳性，动植物器官(如人的视觉、听觉、味觉、嗅觉、触觉等)以及某些动物的特异功能(如蝙蝠的超声波定位、海豚的声纳导航测距、信鸽和候鸟的方向识别、犬类敏锐的嗅觉等)都是生物传感功

能的典型实例。因此制造各种人工模拟生物传感器或称为仿生物传感器是传感器发展的重要
课题。随着机器人技术的发展，视觉、听觉、触觉传感器的发展取得了相当的成绩。但是，
生物传感器的精巧结构和奇特功能是现阶段人工仿生传感器无法比拟的。目前对生物传感器
的结构、性能和响应机理知之甚少，甚至连一些感觉器官在生物体内的分布和位置都不太清
楚。因此，要研制仿生传感器，需要做大量的基础研究工作。

1. 生物传感器的工作原理是什么？
2. 举例说明酶传感器的应用。
3. 微生物传感器分为哪几种？各有何特点？
4. 葡萄糖传感器的工作原理是什么？
5. 举例说明葡萄糖传感器的应用。

第9章 化学物质传感器

1）掌握气敏传感器、湿度传感器的工作原理。
2）掌握电阻型气敏传感器、非电阻型气敏传感器的工作原理。
3）掌握气敏传感器的应用。
4）掌握电阻式湿度传感器、电容式湿度传感器的工作原理。
5）掌握湿度传感器的应用。

9.1 气敏传感器

人类的日常生活和生产活动与周围的环境气氛紧密相关。环境气氛的变化对人类有极大的影响。例如，周围空气中缺氧或有有毒气体会使人感到窒息甚至昏迷致死。可燃性气体的泄漏会引起爆炸和火灾，使人们的生命和财产遭受巨大的损失。在生产中使用的气体原料和生产过程中产生的气体种类和数量也在不断增加，特别是石油、化工、煤矿及汽车等工业的飞速发展以及火灾事故的不断发生，大气日益污染。因而我们需要使用大量的气敏传感器来检测气体的成分。

气敏传感器就是能感知环境中某种气体及其浓度的一种器件，它将气体的种类及其与浓度有关的信息转换为电信号，根据这些电信号的强弱就可以获得与待测气体在环境中存在情况有关的信息，从而可以进行检测、监控、报警；还可以通过接口电路与计算机组成自动检测、控制和报警系统。

9.1.1 气敏传感器的分类

气敏传感器的种类很多，分类标准不一，根据传感器的气敏材料以及气敏材料与气体相互作用的机理和效应不同主要可分为半导体式、固体电解质式、电化学式、接触燃烧式和其他类型。固体电解质气敏传感器是利用被测气体在敏感电极上发生化学反应，所生成的离子通过固体电解质传递到电极，使电极间产生的电位随气体分压而变化的原理来对气体进行检测的。电化学式气敏传感器是利用电极和电解质组成的电池中，气体与电极进行氧化还原反应，从而使两极间输出的电流或电压随气体浓度而变化的原理制作的。燃烧式气敏传感器则是基于强催化剂使气体在其表面燃烧时产生热量，而使贵金属电极电导随气体浓度发生变化来对气体进行检测的。其他类型有光学式气敏传感器、石英振子式气敏传感器、表面声波式气敏传感器等形式。半导体气敏传感器具有灵敏度高、响应快、稳定性好、使用简单的特点，应用极其广泛。下面重点介绍半导体气敏传感器及其气敏元件。

按照半导体的物理特性的不同，半导体气敏传感器又可分为电阻型和非电阻型。电阻型半导体气敏传感器是目前广泛应用的气敏传感器之一。

9.1.2 电阻型半导体气敏传感器

电阻型半导体气敏传感器是利用气体在金属氧化物半导体表面的氧化和还原反应，导致敏感元件阻值变化的原理来制作的。如氧气等具有负离子吸附倾向的气体，被称为氧化型气体——电子接收性气体。当氧化型气体吸附到 N 型半导体上，半导体的载流子减少，电阻率上升；当氧化型气体吸附到 P 型半导体上，半导体的载流子增多，电阻率下降。氢、碳氧化物、醇类等具有正离子吸附倾向的气体，被称为还原型气体——电子供给性气体。当还原型气体吸附到 N 型半导体上，半导体的载流子增多，电阻率下降；当还原型气体吸附到 P 型半导体上，半导体的载流子减少，电阻率上升；图 9-1 给出了 N 型半导体与气体接触时的氧化还原反应及阻值变化情况。

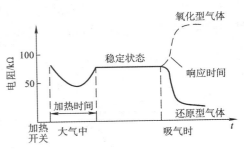

图 9-1 N 型半导体与气体接触时
的氧化还原反应

气敏电阻的材料是金属氧化物，合成时加敏感材料和催化剂烧结。金属氧化物有 N 型半导体和 P 型半导体。N 型半导体如 SnO_2，Fe_2O_3，ZnO，TiO，P 型半导体如 CoO_2，PbO，MnO_2，CrO_3。这些金属氧化物在常温下是绝缘的，制成半导体后则显示出气敏特性。

通常器件工作在空气中，由于氧化作用，空气中的氧被半导体(N 型半导体)材料的电子吸附负电荷，结果半导体材料的传导电子减少，电阻增加，使器件处于高阻状态。当气敏元件与被测气体接触时，会与吸附的氧发生反应，将束缚的电子释放出来，敏感膜表面电导增加，使元件电阻减小。由于空气中的氧的成分大体上是恒定的，因而氧的吸附量也是恒定的，气敏器件的阻值大致保持不变。如果被测气体流入这种气氛中，器件表面将产生吸附作用，器件的阻值将随气体浓度而变化。导电机理可用一句话描述：半导体表面因吸附气体引起半导体元件电阻值变化，根据这一特性，从阻值的变化可测出气体的种类和浓度。

气敏元件在工作时都需要加热，其目的是加速气体吸附、脱出的过程，提高器件的灵敏度和反应速度；烧去附着在探测部分的油雾、尘埃等污物，起清洁作用；控制不同的加热温度，可以增强对被测气体的选择性，在实际工作时一般要加热到 200 ~ 400℃。

SnO_2 是电阻型金属氧化物半导体传感器的气敏材料的典型代表，这类半导体传感器的使用温度较高，大约为 200 ~ 500℃。为了进一步提高它们的灵敏度，降低工作温度，通常向母料中添加一些贵金属(如 Ag，Au，Pb 等)、激活剂及粘接剂(Al_2O_3，SiO_2，ZrO_2 等)。

目前常见的 SnO_2 系列气敏元件有烧结型、薄膜型和厚膜型 3 种。其中烧结型应用最多，而薄膜型和厚膜型的气敏元件更具潜力。

1. 烧结型 SnO_2 气敏元件

烧结型 SnO_2 气敏元件是目前工艺最成熟的气敏元件，其敏感体是用粒径很小的 SnO_2 粉体为基本材料，与不同的添加剂混合均匀，采用典型的陶瓷工艺制备，工艺简单，成本低廉。其主要用于检测可燃的还原性气体，敏感元件的工作温度约 300℃。按照其加热方式，可以分为直热式与旁热式两种类型。

直热式 SnO_2 气敏元件，又称为内热式器件。由芯片(包括敏感体和加热器)、基座和金属防爆网罩 3 部分组成。芯片结构的特点是在以 SnO_2 为主要成分的烧结体中埋设两根作为电极并兼作加热器的螺旋形铂-铱合金线，其结构如图 9-2 所示。优点是结构简单，成本低廉，但其热容量小，易受环境气流的影响，稳定性差。

　　旁热式 SnO_2 气敏元件严格地讲是一种厚膜型元件，其结构如图 9-3 所示。在一根薄壁陶瓷管的两端设置一对金电极及铂-铱合金丝引出线，然后在瓷管的外壁涂覆以 SnO_2 为基础材料配制的浆料层，经烧结后形成厚膜气体敏感层。在陶瓷管内放入一根螺旋形高电阻金属丝作为加热器（加热器电阻值一般为 $30 \sim 40\Omega$）。这种管芯的测量电极与加热器分离，避免了相互干扰，而且元件的热容量较大，减少了环境温度变化对敏感元件特性的影响。其可靠性和使用寿命都较直热式气敏元件为高。目前市售的 SnO_2 系气敏元件大多为这种结构形式。

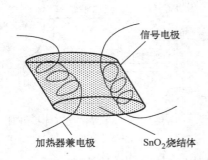

图 9-2　直热式气敏器件结构图

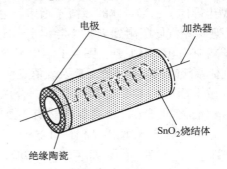

图 9-3　旁热式气敏元件结构图

2. 厚膜型 SnO_2 气敏元件

　　厚膜型 SnO_2 气敏元件是用丝网印刷技术将浆料制备而成的，其机械强度和一致性都比较好，且与厚膜混合集成电路工艺能较好相容，可将气敏元件与阻容元件制作在同一基片上，利用微组装技术与半导体集成电路芯片组装在一起，构成具有一定功能的器件。它一般由基片、加热器和气体敏感层 3 个主要部分组成，其结构如图 9-4 所示。

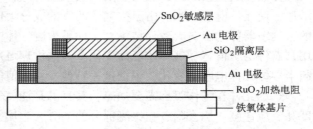

图 9-4　厚膜型 SnO_2 气敏元件结构示意图

3. 薄膜型 SnO_2 气敏元件

　　由于烧结型 SnO_2 气敏元件的工作温度约 300℃，此温度下贵金属与环境中的有害气体（如 SO_2 之类）作用会发生"中毒"现象，使其活性大幅度下降，因而造成 SnO_2 气敏元件的气敏性能下降，长期稳定性、气体识别能力等降低。薄膜型 SnO_2 气敏元件的工作温度较低（约为 250℃），并且这种元件具有很大的表面积，自身的活性较高，本身气敏性很好，且催化剂"中毒"不十分明显。薄膜型 SnO_2 器件一般是在绝缘基板上，蒸发或溅射一层 SnO_2 薄膜，再引出电极。其具体结构如图 9-5 所示。并且可利用器件对不同气体的敏感特性

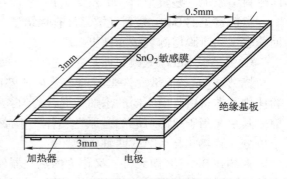

图 9-5　薄膜型气敏传感器结构图

实现对不同气体的选择性检测。

9.1.3　非电阻型半导体气敏传感器

非电阻型半导体气敏传感器主要包括利用 MOS 二极管的电容-电压特性变化的 MOS 二极管型气敏传感器和利用 MOS 场效应晶体管的阈值电压变化的 MOS 场效应晶体管型气敏传感器。

Pd-MOS 二极管型气敏元件的结构和等效电路如图 9-6 所示。在 P 型硅上集成一层二氧化硅层，在氧化层蒸发一层钯（Pd）金属膜作栅电极。氧化层（SiO_2）的电容 C_a 是固定不变的。而硅片与 SiO_2 层的电容 C_s 是外加电压的函数，所以总电容 C 是栅极偏压的函数，其函数关系称为该 MOS 管的电容-电压（$C-U$）特性。MOS 二极管的等效电容 C 随电压 U 变化。

由于金属钯（Pd）对氢气特别敏感，当 Pd 吸附氢气以后，使 Pd 的功函数下降，且所吸附气体的浓度不同，功函数的变化量也不同，这将引起 MOS 管的 $C-U$ 特性向左平移（向负方向偏移），如图 9-7 所示。由此可测定氢气的浓度。

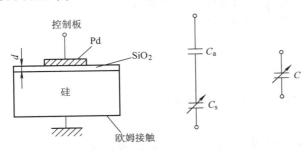

图 9-6　Pd-MOS 二极管型气敏元件的结构和等效电路图

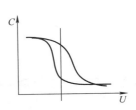

图 9-7　MOS 管的 $C-U$ 特性曲线

9.1.4　气敏传感器的应用

各类易燃、易爆、有毒、有害气体的检测和报警都可以用相应的气敏传感器及其相关电路来实现，如气体成分检测仪、气体报警器、空气净化器等已用于工厂、矿山、家庭、娱乐场所等。下面给出几个典型实例。

1. 简易家用气体报警器

图 9-8 所示是一种最简单的家用气体报警器电路原理图，采用直热式气敏传感器 TGS109，当室内可燃性气体的浓度增加时，气敏器件因接触到可燃性气体而使电阻值降低，这样流经测试回路的电流增加，可直接驱动蜂鸣器 HA 报警。对于丙烷、丁烷、甲烷等气体，报警浓度一般选定在其爆炸下限的 1/10，可通过调整电阻来调节。

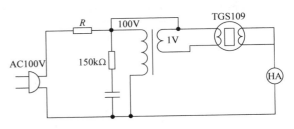

图 9-8　最简单的家用气体报警器电路原理图

2. 有害气体鉴别、报警与控制电路

欲使电路一方面可鉴别实验中有无有害气体产生，鉴别液体是否有挥发性，另一方面可自动控制排风扇排气，使室内空气清新。图 9-9 给出了有害气体鉴别、报警与控制电路原理图。MQS2B 是旁热式烟雾、有害气体传感器，无有害气体时阻值较高（$10k\Omega$ 左右），当有害气体或烟雾进入时阻值急剧下降，A、B 两端电压下降，使得 B 端的电压升高，经电阻 R_1 和 RP 分压、R_2 限流加到开关集成电路 TWH8778 的选通端 5 脚，当 5 脚电压达到预定值时（调节可调电阻 RP 可改变 5 脚的电压预定值），1、2 两脚导通。+12V 电压加到继电器上使其通电，触点 K_{1-1} 吸合，合上排风扇电源开关自动排风。同时 2 脚 +12V 电压经 R_4 限流和稳压二极管 VS_1 稳压后供给微音器 HA 电压而发出嘀嘀声，而且发光二极管 VL 发出红光，实现声光报警。

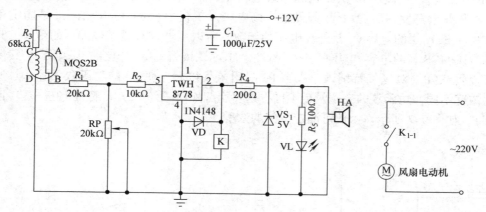

图 9-9　实验室有害气体鉴别与控制电路原理图

3. 可燃性气体浓度检测电路

图 9-10 给出了检测电路的原理图，它可用于家庭对煤气、一氧化碳、液化石油气等泄漏实现监测报警。图中 U257B 是发光二极管(LED)条形驱动器集成电路，其输出量(LED 点亮只数)与输入电压成线性关系。LED 被点亮的只数取决于输入端 7 脚电位的高低。通常 IC 的 7 脚电压低于 0.18V 时，其输出端 2～6 脚均为低电平，$VL_5 \sim VL_1$ 均不亮。当 7 脚电位等于 0.18V 时，VL_1 被点亮；7 脚电压为 0.53V 时，则 VL_1 和 VL_2 点亮；7 脚电压为 0.84V 时，$VL_1 \sim VL_3$ 均点亮；7 脚电压为 1.19V 时，$VL_1 \sim VL_4$ 均点亮；7 脚电压等于 2V 时，则使 $VL_1 \sim VL_5$ 全部点亮。U257B 的额定工作电压范围为 8～25V，输入电压最大 25V，输入电流 0.5mA，功耗 690mW。采用低功耗、高灵敏的 QM－N10 型气敏检测管，它和电位器 RP 组成气敏检测电路，气敏检测信号从 RP 的中心端旋臂取出。

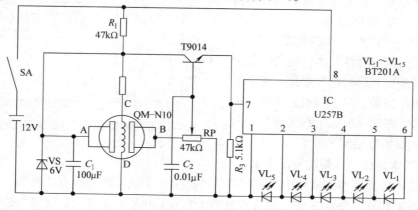

图 9-10　可燃性气体浓度检测电路原理图

当 QM－N10 型气敏检测管不接触可燃性气体时，其 A、B 两电极间呈高阻抗，使得 7 脚电压趋于 0V，相应 $VL_1 \sim VL_5$ 均不亮。当 QM－N10 型气敏检测管处在一定的可燃性气体浓度中时，其 A、B 两电极间电阻变得很小，这时 7 脚存在一定的电压 0.18V，使得相应的发光二极管点亮。如果可燃性气体的浓度越高，则 $VL_1 \sim VL_5$ 依次被点亮的只数越多。

4. 矿灯瓦斯报警器

图 9-11 所示为矿灯瓦斯报警器电路原理图，其瓦斯探头由 QM-N5 型气敏元件 R_Q、R_1 及 4V 矿灯蓄电池等组成，其中 R_1 为限流电阻。因为气敏元件在预热期间会输出信号造成误报警，所以气敏元件在使用前必须预热十几分钟以避免误报警。一般将矿灯瓦斯报警器直接安放在矿工的工作帽内，以矿灯蓄电池为电源。当瓦斯超限时，矿灯自动闪光并发出报警声。图中 EL 为矿灯，C_1、C_2 为电解电容器，VD 为 2AP13 型锗二极管；VT_1 为 3DG12B，$\beta = 80$；VT_2 为 3AX81，$\beta = 70$；VT_3 为 3DG6，$\beta = 20$；K 为 4099 型超小型中功率继电器。全部元件均安装在矿帽内。

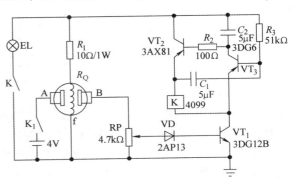

图 9-11　矿灯瓦斯报警器电路原理图

RP 为报警设定电位器。当瓦斯超过某设定点时，RP 输出信号通过二极管 VD 加到 VT_1 基极上，VT_1 导通，VT_2、VT_3 便开始工作。而当瓦斯浓度低时，RP 输出的信号电位低，VT_1 截止，VT_2、VT_3 也截止。VT_2、VT_3 为一个互补式自激多谐振荡器。在 VT_1 导通后电源通过 R_3 对 C_1 充电，当充电至一定电压时 VT_3 导通，C_2 很快通过 VT_3 充电，使 VT_2 导通，继电器 K 吸合。VT_2 导通后 C_1 立即开始放电，C_1 正极经 VT_3 的基极、发射极、VT_1 的集电极、电源负极，再经电源正极至 VT_2 集电极至 C_1 负极，所以放电时间常数较大。当 C_1 两端电压接近零时，VT_3 截止。此时 VT_2 还不能马上截止，原因是电容器 C_2 上还有电荷，这时 C_2 经 R_2 和 VT_2 的发射结放电，待 C_2 两端电压接近零时 VT_2 就截止了，自然 K 也就释放。当 VT_3 截止时，C_1 又进入充电阶段，以后过程又同前述，使电路形成自激振荡，K 不断地吸合和释放。由于 K 与矿灯都是安装在工作帽上，K 吸合时，衔铁撞击铁心发出的"嗒嗒"声通过矿帽传递给矿工听见。同时，矿灯因 K 的吸合与释放也不断闪光，引起矿工的警觉，他可及时采取通风措施。对 R_Q 要采取防风防煤尘措施但要透气，故将它安装在矿帽前沿。调试时通电 15min 后，在清洁空气中调节 RP，使 VD 的正极对地电压低于 0.5V，使 VT_1 截止；然后将气敏元件通入瓦斯气样，报警即可。图 9-12 为本地或远程瓦斯泄漏监控系统组成，可在井上进行实时监控。

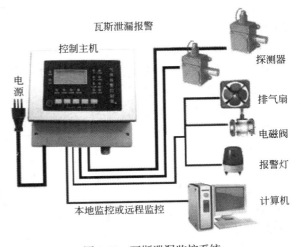

图 9-12　瓦斯泄漏监控系统

5. 烟雾报警器电路

图 9-13 给出了烟雾报警器电路原理图，由电源、检测、定时报警输出 3 部分组成。电源部分将 220V 市电经变压器降至 15V，由 VD$_1$ ~ VD$_4$ 组成的桥式整流电路整流并经 C_2 滤波成直流。三端稳压器 7810 供给烟雾检测器件（HQ -2）和运算放大

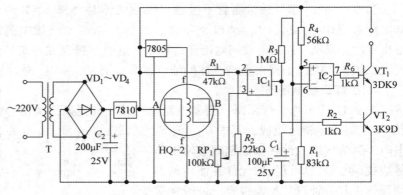

图 9-13　烟雾报警器电路原理图

器 IC$_1$、IC$_2$ 10V 直流电源以工作，三端稳压器 7805 供给 5V 电压以加热。

HQ -2 气敏管 A、B 之间的电阻，在无烟环境中为几十千欧，在有烟雾环境中可下降到几千欧。一旦有烟雾存在，A、B 间电阻便迅速减小，比较器通过电位器 RP$_1$ 所取得的分压随之增加，IC$_1$ 翻转输出高电平使 VT$_2$ 导通。IC$_2$ 在 IC$_1$ 翻转之前输出高电平，因此 VT$_1$ 也处于导通状态。只要 IC$_1$ 一翻转，输出端便可输出报警信号。输出端可接蜂鸣器或发光器件。IC$_1$ 翻转后，由 R_3、C_1 组成的定时器开始工作（改变 R_3 阻值可改变报警信号的长短）。当电容 C_1 被充电达到阈值电位时，IC$_2$ 翻转，则 VT$_1$ 关断，停止输出报警信号。烟雾消失后，比较器复位，C_1 通过 IC$_1$ 放电。该气敏管长期搁置首次使用时，在没有遇到可燃性气体时电阻也将减小，需经 10min 左右的初始稳定时间后方可正常工作。

6. 酒精检测报警器

由于 SnO$_2$ 气敏元件不仅对酒精敏感，而且对于汽油、香烟也敏感，经常造成检测驾驶员是否饮酒的报警器发生误动作而不能普遍推广使用。因此必须选用只对酒精敏感的 QM-NJ9 型酒精传感器，要求当检测器接触到酒精气味后立即发出连续不断的"酒后别开车"的响亮语音报警，并切断车辆的点火电路，强制车辆熄火。

图 9-14 给出了酒精检测报警控制器电路原理图。图中三端稳压器 7805 将传感器的加热电压稳定在 5V ± 0.2V，保证该传感器工作的稳定性和具有高的灵敏度。当酒精气敏元件接触到酒精味后，B 点电压升高，且升高值随检测到的酒精浓度增大而增大，当该电压达到

1.6V 时，使 IC$_2$ 导通，语音报警电路 IC$_3$ 和功率放大 IC$_4$ 组成语言声光报警器，IC$_3$ 得电后即输出连续不断的"酒后别开车"的语音报警声，经 C_6 输入到 IC$_4$ 放大后，由扬声器发出响亮的报警声，并驱动 LED 闪光报警。同时继电器 K 动作，其常闭触点断开，切断点火电路，

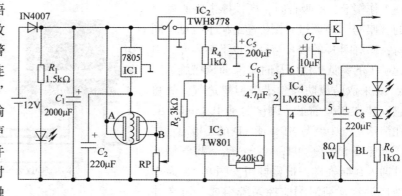

图 9-14　酒精检测报警控制器电路原理图

强制发动机熄火。该报警器既可安装在各种机动车上用来限制酒后开车，又可安装成便携式供交通人员用于交通现场检测。

该电路的消耗功率小于 0.75W，响应时间小于 10s，恢复时间小于 60s，适合 −200 ~ +50℃ 的环境条件。测试前应接通电源，预热 5 ~ 10min，待其工作稳定后测一下 A、B 之间的电阻，看其在洁净空气中的阻值和含有酒精空气中的阻值差别是否明显，一般要求差别越大越好。全部元件安装好后，应开机预热 3 ~ 5min，然后调节 RP，使报警器处于报警临界状态，再将低于 39° 的白酒接近探头，此时应发出声光报警，否则应重新调试。

9.1.5　常见气敏传感器

图 9-15 所示为常见气敏传感器的外形图。

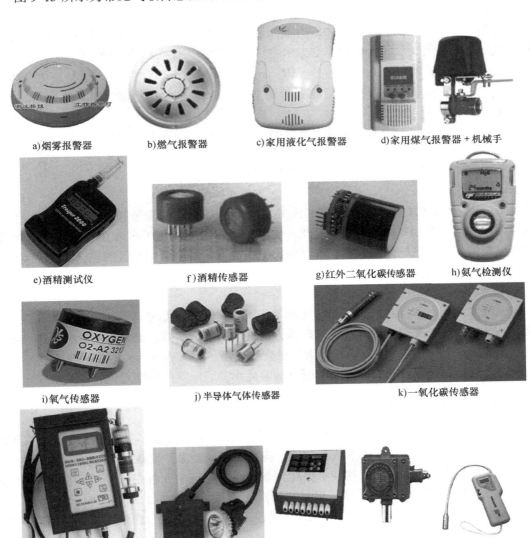

a) 烟雾报警器　　b) 燃气报警器　　c) 家用液化气报警器　　d) 家用煤气报警器 + 机械手

e) 酒精测试仪　　f) 酒精传感器　　g) 红外二氧化碳传感器　　h) 氨气检测仪

i) 氧气传感器　　j) 半导体气体传感器　　k) 一氧化碳传感器

l) 汽车尾气分析仪　　m) 甲烷报警矿灯　　n) 甲烷气体报警器 + 检测仪　　o) 便携式甲烷检测仪

图 9-15　常见气敏传感器的外形图

9.2 湿度传感器

湿度的检测与控制在工业、农业、气象、医疗以及日常生活中的地位越来越重要。例如，许多储物仓库在湿度超过某一程度时，物品易发生变质或霉变现象；居室的湿度希望适中；而纺织厂要求车间的湿度保持在 60%~70% RH；在农业生产中的温室育苗、食用菌培养、水果保鲜等都需要对湿度进行检测和控制。

9.2.1 湿度的表示方法

湿度是表示空气中水蒸气的含量的物理量，常用绝对湿度、相对湿度、露点等表示。

1. 绝对湿度

所谓绝对湿度就是在一定温度和压力条件下，单位体积空气内所含水蒸气的质量，也就是指空气中水蒸气的密度。一般用一立方米空气中所含水蒸气的克数表示，即

$$AH = m_V/V \qquad\qquad (9\text{-}1)$$

式中，m_V 是待测空气中水蒸气质量；V 是待测空气的总体积；AH 是绝对湿度（g/m^3）。

2. 相对湿度

相对湿度是表示空气中实际所含水蒸气的分压（P）和同温度下饱和水蒸气的分压（P_{max}）的百分比，即

$$RH = (P/P_{max})t \times 100\% \qquad\qquad (9\text{-}2)$$

式中，t 为温度。

通常，用 % RH 表示相对湿度。当温度和压力变化时，因饱和水蒸气变化，所以气体中的水蒸气压即使相同，其相对湿度也发生变化。显然，绝对湿度给出了水分在空间的具体含量，相对湿度则给出了大气的潮湿程度，故其使用更广泛。日常生活中所说的空气湿度，实际上就是指相对湿度而言。

3. 露点

在一定大气压下，将含水蒸气的空气冷却，当降到某一温度时，空气中的水蒸气达到饱和状态，开始从气态变成液态而凝结成露珠，这种现象称为结露，此时的温度称为露点或露点温度。如果这一特定温度低于 0℃，水气将凝结成霜，此时称其为霜点。通常两者不予区分，统称为露点，其单位为℃。气温和露点的差越小，表示空气越接近饱和。

9.2.2 湿度传感器的分类

近年来，国内外在湿度传感器的研发领域取得了长足的进步。湿度传感器正从简单的湿敏元件向集成化、智能化、多参数检测的方向迅速发展，为开发新一代湿度、温度测控系统创造了有利条件，也将湿度测量技术提高到新的水平。湿敏元件是最简单的湿度传感器。其产品的基本形式都是在基片涂覆感湿材料形成感湿膜。空气中的水蒸气吸附于感湿材料后，元件的阻抗、介质常数发生很大的变化，从而制成湿敏元件。湿敏元件根据工作方式的不同可分为电阻式、电容式两大类。

1. 湿敏电阻

湿敏电阻的特点是在基片上覆盖一层用感湿材料制成的膜，当空气中的水蒸气吸附在感

湿膜上时，元件的电阻率和电阻值都发生变化，利用这一特性即可测量湿度。湿敏电阻的种类很多，例如金属氧化物湿敏电阻、硅湿敏电阻、碳湿敏电阻、氯化锂湿敏电阻、陶瓷湿敏电阻及高分子湿敏电阻等。湿敏电阻的优点是灵敏度高，主要缺点是线性度和产品的互换性差。

2. 湿敏电容

当环境湿度发生改变时，湿敏电容极间介质的介电常数发生变化，使其电容量也发生变化，其电容变化量与相对湿度成正比。按照极间介质的不同，湿敏电容分为有机高分子和陶瓷材料两大类。湿敏电容的主要优点是灵敏度高、产品互换性好、响应速度快、湿度的滞后量小、便于制造、容易实现小型化和集成化，其精度一般比湿敏电阻要低一些。国外生产湿敏电容的主要厂家有 Humirel 公司、Philips 公司、Siemens 公司等。

除电阻式、电容式湿敏元件之外，还有电解质离子型湿敏元件、重量型湿敏元件（利用感湿膜重量的变化来改变振荡频率）、光强型湿敏元件、声表面波湿敏元件等。

9.2.3 电阻式湿度传感器

1. 氯化锂湿敏电阻

氯化锂湿敏电阻是利用物质吸收水分子而使导电率变化来检测湿度的。在氯化锂溶液中，Li 和 Cl 以正负离子的形式存在。锂离子（Li^+）对水分子的吸收力强，离子水合成度高，溶液中的离子导电能力与溶液浓度成正比，溶液浓度增加，导电率上升。当溶液置于一定湿度场中，若环境 RH 上升，溶液吸收水分子使浓度下降，电阻率 ρ 上升，反之 RH 下降，电阻率 ρ 下降。通过测量溶液电阻值 R 实现对湿度的测量。

氯化锂电阻湿度传感器分梳状和柱状，如图 9-16 所示。在梳状或柱状电极间的电阻值的变化反映了空气相对湿度的变化。

氯化锂浓度不同的单片湿度传感器，其感湿的范围也不同。浓度低的单片湿度传感器对高湿度敏感，而浓度高的单片湿度传感器对低湿度敏感。一般的单片湿度传感器的湿敏范围仅在 30% RH 左右，

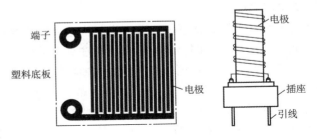

a) 梳状氯化锂电阻湿度传感器　　b) 柱状氯化锂电阻湿度传感器

图 9-16　氯化锂电阻湿度传感器

如 10%~30%、20%~40%、40%~70%、70%~90%、80%~99% 等。每一种传感器的测量范围都较窄，故应按照测量范围的要求，选用相应的量程。为扩大测量范围，可采用多片组合传感器。

新型氯化锂湿度传感器具有长期工作稳定性好、准确度高、响应迅速等优点，但在有结露时易失效。它特别适合空调系统使用。

2. 陶瓷湿敏传感器

半导体陶瓷湿敏电阻通常用两种以上的金属氧化物半导体在高温 1300℃ 下烧结成多孔陶瓷。半导体陶瓷湿敏电阻分为两种：有一种材料的电阻率随湿度增加而下降，称为负特性半导体陶瓷湿敏电阻（如 $ZnO-LiO_2-V_2O_5$）；还有一种材料（如 Fe_3O_4 半导体陶瓷）的电阻率随

着湿度的增加而增大，称为正特性半导体陶瓷湿敏电阻。

由于水分子中的氢原子具有很强的正电场，当水在半导体陶瓷表面附着时，就可能从半导体陶瓷表面俘获电子，使半导体陶瓷表面带负电，相当于表面电动势变负。如果该半导体陶瓷是 P 型的，则由于水分子的吸附使表面电动势下降，这类材料就是负特性湿敏半导体陶瓷。它的阻值随着湿度的增加可以下降三至四个数量级。

对于 N 型半导体陶瓷，由于水分子附着同样会使表面电动势下降，如果表面电动势下降比较多，不仅使表面的电子耗尽，同时将大量的空穴吸引到表面层，以至有可能达到表面层的空穴浓度高于电子浓度的程度，出现所谓表面反型层，这些空穴称为反型载流子，它们同样可以在表面迁移而对电导做出贡献。这就说明水分子的附着同样可以使 N 型半导体陶瓷材料的表面电阻下降。由此可见，不论是 N 型还是 P 型半导体陶瓷，其电阻率都可随湿度的增加而下降。已知一系列金属氧化物，特别是过渡金属氧化物及其盐类都具有明显的湿敏特性，如 ZnO，CuO，TiO_2，$ZnCr_2O_4$ 等。

对于阻值随湿度增加而增大的这类正特性湿敏半导体陶瓷，这类材料的结构、电子能量状态与负特性有所不同。当水分子的附着使表面电动势变负时，造成表面层电子浓度下降，但还不足以使表面层的空穴浓度增加到出现反型的程度，此时仍以电子导电为主。于是表面电阻将由于电子浓度的下降而增大，这类半导体陶瓷材料的表面层电阻将随环境湿度的增加而加大。如果对于某一种半导体陶瓷，它的晶粒间界电阻与体内电阻相比并不很大，那么表面层电阻的加大对总电阻将不起多大作用。不过，通常湿敏半导瓷材料都是多孔型的，表面电阻占的比例很大，故表面层电阻的升高，必将引起总阻值的明显升高。但由于晶体内部的低阻支路依然存在，所以总阻值的升高不像负特性材料中的阻值下降那么明显。

还有一种涂覆膜型的湿敏元件，它是由金属氧化物粉末或某些金属氧化物烧结体研成的粉末，通过一定方式的调合、喷洒或涂覆在具有叉指电极的陶瓷基片上而制成的。这类感湿元件的阻值随环境湿度变化非常剧烈。这种特性是由其结构所造成的。由于粉粒之间通常是很松散的"准自由"表面，这些表面都非常有利于水分子附着，特别是粉粒与粉粒之间不太紧密的接触更有利于水分子的附着。极性的、离解力极强的水分子在粉粒接触处的附着将使其接触程度强化，并且接触电阻显著降低。因此环境湿度越高，水分子附着越多，接触电阻就越低。由于接触电阻在湿敏元件中起主导作用，所以随着环境湿度的增加，元件的电阻下降。而且，不论是用负特性型还是正特性型的湿敏瓷粉作为原料，只要其结构是属于粉粒堆集型的，其阻值都将随着环境湿度的增高而显著下降。例如，烧结型 Fe_3O_4 湿敏电阻具有正特性，而瓷粉膜型 Fe_3O_4 湿敏电阻具有负特性。

在诸多金属氧化物陶瓷材料中，由铬酸镁-二氧化钛固溶体组成的多孔性半导体陶瓷是性能较好的湿敏材料，它的表面电阻率能在很宽的范围内随着湿度的变化而变化，而且能在高温条件下反复进行热清洗，性能仍保持不变。图 9-17 所示是 $MgCr_2O_4$-TiO_2 系多孔陶瓷湿敏传感器的结构，气孔大部分为粒间气孔，气孔直径随 TiO_2 添加量的增加而增大，平均气孔直径在 $100\sim300nm$ 内。

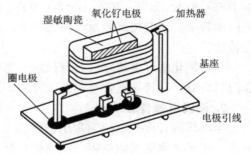

图 9-17 陶瓷湿敏元件结构

粒间气孔与颗粒大小无关，可看作一种开口毛细管，容易吸附水分。这种传感器材料的主晶相是 $MgCr_2O_4$ 相，此外，还有 TiO_2 相等，湿敏体是一种多晶多相的混合物。经汞压法测定，各种配方的湿敏气孔率各不相同，气孔率在 $20\% \sim 35\%$，平均粒径在 $1\mu m$ 左右。湿敏体的两个侧面制成多孔的 RuO_2 电极，电极的引线一般为 Pt-Ir 丝。陶瓷基片的周围装置中有一只坎瑟尔电阻丝绕制的加热器。陶瓷湿敏体和加热器固定在 Al_2O_3 陶瓷基座上，陶瓷基座上采用带有护圈的绝缘子，这样能消除传感器接头之间因电解质粘附而引起的泄漏电流的影响。

陶瓷湿敏传感器具有较好的热稳定性，较强的抗沾污能力，能在恶劣、易污染的环境中测得准确的湿度数据等优点。另外测湿范围宽，基本上可以实现全湿范围内的湿度测量。且工作温度高，常温湿敏传感器的工作温度在 150℃ 以下，而高温湿敏传感器的工作温度可达 800℃。还具有响应时间短，准确度高，工艺简单，成本低等优点。所以陶瓷湿敏传感器在实用中占有很重要的位置。

3. 高分子电阻式湿度传感器

高分子电阻式湿度传感器使用高分子固体电解质材料制作感湿膜，由于膜中的可动离子而产生导电性，随着湿度的增加，其电离作用增强，使可动离子的浓度增大，电极间的电阻值减小。反之，电阻值增大。因此，湿度传感器对水分子的吸附和释放情况，可通过电极间电阻值的变化检测出来，从而得到相应的湿度值。

高分子电阻式湿度传感器可以分为两类：一类是高分子结构效应型湿度传感器；另一类是高分子尺寸效应型湿度传感器。由于它们的检测范围不同，因而在实用上各自有着不同的用途。下面以高分子结构效应型湿度传感器为例讲述其工作原理。

高分子结构效应型湿度传感器通常是将含有强极性基的高分子电解质及其盐类，如 $-NH_4^+Cl^-$、$-SO_3^-H^+$、$-NH_2$ 等高分子材料制成感湿电阻式膜。水吸附在强极性基高分子上，随着湿度的增大吸附量增加，吸附水之间凝聚化呈液态水状态。测定这种湿度传感器电阻值时，在低湿吸附量少的情况下，由于没有电荷离子产生，电阻值很高。当相对湿度增加时，凝聚化的吸附水就成为导电通道，高分子电解质的成对离子主要起载流子作用。此外，由吸附水自身离解出来的质子及水和氢离子也起电荷载流子作用，这就使传感器的电阻急剧下降。利用高分子电解质在不同湿度条件下电离产生的导电离子数量不等使阻值变化，就可测定环境中的湿度。

图 9-18 所示为元件结构图，感湿膜是由 PVA（聚乙烯醇）和 PSS（聚苯乙烯磺酸铵）组成的。基片用厚 0.6mm 的氧化铝，电极用 Au 做成叉指型。组件外面用发泡体聚丙烯包封构成过滤器，以防止灰尘、水和油等直接与感湿膜接触。

利用导电性高分子对水蒸气的物理吸附作用引起电导率变化的高分子湿度传感器，其优点是测量湿度范围大，工作温度在 $0 \sim 50℃$，响应时间短（<30s），可作为湿度检测和控制用。

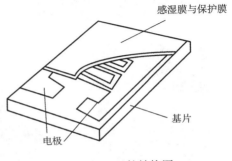

图 9-18 元件结构图

感湿膜与保护膜
基片
电极

195

9.2.4 电容式湿度传感器

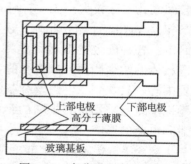

图9-19 高分子电容式湿敏
元件基本结构图

　　湿敏电容一般是用高分子薄膜电容制成的，高分子电容式湿度传感器基本上是一个电容器，如图9-19所示，在高分子薄膜上的电极是很薄的金属微孔蒸发膜，水分子可通过两端的电极被高分子薄膜吸附或释放，随着水分子被吸附或释放，高分子薄膜的介电系数将发生相应的变化。因为介电系数随空气的相对湿度变化而变化，所以只要测定电容值就可测得相对湿度。常用的高分子材料是醋酸纤维素、尼龙、硝酸纤维素、聚苯乙烯、聚酰亚胺、醋酸醋酸纤维等。高分子湿敏元件的薄膜做得极薄，一般约5000埃，从而使元件易于很快地吸湿与脱湿，减少了滞后误差，响应速度快。

　　高分子电容式湿度传感器具有响应速度快、线性好、重复性好、测量范围宽、尺寸小等优点，缺点是不宜用于含有机溶媒气体的环境，元件也不能耐80℃以上的高温。其广泛用于气象、仓库、食品及纺织等领域的湿度检测。

9.2.5 常见湿度传感器

　　图9-20所示为常见湿度传感器的外形图。

a)电容湿度模块 HF3223

b)湿敏电容

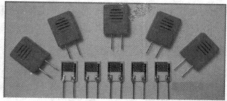

c)湿敏电阻 HR202

d)土壤湿度传感器 HIH4000P

e)土壤温湿度传感器

f)管道式温湿度变送器

g)结露传感器

h)SHT10数字温湿度传感器

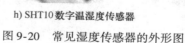

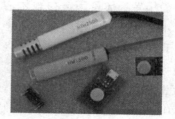

i)湿度变送器 HM1500

图9-20 常见湿度传感器的外形图

9.2.6　湿度传感器的应用

对于不同环境的湿度测量应选用不同的湿度传感器。例如，当环境温度在 −40 ~ 70℃时，可采用高分子湿度传感器和陶瓷湿度传感器；在 70 ~ 100℃ 范围和超过 100℃时使用陶瓷湿度传感器。在干净的环境通常使用高分子湿度传感器，在污染严重的环境则使用陶瓷湿度传感器。为了使传感器准确稳定地工作，还需附加自动加热清洗装置。下面介绍几个典型的应用实例。

1. 直读式湿度计

图 9-21 所示是直读式湿度计电路，其中 R_H 为氯化锂湿度传感器。由 VT_1、VT_2、T_1 等组成测湿电桥的电源，其振荡频率为 250 ~ 1000Hz。电桥的输出经变压器 T_2、C_3 耦合到 VT_3，信号经 VT_3 放大后，通过 VD_1 ~ VD_4 桥式整流，输入给微安表，指示出由于相对湿度的变化引起的电流的改变，经标定并把湿度刻划在微安表盘上，就成为一个简单而实用的直读式湿度计了。

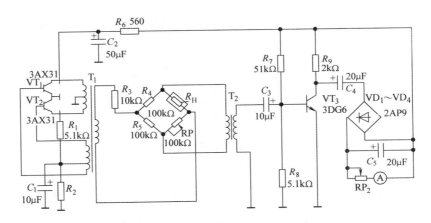

图 9-21　直读式湿度计电路

2. 湿度检测器

图 9-22 所示是湿度检测器电路。由 555 时基电路、湿度传感器 C_H 等组成多谐振荡器，在振荡器的输出端接有电容器 C_2，它将多谐振荡器输出的方波信号变为三角波。当相对湿度变化时，湿度传感器 C_H 的电容量将随着改变，它将使多谐振荡器输出的频率及三角波的幅度都发生相应的变化。输出的信号经 VD_1、VD_2 整流和 C_4 滤波后，可从电压表上直接读出与相对湿度相应的指数来。RP 电位器用于仪器的调零。

3. 高湿度显示器

图 9-23 所示是高湿度显示器电路。它能在环境相对湿度过高时作出显示，告知人们应采取排湿措施了。湿度传感器采用 SMOI − A 型湿敏电阻，当环境的相对湿度在 20% ~ 90% RH 变化时，它的电阻值在几十千欧到几百千欧范围内改变。为防止湿敏电阻产生极化现象，采用变压器降压供给检测电路 9V 交流电压，湿敏电阻 R_H 和电阻 R_1，串联后接在它的两端。当环境湿度增大时，R_H 阻值减小，电阻 R_1 两端电压会随之升高，这个电压经 VD_1 整流后加到由 VT_1 和 VT_2 组成的施密特电路中，使 VT_1 导通，VT_2 截止，VT_3 随之导通，发光二极管 VL 发光。高湿度显示电路可应用于蔬菜大棚、粮棉仓库、花卉温室、医

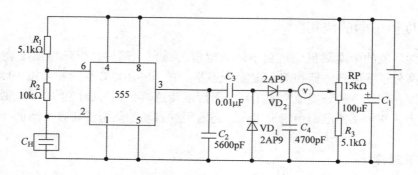

图 9-22 湿度检测器电路

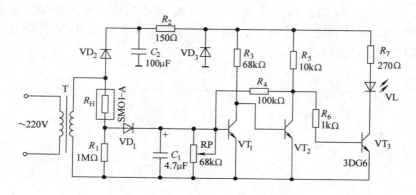

图 9-23 高湿度显示器电路图

院等对湿度要求比较严格的场合。

4. 房间湿度控制器

将湿敏电容置于 RC 振荡电路中，直接将湿敏元件的电容信号转换为电压信号。由双稳态触发器及 RC 组成双振荡器，其中一支路由固定电阻和湿敏电容组成，另一支路由多圈电位器和固定电容组成。设定在 0% RH 时，湿敏支路产生一脉冲宽度的方波，调整多圈电位器使其方波与湿敏支路脉宽相同，则两信号差为 0，湿度变化引起脉宽变化，两信号差通过 RC 滤波后经标准化处理得到电压输出，输出电压随相对湿度几乎成线性增加。这是 KSC-6V 集成相对湿度传感器的原理，其相对湿度 0% ~ 100% RH 对应的输出为 0 ~ 100 mV。

KSC-6V 湿度传感器的应用电路如图 9-24 所示。将传感器的输出信号分成 3 路分别接在 A_1 的反相输入端、A_2 的同相输入端和显示器的正输入端，A_1 和 A_2 电压比较器由 RP_1 和 RP_2 调整到适当位置。当湿度下降时，传感器输出电压下降，当降低到设定数值时，A_1 输出突然变为高电平，使 VT_1 导通，VL_1 发绿光，表示空气干燥，K_1 吸合接通超声波加湿器。当相对湿度上升时，传感器输出电压升高，升到一定值即超过设定值时，K_1 释放，A_2 输出突变为高电平，使 VT_2 导通，VL_2 发红光表示空气太潮湿，K_2 吸合接通排气扇排除潮气。相对湿度降到一定值时，K_2 释放，排气扇停止工作。这样可以将室内湿度控制在一定范围内。

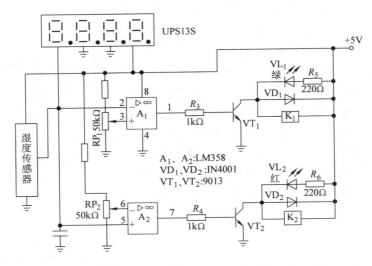

图 9-24　湿度传感器原理电路图

5. 汽车后窗玻璃自动去湿装置

图 9-25 所示为汽车后窗玻璃自动去湿电路。图中 R_L 为嵌入玻璃的加热电阻，R_H 为设置在后窗玻璃上的湿度传感器。由 VT_1 和 VT_2 三极管接成施密特触发电路，在 VT_1 的基极接有由 R_1、R_2 和湿度传感器电阻 R_H 组成的偏置电路。在常温常湿条件下，由于 R_H 较大，VT_1 处于导通状态，VT_2 处于截止状态，继电器 K 不工作，加热电阻无电流流过。当室内外温差较大，且湿度过大时，湿度传感器 R_H 的阻值减小，使 VT_1 处于截止状态，VT_2 翻转为导通状态，继电器 K 工作，其常开触点 K_1 闭合，加热电阻开始加热，后窗玻璃上的潮气被驱散。

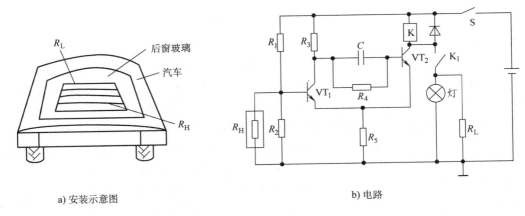

a) 安装示意图　　　　　　　　　　　　　　b) 电路

图 9-25　汽车后窗玻璃自动去湿电路

6. 浴室镜面水汽清除器

图 9-26 所示为浴室镜面水汽清除器的整体结构图。它主要由电热丝、结露传感器、控制电路等组成，其中电热丝和结露传感器安装在玻璃镜子的背面，用导线将它们和控制电路连接。控制电路见图 9-27。B 为结露传感器，感知水汽后的阻值变化，VT_1 和 VT_2 组成施密特电路实现两种稳定的状态。当玻璃镜面周围的空气湿度变低时，B 阻值变小，约为 $2k\Omega$，

此时 VT_1 的基极电位约 0.5V，VT_2 的集电极为低电位，VT_3 和 VT_4 处于截止状态，双向晶闸管 VT 的控制极无电流通过。如果玻璃镜面周围的湿度增加，使 B 阻值增大到 50kΩ 时，VT_1 导通，VT_2 截止，其集电极变为高电位，VT_3 和 VT_4 均处于导通状态，VT 控制极有控制电流通过，电流流过加热丝 R_L，使玻璃镜面加热。随着镜面温度逐步升高，从而使镜面水汽被蒸发恢复清晰。加热丝加热的同时，指示灯 VL 点亮。调节 R_1 的阻值，可使加热丝在确定的某一相对湿度条件下开始加热。控制电路的电源由 C_3 降压，经整流、滤波和 VS 稳压后供给。

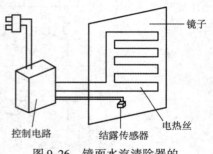

图 9-26　镜面水汽清除器的整体结构图

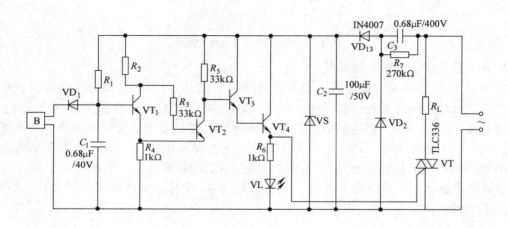

图 9-27　浴室镜面水汽清除器电路图

7. 土壤缺水告知器

土壤的电阻值与其湿度有关，潮湿的土壤电阻仅有几百欧姆，干燥时土壤电阻可增大到数十千欧以上，因此，可以利用土壤电阻值的变化来判断土壤是否缺水。在图 9-28 所示的土壤缺水告知器电路原理图中，采用一对金属极板作为土壤湿度传感器。平时它埋在需要监视的土壤中。为了防止在土壤中的极板发生极化现象，采用交变信号与土壤电阻组成分压器。图中由 IC_{1a}、R_1 和 C_1 组成一个振荡器，IC_{1b} 为振荡器的缓冲电路。R_2 与传感器测得的电阻形成的分压由 VD_1 削去负半部分，经 VT_1 缓冲并由 VD_2、R_4 和 C_3 整流，经 R_7 输送给 IC_2 比较器同相端，与 RP_1 设定的基准电压进行比较。当土壤潮湿时，其阻值变小，C_3 两端电压较低，比较器 IC_2 输出电压 U_{out} 为低电位；当土壤缺水干燥时，C_3 两端电压高于基准设定电压时，比较器 IC_2 输出电压 U_{out} 为高电位。由 U_{out} 报警电路进行控制，达到土壤缺水告知的目的。

8. 电容式谷物水分测量仪

水分测量仪采用筒式电容式水分传感器，谷物装入传感器筒内后，介电常数会随谷物水分含量不同而变化。测量仪的电路框图如图 9-29 所示，电路原理图如图 9-30 所示。

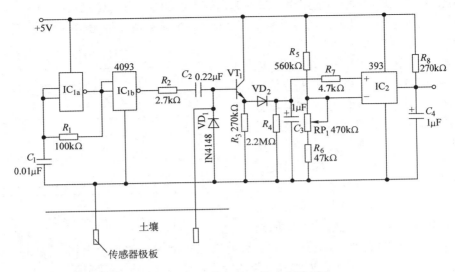

图 9-28 土壤缺水告知器电路原理图

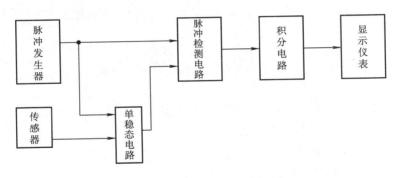

图 9-29 水分测量仪电路框图

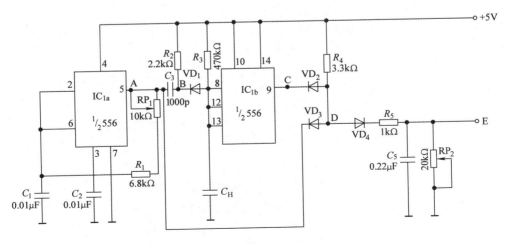

图 9-30 水分测量仪电路原理图

其中脉冲发生器和单稳态电路由一块时基电路555组成，IC_{1a}组成占空比为50%、频率为8kHz的方波发生器，其输出的方波经C_3、R_2组成的微分电路输出尖脉冲（见图9-31中的A、B波形）。尖脉冲经VD_1去掉正向脉冲，由负向脉冲触发IC_{1b}使单稳态电路翻转，单稳恢复的时间由R_3和电容式水分传感器的容量C_H决定。从IC_{1b}的9脚输出频率不变、脉冲宽度随传感器电容值变化的矩形波（见图9-31中C波形）。从IC_{1b}的9脚输出的调宽方波和IC_{1a}的5脚输出的方波输入到由R_4、VD_2、VD_3组成的与门，与门将两个波形中脉宽不同的部分检出（见图9-31中D波形），经VD_4隔离加到

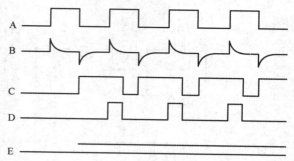

图9-31　电路波形图

由R_5、RP_2、C_5等组成的积分电路，从E点输出与谷物水分对应的平均直流电压。其灵敏度为10mV/1% RH。RP_1用来调整水分低端覆盖，RP_2用来调整高端覆盖。从E端输出的电压表示被测谷物水分的含量，它可以使用数字电压表显示水分，也可以使用电流表显示水分。当使用电流表显示时，应串入一个电阻，把电流表变为电压表才可使用。

 习 题

1. 气敏传感器可以分为哪几种类型？半导体气敏元件是如何分类的？
2. 简述N型半导体气敏元件的原理。
3. Pd-MOSFET的工作原理是什么？
4. 什么是绝对湿度和相对湿度？
5. 氯化锂和陶瓷湿敏电阻各有何特点？
6. 简述高分子电阻式湿度传感器的工作原理。
7. 利用所学知识设计一个测量湿度的电路。
8. 分析图9-32所示电路，写出它的工作原理。

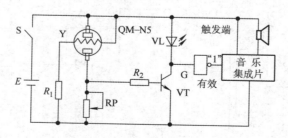

图9-32　音乐可燃气体报警器

第 10 章　机器人传感器

💡 **学习目的**

1）了解机器人的发展。

2）熟悉机器人的应用。

3）掌握机器人传感器的工作原理。

"机器人的进步和应用是本世纪自动控制最有说服力的成就，是当代最高意义的自动化"。这是宋健院士对机器人在上个世纪所取得的成就的精辟概括。进入 21 世纪，人们已经目睹机器人深入产业、生活、社会的各个领域。

近年来，机器人作为机械学、电子学、计算机技术、人工智能等学科的典型题材被广泛地用来作为高校的研究课题，机器人专业的研究方向如雨后春笋般地出现，机器人赛事也方兴未艾。

本章把机器人作为机电一体化技术的一个特例进行介绍，打破机器人的神秘化，用通俗的语言叙述机器人的分类、结构、机器人传感器、机器人的控制原理及应用。

10.1　概述

1958 年，美国 Consolidated 公司制作出世界上第一台工业机器人，从那时起至今，机器人正在一步步走向成熟。我国也在 20 世纪 80 年代初期生产出第一台国产工业机器人。

从世界范围来说，机器人的发展和应用尚属初级阶段，原来只有几个发达国家拥有机器人，而随着科学技术的发展，目前世界许多国家拥有了机电一体化的机器人。可以展望，21 世纪必将是机器人得以在各个领域广泛应用的时代，因此学习、了解、应用机器人已成为当务之急。

10.1.1　机器人的类型

1. 机器人按照用途分类

（1）工业机器人　用于焊接、喷漆、组装、搬运、密封等行业。

（2）医疗福利机器人　用于护理、帮助病人和残疾人。

（3）教育和电子游戏机器人　用于教育、研究、电子游戏等。

（4）特殊工作机器人　用于擦窗、建筑、宇宙开发、原子能发电站的维修、检修等。

（5）其他机器人　用于办公和家庭服务。

2. 机器人按输入信息分类

（1）手控机器人　它具有与人的上肢相同的功能，由人操纵，依靠人的视觉进行工作，严格地讲，这是一种机械手。

（2）固定顺序机器人　它按照预先给定的顺序和条件来依次完成各个阶段的动作，它的顺序一般不容易改变。这种类型的机器人往往用来作为某种装置的一个自动化部件而组装在该装置中，如加工中心的换刀机械手。

（3）可变顺序机器人　它与固定顺序机器人相反，其工作顺序可以根据需要随时改变，这种类型的机器人适用于多品种、小批量的生产服务中。

（4）再现式机器人　它的工作分为两个阶段。示教阶段：此时由操作者握着机械手或通过拨动示教板上的按钮和开关控制机械手完成各种动作，而机械手在完成各种动作的同时便记住操作者教给它的动作顺序、移动距离以及其他信息；再现阶段：机器人逐次读出在示教阶段中所记忆的各种信息，并严格完成（再现）操作者所教给它的动作。

（5）数字控制机器人　首先以数字程序形式给出机器人的动作顺序、位置以及其他信息，然后再由阅读装置逐段读出程序，控制机器人严格地按照程序工作。

（6）智能机器人　这种类型的机器人不仅能重复预先记忆的动作，而且还具有能按照变化随时修正和改变动作的自动功能。因此智能机器人为了能感觉环境状态并做出恰当的反应，需要有各种感觉器官（视觉、听觉、触觉等传感器）和处理复杂信息的计算机硬件与软件。

3. 按照动作形态可以将机器人分为以下4种

（1）直角坐标机器人　其手主要按直角坐标移动。如用于汽车点焊的直角坐标机器人。

（2）圆柱坐标机器人　其手和臂按圆柱坐标移动。如用于机械加工的圆柱坐标机器人。

（3）极坐标机器人　其手臂按极坐标转动。如用于喷漆的极坐标机器人。

（4）多关节机器人　它的动作主要依靠转动各个关节来完成。

10.1.2　机器人的特征

从"迎宾机器人"到"工业用机器人"，虽然机器人的种类繁多，但都应具备以下特征：移动功能、执行机构、感觉和智能。

10.1.3　机器人的进化过程

近代机器人的进化过程大概可以分为4代。

（1）第1代机器人　第1代工业机器人的最大特点就是能够按照教给它的动作重复进行工作，所以也叫做"重复进行工作的机器"，如图10-1a所示。如汽车生产线上的"点焊机器人"，机床或压力机使用的"上下料机器人"以及装饰用的"喷漆机器人"都属于第1代机器人。它虽配有电子存储装置，能记忆重复动作，然而因未采用传感器，所以没有适应外界环境变化的能力。

（2）第2代机器人　与第1代机器人相比，它具有识别、选取和判断能力，可在轨道上运行，并能做装配之类较为复杂的工作。为此，这些机器人要有相当于人的眼睛、耳朵或皮肤等一系列感觉装置（传感器），然后还要有判断功能，利用传感器输入信息对其周围环境进行判断，并根据这种判断来改变自身的行动。如"电弧焊接机器人"或"单能装配机器人"，如图10-1b所示。因而传感器的采用与否已成为衡量第2代机器人的重要特征。

（3）第 3 代机器人　第 3 代机器人是智能机器人，具有感觉和识别能力、声音合成功能、操作和行动功能，以及判断思考和处理问题的能力。特别适合做管理和服务部门的工作，如百货商场的机器人能照相、收款、接待和迎宾等。其特征是具有学习功能，如图10-1c所示。现有的大部分工业机器人就相当于第 3 代机器人。"电脑化"是这一代机器人的重要标志。然而电脑处理的信息，必须要通过各种传感器来获取，因而这一代机器人需要有更多的、性能更好的、功能更强的、集成度更高的传感器。

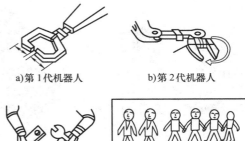

a）第 1 代机器人　　b）第 2 代机器人

c）第 3 代机器人　　d）第 4 代机器人

图 10-1　机器人的发展

第 1 代和第 2 代机器人都超过了机械本来固有的界限，而真正接近于人的机器人只有第 3 代机器人出现后才逐步形成。

（4）第 4 代机器人　第 4 代机器人是什么样子，还没有确切的定义。也就是说，第 4 代机器人还没有问世。硬要下个定义的话，就是具有感情的机器人吧！人们根据自己的要求，提出第 4 代机器人应该具有以下特征：

1）能表现自身的需求和意愿。

2）机器人有一定的意志。

3）机器人能成为人的"朋友"。

总之，第 1 代到第 4 代机器人的进化过程即由重复进行的简单动作向高级动作方面发展，譬如通过判断周围情况来决定自己应该如何进行动作以及通过简单的学习来修正自己动作的智能机器人就是这种发展趋势的例证。

10.1.4　机器人传感器

机器人传感器就是机器人所用的传感器。机器人传感器可以定义为一种能将机器人目标物特性（或参量）变换为电量输出的装置。它们被用于监测机器人的工作状态和环境，其输出信号被传送到机器人的控制系统用于恰当地控制机器人的行动。机器人通过传感器实现类似于人的知觉作用。传感器被称为机器人的"电五官"。

机器人传感器一般可分为机器人外部传感器（感觉传感器）和内部传感器两大类。内部传感器的功能是用来测量运动学及动力学参数，以使机器人按规定的位置、轨迹、速度、加速度和受力大小进行工作。机器人外部传感器的功能是识别工作环境，为机器人提供信息，检查、控制、操作对象物体、应付环境变化和修改程序。

机器人传感器不但包括有类似于人类感知器官功能的各类传感器，还有很多其他类型的传感器。比如惯性传感器可用于测量机器人的内状态，包括姿态、加速度和速度等。激光和超声波传感器可以测量周围物体的距离和位置。全球定位系统（GPS）和 WIFI 等无线电定位可提供位置、时间和速度等信息。

10.1.5　常见机器人的种类与外形

图 10-2 所示为常见机器人的种类与外形。

图 10-2　常见机器人的种类与外形

　　下面就机器人常用的几种传感器，分别介绍它们的结构和工作原理。

10.2　视觉传感器

　　人的视觉是获取外界信息的主要器官。据统计，人类获得外界信息的 80% 是靠视觉得到的，由此可见，视觉的感知功能是多么的重要。视觉传感器就是人类视觉的模仿，机器人的视觉系统通常是利用光电传感器构成的，多数是用电视摄像机和计算机技术来实现的，故又称计算机视觉。视觉传感器的工作过程可分为检测、分析、描绘和识别 4 个主要步骤。

10.3　听觉传感器

听觉传感器是人工智能装置,是机器人中不可缺少的部件,它是利用语言信号处理技术制成的。机器人由听觉传感器实现"人—机"对话。一台高级机器人不仅能听懂人讲的话,而且能讲出人能听懂的语言,赋予机器人这些智慧与技术统称语言处理技术,前者为语言识别技术,后者为语音合成技术。具有语音识别功能,能检测出声音或声波的传感器称为听觉传感器,通常用传声器等振动检测器作为检测元件。

下面主要介绍能识别声音功能的、相当于人的听觉的传感器。

(1) 注册讲话人的识别方式　声音识别通常分为特定讲话者和非特定讲话者两种声音识别方式。后者为自然语音识别,这种语音识别比特定语音识别要困难得多。特定语音识别是预先提取特定讲话者发音的单词或音节的各种特征参数并记录在存储器中,将要识别的声音与之相比较,从而确定讲话者的信息。该项技术目前已进入了实用阶段,而自然语音识别技术尚在研究阶段。

实现这一技术的声音识别大规模集成电路已经商品化了,其代表型号有 TMS320C25FNL、TMS320C25GBL、TMS320C30GBL 和 TMS320C50PQ 等,采用这些芯片构成的传感器控制系统如图 10-3 所示。

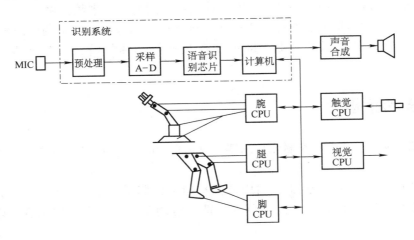

图 10-3　听觉传感器的系统框图

这样的听觉传感器,可以有效地用于告诉机器人如何进行操作,从而构成声音控制型机器人。而且现在正在研制可确认声音合成系统的指令以及可与操作员对话的机器人。

(2) 任意(未注册)讲话者的识别方式　由于讲话人的声音没有预先注册,所以首先应对讲话人的声音特征进行提取,即提取声音信号中能表征讲话者声音有代表性的信息,用这种有代表性的信息可以区分不同的讲话人,且对同一讲话人的变化保持相对稳定。这种方法其实是利用讲话人的习惯风格、情感状态、遣词造句的特点来进行识别。但是到目前为止,还没有好的方法将其定量化或找到它们与声音信号特征参数之间的关系,所以目前这一应用还不成熟。

10.4 触觉传感器

人的触觉是通过四肢和皮肤对外界物体的一种物性感知。触觉传感器能感知被接触物体的特征以及传感器接触外界物体后的自身状况，如是否握牢对象物体或对象物体在传感器的什么位置等。常使用的触觉传感器有机械式（如微动开关）、针式差动变压器、含碳海绵及导电橡胶等几种。当接触力作用时，这些传感器以通断方式输出高低电平，实现传感器对被接触物体的感知。

图10-4所示是针式差动变压器矩阵式触觉传感器，它由若干个触针式触觉传感器构成矩阵形状。每个触针传感器由钢针、塑料套筒以及使针杆复位的磷青铜弹簧等构成，并在每个触针上绕着激励线圈与检测线圈，用以将感知的信息转换为电信号，再由计算机判定接触程度和接触位置等。当针杆与物体接触而产生位移时，其根部的磁极体将随之

图10-4　针式差动变压器矩阵式触觉传感器

运动，从而增强了两个线圈——激励线圈与检测线圈间的耦合系数，检测线圈上的感应电压随针杆的位移增加而增大。通过扫描电路轮流读出各列检测线圈上的感应电压（代表针杆的位移量），经计算机运算判断，即可知道被接触物体的特征或传感器自身的感知特性。

10.5 压觉传感器

压觉传感器实际上也是一种触觉传感器，只是它专门对压觉有感知作用。目前压觉传感器主要有如下几种：

（1）压阻效应式压觉传感器　利用某些材料的内阻随压力变化而变化的压阻效应，制成的压阻器件，将它们密集配置成阵列，即可检测压力的分布。如压敏导电橡胶或塑料等。

（2）压电效应式压觉传感器　利用某些材料在压力的作用下，其相应表面上会产生电荷的压电效应制成压电器件，如压电晶体等，将它们制成类似人类的皮肤的压电薄膜，感知外界的压力。其优点是耐腐蚀、频带宽和灵敏度高等，但缺点是无直流响应，不能直接检测静态信号。

（3）集成压敏压觉传感器　利用半导体力敏器件与信号电路构成集成压敏传感器。常用的有3种：压电型（如 ZnO/Si – IC）、电阻型 SIR（硅集成）和电容型 SIC。其优点是体积小、成本低、便于与计算机连用，缺点是耐压负载小，不柔软。

（4）利用压磁传感器、扫描电路和针式差动变压器式触觉传感器构成的压觉传感器压磁器件具有较强的过载能力，但体积较大。

图10-5所示是利用半导体技术制成的高密度智能压觉传感器，它是一种很有发展

前途的压觉传感器。其中传感元件以压阻式与电容式为最多。虽然压阻式器件比电容式器件的线性好，封装也简单，但是其灵敏度要比电容式器件小一个数量级，温度灵敏度比电容式器件大一个数量级。因此电容式压觉传感器，特别是硅电容式压觉传感器得到了广泛的应用。

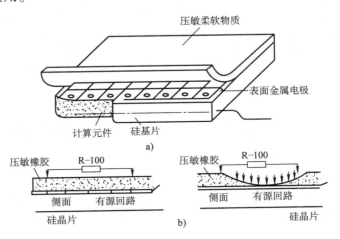

图 10-5　半导体高密度智能压觉传感器

10.6　力觉传感器

力觉传感器是用来检测机器人的手臂和手腕所产生的力或其所受反力的传感器。手臂部分和手腕部分的力觉传感器，可用于控制机器人手所产生的力，在费力的工作中以及限制性作业、协调作业等方面是有效的，特别是在镶嵌类的装配工作中，它是一种特别重要的传感器。

力觉传感器的元件大多使用半导体应变片。将这种传感器件安装于弹性结构的被检测处，就可以直接地或通过计算机检测具有多维的力和力矩。

使全部的检测部件都相互垂直，并且如能将应变片粘贴于与部件中心线准确对称的位置上，则各个方向的力的干扰就可降低至 1% 以下。这样就可以简化信息处理，也便于进行控制。

手指部分的握力控制，最简单的形式就是采用将应变片直接粘贴于手指根部的检测方法。关于握力传感器的信息处理，为了保证其稳定性，消除接触时的冲击力，或实现微小的握力，在两个手指式的钳形机构中，通常是利用 PID 运算反馈。PID 是通过适当给定比例、积分和微分的参数，从而实现软接触、软掌握、反射接触及零掌握等动作。

检测指力的方法，一般是从螺旋弹簧的应变量推算出来的。在图 10-6 所示的结构中，由脉冲电动机通过螺旋弹簧去驱动机器人的手指。所检测出的螺旋弹簧的转角与脉冲电动机转角之差即为变形量，从而也就可以知道手指所产生的力。对这种手指可以控制它，令其完成搬运之类的工作。手指部分的应变片是一种控制力量大小的器件。

对于以精密镶嵌为代表的装配操作，就必须检测出手腕部分的力并进行反馈，以控制手臂和手腕。图 10-7 所示是这种用途的手腕部分与力传感器的结构示意图。这种手腕是具有弹性的，通过应变片而构成力觉传感器，从这些传感器的信号，就可以推算出力的大小和方向。

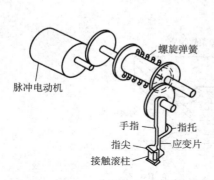

图 10-6　脉冲电动机的指力传感器

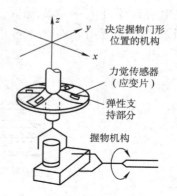

图 10-7　装配机器人腕力传感器

10.7　接近觉传感器

所谓接近觉传感器，就是当机器人的手接近对象物体的距离为一定时（通常约为数毫米或数十毫米）就可以检测出到对象物体表面的实际距离、物体的倾斜度和表面状态的传感器。这种传感器，是有检测全部信息的视觉和力学信息的触觉的综合功能的传感器。它对于实用的机器人控制方面，具有非常重要的作用。接近觉传感器的检测有如下几种方法。

（1）触针法　检测出安装于机器人手前端的触针位移。

（2）电磁感应法　根据金属对象物体表面上的涡流效应，检测出阻抗的变化，进而测出线圈电压的变化。

（3）光学法　通过光的照射，检测出反射光的变化、反射时间等。

（4）气压法　根据喷嘴与对象物体表面之间间隙的变化，检测出压力的变化。

（5）超声波、微波法　检测出反射波的滞后时间、相位偏移。

这些方法的选择，可根据对象物体的性质以及操作内容来选择。触针式在上述触觉传感器中已作了说明，下面只介绍几种非接触式接近觉传感器。

以金属表面为对象的焊接机器人大多采用电磁感应法，如图 10-8 所示为利用涡流原理的接近觉传感器的原理图。在激磁线圈 L_0 中有高频电流通过，用连接成差动的测量线圈 L_1 和 L_2 就可测出由涡流引起的磁通变化。这种传感器具有优良的温度特性，抗干扰能力强等特点。当温度在 200℃ 以下时，其测量范围为 0 ~ 8mm，准确度为 4% 以下。

在处理一般物体的情况下，当有必要将敏感头小型化时，可采用光学法，如图 10-9 所示。它是利用光电二极管的接近觉传感器将发光元件和感光元件的光轴相交而构成的传感器。反射光量（接受信号的强弱）表示了某一距离的点（光轴的交点）的峰值特性。利用这种特性的线性部分来测定距离，测出峰值点就可确定物体的位置。

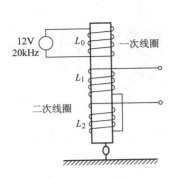

图 10-8　电磁感应式接近觉传感器

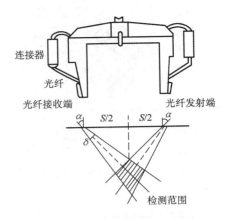

图 10-9　反射光接近觉传感器

10.8　滑觉传感器

　　滑觉传感器是用来检测在垂直于握持方向的物体的位移、旋转和由重力引起的变形，以达到修正受力值，防止滑动，进行多层次作业及测量物体重量和表面特性等目的。

　　实际上，滑觉传感器是用于检测物体接触面之间相对运动大小和方向的传感器，也就是用于检测物体的滑动。例如，利用滑觉传感器判断机械手是否握住物体，以及应该使用多大的力等。当手指夹住物体，做把它举起的动作、把它交给对方的动作和加速或减速运动的动作时，物体有可能在垂直于所加握力方向的平面内移动，即物体在机器人手中产生滑动，为了能安全正确地工作，滑动的检测和握力的控制就显得十分重要。

　　检测滑动可采用如下方法：

　　1）将滑动转换为滚珠或滚柱的旋转。

　　2）用压敏元件和触针，检测滑动时的微小振动。

　　3）检测出即将发生滑动时，手爪部分的变形和压力通过手爪载荷检测器，检测手爪的压力变化，从而推断出滑动的大小等。

　　图 10-10 所示是滚珠式滑动传感器。图中的滚球表面是导体和绝缘体配置成的网眼，从物体的接触点可以获取断续的脉冲信号，它能检测全方位的滑动。

　　滚柱式滑动传感器是经常使用的一种滑觉传感器，图 10-11 所示是它的结构原理图。由图可知，当手爪中的物体滑动时，将使滚柱旋转，滚柱带动安装在其中的光电传感器和缝隙圆板而产生脉冲信号。这些信号通过计数电路和 D－A 转换器转换为模拟电压信号，通过反馈系统，构成闭环控制，不断修正握力，达到消除滑动的目的。

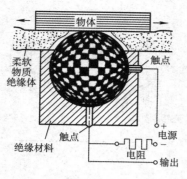

图 10-10 滚珠式滑动传感器

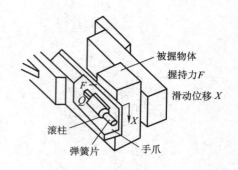

图 10-11 滚柱式滑动传感器

10.9 感觉传感器

感觉传感器的功能是部分或全部地再现人的视觉、触觉、听觉、冷热觉、病觉（异觉）、嗅觉及味觉等感觉。这类传感器的基本原理是建立在前面各种传感器的基本原理基础上的，但也有其特殊性。

（1）冷热觉传感器 用来检测对象物体的温度或导热率以确定对象物体的温度特性。

（2）味觉和嗅觉传感器 味觉和嗅觉传感器通称化学感觉传感器，它的功能是确定对象物体的酸、甜、苦、咸及芳香的程度，以确定对象物体的化学特性。所以这类传感器均以前面的传感器为基础，在工艺和结构上做适当改进而制成的。

习　　题

1. 机器人主要有哪些种类？
2. 何谓机器人传感器？主要用途是什么？
3. 本章主要讲解了哪些种类的机器人传感器？其各能测量哪些参数？

第11章 传感器输出信号的处理技术

💡 **学习目的**

1）掌握传感器输出信号的形式。
2）掌握常用典型传感器的接口电路。
3）了解干扰的来源与抗干扰技术。

传感器使用时需与专用的测量电路有效结合才能发挥其功能，理想的传感器电路不仅能使其正常工作，还能在一定程度上克服传感器本身的不足，扩展其功能，使传感器的功能得到充分的发挥。同时，为使传感器的输出信号能用于仪器、仪表的显示或控制，往往要对输出信号进行必要的加工处理。

11.1 传感器输出信号的特点

11.1.1 传感器输出信号的形式

不同传感器具有不同的输出信号，由于传感器种类繁多，传感器的输出形式也是各式各样的。例如，尽管同是温度传感器，热电偶随温度变化输出的是不同的电压，热敏电阻随温度变化输出的是不同的电阻，而双金属温度传感器则随温度变化输出开关信号。表11-1 列出了传感器输出信号的一般形式。

表11-1 传感器的输出信号形式

输 出 形 式	输出变化量	传感器的例子
开关信号型	机械触点	双金属温度传感器
	电子开关	霍尔开关式集成传感器
模拟信号型	电压	热电偶、磁敏元件、气敏元件
	电流	光敏二极管
	电阻	热敏电阻、应变片
	电容	电容式传感器
	电感	电感式传感器
其他	频率	多普勒速度传感器、谐振式传感器

11.1.2 传感器输出信号具有的特点

1）传感器输出的信号类型有电压、电流、电阻、电容、电感、频率等，通常是动态的。

2）传感器输出的电信号一般都比较弱，如电压信号通常为 $\mu V \sim mV$ 级，电流信号为 $nA \sim mA$ 级。

3）传感器内部存在噪声，输出信号会与噪声信号混合在一起，当噪声比较大而输出信号又比较弱时，常会使有用信号淹没在噪声之中。

4）传感器的输出信号动态范围很宽。输出信号随着物理量的变化而变化，但它们之间的关系不一定是线性比例关系。例如，热敏电阻值随温度变化按指数函数变化，其输出信号大小会受温度的影响，且有温度系数存在。

5）传感器的输出信号受外界环境（如温度、电场）的干扰。

6）传感器的输出阻抗都比较高，这样会使来自传感器的信号输入到测量电路时，产生较大的信号衰减。

11.1.3　输出信号的处理方法

根据传感器输出信号的特点，采取不同的信号处理方法来提高测量系统的测量准确度和线性度，这正是传感器信号处理的目的。

传感器输出信号的处理过程主要由传感器的接口电路完成。因此传感器接口电路应具有一定的信号预处理的功能。经预处理后的信号，应成为可供测量、控制、使用及便于向微型计算机输出的信号形式。接口电路对不同的传感器是完全不一样的，其典型应用电路见表11-2。

表 11-2　典型的传感器接口电路

接 口 电 路	对信号的预处理功能
阻抗变换电路	在传感器输出为高阻抗的情况下，换为低阻抗，以便于检测电路准确地拾取传感器的输出信号
放大变换电路	将微弱的传感器输出信号放大
电流电压转换电路	将传感器的电流输出转换为电压
电桥电路	把传感器的电阻、电容、电感变化为电流或电压
频率电压转换电路	把传感器输出的频率信号转换为电流或电压
电荷放大器	将电场型传感器输出产生的电荷转换为电压
有效值转换电路	在传感器为交流输出的情况下，转换为有效值，变为直流输出
滤波电路	通过低通及带通等滤波器滤去噪声成分
线性化电路	在传感器的特性不是线性的情况下，用来进行线性校正
对数压缩电路	当传感器输出信号的动态范围较宽时，用对数电路进行压缩

11.2　传感器输出信号的检测电路

完成传感器输出信号处理的各种接口电路统称为传感器检测电路。传感器信号检测电路是测控系统的重要组成部分，也是传感器和 A - D 之间以及 D - A 和执行机构之间的桥梁。不同传感器信号检测电路的组成和内容差别较大。

11.2.1　检测电路的形式

有许多非电量的检测技术要求对被测量进行某一定值的判断，当达到确定值时，检测系统应输出控制信号。在这种情况下，大多使用开关型传感器，利用其开关功能，作为直接控制元件使用。使用开关型传感器的检测电路比较简单，可以直接用传感器输出的开关信号驱动控制电路和报警电路工作。

定值判断的检测系统中，由于检测对象的原因，也常使用具有模拟信号输出的传感器。在这种情况下，往往要先由检测电路进行信号的预处理，再放大，然后用比较器将传感器输出信号与设置的比较电平相比较。当传感器输出信号达到设置的比较电平时，比较器输出状态发生变化，由原来的低电平转变为高电平输出，驱动控制电路及报警电路工作。

当检测系统要获得某一范围的连续信息时，必须使用数字电压表将检测结果直接显示出来。数字式电压表一般由 A - D 转换器、译码器、驱动器组成。这种检测电路以数字读数的形式显示出被测物理量，例如，温度、水分、转速及位移量等。

11.2.2　常用信号的检测电路

1. 阻抗匹配器

传感器输出阻抗都比较高，为防止信号的衰减，常采用高输入阻抗、低输出阻抗的阻抗匹配器作为传感器输入到测量系统的前置电路。常见的阻抗匹配器有半导体管阻抗匹配器、场效应晶体管阻抗匹配器及运算放大器阻抗匹配器。

2. 电桥电路

电桥电路是传感器检测电路中经常使用的电路，主要用来把传感器的电阻、电容、电感变化转换为电压或电流，根据电桥供电源的不同，电桥可分为直流电桥和交流电桥。直流电桥主要用于电阻式传感器，例如，热敏电阻、电位器等。交流电桥主要用于测量电容式传感器和电感式传感器的电容和电感的变化。电阻应变片传感器大都采用交流电桥，这是因为应变片电桥输出信号微弱，需经放大器进行放大，而使用直流放大器容易产生零点漂移。此外，应变片与桥路之间采用电缆连接，其引线分布电容的影响不可忽略，使用交流电桥可以消除这些影响。电桥电路详见第 2 章。

3. 放大电路

传感器的输出信号一般比较微弱，因而在大多数情况下都需要放大电路。放大电路主要用来将传感器输出的直流信号或交流信号进行放大处理，为检测系统提供高精度的模拟输入信号，它对检测系统的准确度起着关键作用。

目前检测系统中的放大电路，除特殊情况外，一般都采用运算放大器构成。图 11-1 所示为放大器电路。

（1）反相放大器　图 11-1a 所示是反相放大器的基本电路。输入电压 U_{in} 通过电阻 R_F 反馈到反相输入端。反相放大器的输出电压可由式（11-1）确定，即

$$U_{out} = -\frac{R_F}{R_1}U_{in} \qquad (11\text{-}1)$$

式中的负号表示输出电压与输入电压反相，其放大倍数只取决于 R_F 与 R_1 的比值，具有很大的灵活性，因此反相放大器广泛用于各种比例运算中。

（2）同相放大器 图 11-1b 所示是同相放大器的基本电路。输入电压 U_{in} 直接从同相输入端加入，而输出电压 U_{out} 通过 R_F 反馈到反相输入端。同相放大器的输出电压可由式（11-2）确定，即

$$U_{out} = \left(1 + \frac{R_F}{R_1}\right)U_{in} \tag{11-2}$$

从式（11-2）可以看出，同相放大器的增益也同样只取决于 R_F 与 R_1 的比值，这个数值为正，说明输出电压与输入电压同相，而且其绝对值也比反相放大器的多 1。

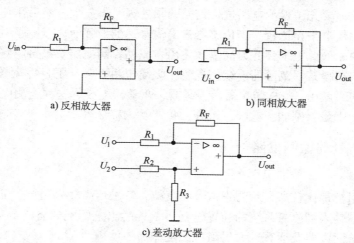

a) 反相放大器 b) 同相放大器

c) 差动放大器

图 11-1 放大器的基本电路图

（3）差动放大器 图 11-1c 所示是差动放大器的基本电路。两个输入信号 U_1、U_2 分别经 R_1、R_2 输入到运算放大器的反相输入端和同相输入端，输出电压则经 R_F 反馈到反相输入端。电路中要求 $R_1 = R_2$、$R_F = R_3$，差动放大器的输出电压可由式（11-3）确定，即

$$U_{out} = \frac{R_F}{R_1}(U_2 - U_1) \tag{11-3}$$

差动放大器最突出的优点是能够抑制共模信号。共模信号是指在两个输入端所加的大小相等、极性相同的信号。理想的差动放大器对共模输入信号的放大倍数为零，所以差动放大器的零点漂移最小。来自外部空间的电磁波干扰也属于共模信号，它们也会被差动放大器所抑制，所以说差动放大器的抗干扰能力极强。

（4）电荷放大器 利用压电式传感器进行测量时，压电元件输出的信号是电荷量的变化，配上适当的电容后，它的输出电压可高达几十伏到数百伏，但信号功率却很小，信号源的内阻也很大。为此，要在压电元件和检测电路之间配接一个放大器，放大器应具有输入阻抗高、输出阻抗低的特点。目前用得较多的是电荷放大器。

电荷放大器是一种带电容负反馈的高输入阻抗、高放大倍数的运算放大器，其优点在于可以避免传输分布电容的影响。电荷放大器在第 2 章压电传感器测量电路中已经详细讲解，这里不再赘述。

要注意的是，根据电荷放大器输出电压表达式 $U_{out} = \dfrac{-QA}{(1+A)C_f} \approx -\dfrac{Q}{C_f}$ 可知，U_{out} 只与电荷 Q 和反馈电容有关，而与传输电缆的分布电容无关，说明电荷放大器的输出电压不受传

输电缆长度的影响，为远距离测量提供了方便条件。但是，测量准确度却与配接电缆的分布电容 C_c 有关。例如，当 $C_f = 1000\mathrm{pF}$、$A = 10^4$、$C_a = 100\mathrm{pF}$，如果电缆分布电容 C_c 为 100pF，当要求测量准确度为 1% 时，允许电缆的长度约为 1000m，当要求的准确度为 0.1% 时，则电缆的长度仅可为 100m。

11.3　输出信号的干扰及控制技术

在传感器电路的信号传递中，所出现的与被测量无关的随机信号被称为噪声。在信号提取与传递中，噪声信号常叠加在有用信号上，使有用信号发生畸变而造成测量误差，严重时甚至会将有用信号淹没其中，使测量工作无法正常进行，这种由噪声所造成的不良效应称为干扰。而传感器或检测装置需要在各种不同的环境中工作，于是噪声与干扰不可避免地要作为一种输入信号进入传感器与检测系统中。因此系统就必然会受到各种外界因素和内在因素的干扰。为了减小测量误差，在传感器及检测系统的设计与使用过程中，应尽量减少或消除有关影响因素的作用。

11.3.1　干扰的类型与要素

常见的干扰有机械干扰(振动与冲击)、热干扰(温度与湿度变化)、光干扰(其他无关波长的光)、化学干扰(酸/碱/盐及腐蚀性气体)、电磁干扰(电/磁场感应)、辐射干扰(气体电离、半导体被激发、金属逸出电子)等。

对由传感器形成的测量装置而言，形成噪声干扰通常有 3 个要素：噪声源、通道(噪声源到接收电路之间的耦合通道)、接收电路。

按照噪声产生的来源，噪声可分为两种：

(1) 内部噪声　内部噪声是由传感器或检测电路元件内部带电微粒的无规则运动产生的，例如热噪声、散粒噪声以及接触不良引起的噪声等。

(2) 外部噪声　外部噪声则是由传感器检测系统外部人为或自然干扰造成的。外部噪声的来源主要为电磁辐射，当电机、开关及其他电子设备工作时会产生电磁辐射，雷电、大气电离及其他自然现象也会产生电磁辐射。在检测系统中，由于元件之间或电路之间存在着分布电容或电磁场，因而容易产生寄生耦合现象。在寄生耦合的作用下，电场、磁场及电磁波就会引入检测系统，干扰电路的正常工作。

11.3.2　干扰控制的方法

根据噪声干扰必须具备的 3 个要素，检测装置的干扰控制方式主要有 3 种：消除或抑制干扰源；阻断或减弱干扰的耦合通道或传输途径；削弱接收电路对干扰的灵敏度。以上 3 种措施比较起来，消除干扰源是最有效、最彻底的方法，但在实际中是很难完全消除的。削弱接收电路对干扰的灵敏度可通过电子线路板的合理布局，如输入电路采用对称结构、信号的数字传输、信号传输线采用双绞线等措施来实现。干扰噪声的控制就是如何阻断干扰的传输途径和耦合通道。检测装置的干扰噪声的控制方法常采用的有屏蔽技术、接地技术、隔离技术、滤波器等硬件抗干扰措施，以及冗余技术、陷阱技术等微机软件抗干扰措施。对其他种类的干扰可采用隔热、密封、隔振及蔽光等措施，或在转换为电量后对干扰进行分离或抑制。

1. 屏蔽

屏蔽就是用低电阻材料或磁性材料把元件、传输导线、电路及组合件包围起来，以隔离内外电磁或电场的相互干扰。屏蔽可分为3种，即电场屏蔽、磁场屏蔽及电磁屏蔽。电场屏蔽主要用来防止元件或电路间因分布电容耦合形成的干扰。磁场屏蔽主要用来消除元件或电路间因磁场寄生耦合产生的干扰，磁场屏蔽的材料一般都选用高磁导系数的磁性材料。电磁屏蔽主要用来防止高频磁场的干扰。电磁屏蔽的材料应选用导电率较高的材料，如铜、银等，利用电磁场在屏蔽金属内部产生涡流而起到屏蔽作用。电磁屏蔽的屏蔽体可以不接地，但一般为防止分布电容的影响，可以使电磁的屏蔽体接地，起到兼有电场屏蔽的作用。电场屏蔽体必须可靠接地。

2. 接地

电路或传感器中的地指的是一个等电位点，它是电路或传感器的基准电位点，与基准电位点相连就是接地。如图 11-2 所示为单级电路的一点接地，图 11-3 所示为多级电路的一点接地。传感器或电路接地，是为了清除电流流经公共地线阻抗时产生的噪声电压，也可以避免受磁场或地电位差的影响。把接地和屏蔽正确结合起来使用，就可抑制大部分的噪声。

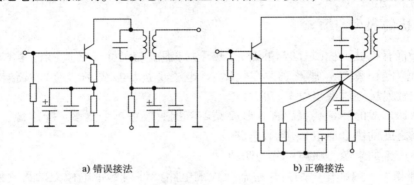

a) 错误接法   b) 正确接法

图 11-2 单级电路的一点接地

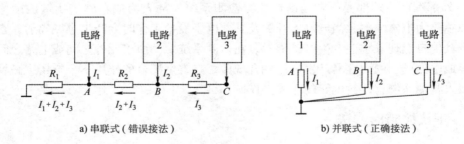

a) 串联式（错误接法）   b) 并联式（正确接法）

图 11-3 多级电路的一点接地

3. 隔离

前后两个电路信号端直接连接，容易形成环路电流，引起噪声干扰。这时，常采用隔离的方法，把两个电路的信号端从电路上隔开。隔离的方法主要采用变压器隔离和光电耦合器隔离。如图 11-4 所示，在两个电路之间加入隔离变压器可以切断地环路，实现前后电路的隔离，变压器隔离只适用于交流电路。在直流或超低频测量系统中，常采用光电耦合的方法实现电路的隔离。

218

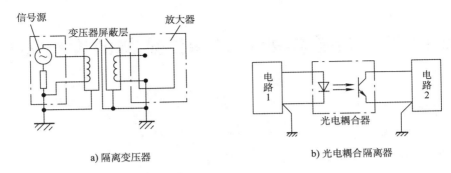

a) 隔离变压器　　　　　　　　　　b) 光电耦合隔离器

图 11-4　变压器隔离和光电耦合器隔离

4. 滤波

滤波电路或滤波器是一种能使某一种频率顺利通过而另一部分频率受到较大衰减的装置。因传感器的输出信号大多是缓慢变化的，因而对传感器输出信号的滤波常采用有源低通滤波器，即它只允许低频信号通过而不能通过高频信号。常采用的方法是在运算放大器的同相端接入一阶或二阶 RC 有源低通滤波器，使干扰的高频信号滤除，而有用的低频信号顺利通过；反之，在输入端接高通滤波器，将低频干扰滤除，使高频有用信号顺利通过。

除了上述滤波器外，有时还要使用带通滤波器和带阻滤波器。带通滤波器的作用是只允许某一频带内的信号通过，而比通频带下限频率低和比上限频率高的信号都被阻断，它常用于从众多信号中获取所需要的信号，而使干扰信号被滤除。带阻滤波器和带通滤波器相反，在规定的频带内，信号不能通过，而在其余频率范围，信号则能顺利通过。总之，由于不同检测系统的需要，应选用不同的滤波电路。

1. 传感器输出信号有哪些特点？
2. 传感器测量电路的主要作用是什么？
3. 传感器测量电路有哪些类型，其主要功能是什么？
4. 为什么要对传感器测量电路采取抗干扰措施？
5. 测量装置常见的噪声干扰有哪几种？通常可采用哪些措施？

第12章 传感器的标定和传感器的发展展望

⚡ **学习目的**

1）掌握传感器的标定方法。
2）了解传感器的发展技术。

12.1 传感器的静态标定和动态标定

12.1.1 标定

对新研制或生产的传感器进行全面的技术检定称为标定；将传感器在使用中或存放后进行的性能复测称为校准。传感器的标定是指在明确传感器的输出与输入关系的前提下，利用某种标准器具对传感器进行标度。

标定的基本方法是，利用标准仪器产生已知的非电量（如压力、位移等）作为输入量，输入到待标定的传感器中，然后将传感器的输出量与输入的标准量相比较，获得一系列校准数据或曲线。有时输入的标准量是利用一个标准传感器检测而得的，这时的标定实质上是待标定传感器与标准传感器之间的比较。

传感器的标定系统一般由以下几部分组成。

1）被测非电量的标准发生器，如活塞式压力计、测力机和恒温源等。
2）被测非电量的标准测试系统，如标准压力传感器、标准力传感器和标准温度计等。
3）待标定传感器所配接的信号调节器、显示器和记录器等，其准确度是已知的。

为了保证各种量值的准确一致，标定应按计量部门规定的检定规程和管理办法进行。各种标准量值都有一个传递系统，图 12-1 给出了力值传递系统。

按此系统，只能用上一级标准装置检定下级传感器及配套的仪器。如果待定的传感器准确度较高，可以跨级使用更高级的标准装置。

工程测试所用传感器的标定应在与其使用条件相似的环境下进行。有时为了获得较高的标定准确度，可将传感器与其配用的电缆、放大器等测试系统一起标定。有些传感器标定时还应注意规定安装技术条件。

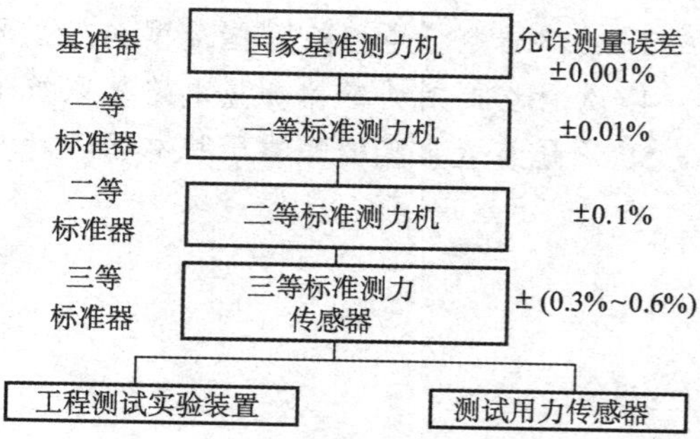

图 12-1 力值传递系统

12.1.2 静态标定

静态标定是指在静态标准条件下，对传感器的静态特性、静态灵敏度、非线性、迟滞、重复性等性能指标的确定。

1. 静态标准条件

静态标准条件是指没有加速度、振动、冲击（除非这些参数本身是被测量），环境温度一般为 (20 ± 5) ℃，相对湿度不大于 85%，大气压力为 $101.308 \pm 7.998 kPa$ 的情况。

2. 标准仪器设备的准确度等级的确定

按照国家规定，各种量值传递系统在标定传感器时所用的标准仪器及设备至少要比被标定的传感器的准确度高一个等级。只有这样，通过标定确定的传感器的静态性能才是可靠的，所确定的准确度才是可信的。

（1）标准器　标准器应有足够的准确度，其允许的基本误差不应超过被校传感器允许的基本误差的 1/5～1/3，并应具有计量部门周期检定的合格证书。

（2）电源　按传感器要求配备，其稳定度按传感器技术要求确定，一般应为被校传感器准确度的 1/10～1/5。

（3）读数记录和数据处理装置　要求其准确度为被校传感器准确度的 1/10～1/3。

对以上 3 部分设备的共同要求是：具有合适的测量范围，性能稳定可靠，操作使用方便。

3. 对被校传感器的要求

1）外观完整，并附有生产厂家按技术条件所规定的技术指标或铭牌，铭牌应标明传感器的名称、制造厂、型号、规格、出厂编号和出厂年月。

2）传感器电源输入线和输出线应有明显区别，并给出线路连接图，标定时应同时将与传感器配套的设备、电缆一起标定。

4. 标定过程及步骤

1）将传感器全量程（测量范围）分为若干等间隔点。

2）按照等间隔点，由小到大逐一输入标准量值，并记录下与各输入值相对应的输出值。

3）由大到小逐一输入标准量值，同时记录对应的各输出值。

4）按 2）、3）所述过程，对传感器进行正、反行程反复循环多次测试，将得到的输出、输入测试数据用表格列出或画成曲线。

5）对测试数据进行必要的处理，根据处理结果，可以确定传感器的线性度、灵敏度、滞后和重复性等静态特性指标。

12.1.3　动态标定

传感器的动态标定主要是研究传感器的动态响应及与动态响应有关的参数。对一阶传感器只有一个时间常数 τ；对二阶传感器则有固有频率 ω 和阻尼比 ξ 两个参数。

1. 标准仪器设备的精度等级的确定

对于动态校准系统，除具备静态标定对仪器设备准确度的等级要求外，还必须具有足够的动态响应范围。一般要求动态系统的工作频率范围应大于被校准传感器的 5～10 倍，上升时间应小于被校准传感器上升时间的 1/5。如：若标准传感器的准确度为 0.01%，则被校传感器的准确度可在 0.03%～0.05% 之内；若标准传感器的准确度为 0.1%，则被校的为 0.3%～0.5%。

2. 对传感器进行动态标定时常用的标准激励源

（1）周期性函数　如正弦波、三角波等，以正弦波信号为常用。

（2）瞬变函数　如阶跃函数、半正弦波等，以阶跃信号为常用。

3. 标定方法

对被标定的传感器输入标准激励信号，测得输出数据，作出输出值与时间的关系曲线。由输出曲线与输入标准激励信号相比较就可以标定传感器的动态响应时间常数、幅频特性及相频特性等。

12.2　传感器的发展展望

传感器在科学技术领域、工农业生产以及日常生活中发挥着越来越重要的作用。人类社会对传感器提出的越来越高的要求是传感器技术发展的强大动力，而现代科学技术的突飞猛进则为其发展提供了坚强的后盾。

纵观几十年来传感技术领域的发展，不外乎两个方面：一是提高与改善传感器的技术性能；二是寻找新原理、新材料、新工艺及新功能等。

12.2.1　传感器性能的改进

为改善传感器的性能，可采用下列技术途径：

1. 差动技术

差动技术是传感器中普遍采用的技术。它的应用可显著地减小温度变化、电源波动、外界干扰等对传感器准确度的影响，可抵消共模误差，减小非线性误差等。不少传感器由于采用了差动技术，还可使灵敏度增大。

2. 平均技术

采用平均技术可产生平均效应，其原理是利用若干传感单元同时感受被测量，其输出则是这些单元输出的平均值，若将每个单元可能带来的误差 δ 均看做随机误差且服从正态分布，则根据误差理论，总的误差将减小为

$$\delta_{\Sigma} = \pm \frac{\delta}{\sqrt{n}} \tag{12-1}$$

式中，n 为传感单元数。

可见，在传感器中利用平均技术不仅可使传感器误差减小，且可增大信号量，即增大传感器灵敏度。

光栅、磁栅、容栅、感应同步器等传感器，由于其本身的工作原理决定了有多个传感单元参与工作，因而可取得明显的误差平均效应的效果。这也是这一类传感器固有的优点。另外，误差平均效应对某些工艺性缺陷造成的误差同样起到弥补作用。在懂得这种道理之后，设计时在结构允许的情况下，适当增多传感单元数，可收到很好的效果。例如圆光栅传感器，若使全部栅线都同时参与工作，设计成"全接收"形式，误差平均效应就可较充分地发挥出来。

3. 补偿与修正技术

补偿与修正技术在传感器中得到了广泛的应用。这种技术的运用大致是针对下列两种情况。一种是针对传感器本身特性的，另一种是针对传感器的工作条件或外界环境的。

对于传感器的特性，可以找出误差的变化规律，或者测出其大小和方向，采用适当的方

法加以补偿或修正。

针对传感器的工作条件或外界环境进行误差补偿，也是提高传感器准确度的有力的技术措施。不少传感器对温度敏感，由温度变化引起的误差十分可观。为了解决这个问题，必要时可以控制温度，配置恒温装置，但往往费用太高，或使用现场不允许。而在传感器内引入温度误差补偿又常常是可行的。这时应找出温度对测量值影响的规律，然后引入温度补偿措施。

在激光式传感器中，常把激光的波长作为标准尺度，而波长受温度、气压、湿度的影响，在准确度要求较高的情况下，就需要根据这些外界环境的情况进行误差修正才能满足要求。

补偿与修正，可以利用电子线路(硬件)来解决，也可以采用微型计算机通过软件来实现。

4. 屏蔽、隔离与干扰抑制

传感器大多要在现场工作，而现场的条件往往是难以充分预料的，且有时是极其恶劣的。各种外界因素会影响传感器的准确度与有关性能。为了减小测量误差，保证其原有的性能，就应设法削弱或消除外界因素对传感器的影响。其方法归纳起来有两种：一是减小传感器对影响因素的灵敏度；二是降低外界因素对传感器实际作用的烈度。

对于电磁干扰，可以采用屏蔽、隔离的措施，也可采用滤波等方法抑制。对于如温度、湿度、机械振动、气压、声压、辐射甚至气流等，可采用相应的隔离措施，如隔热、密封、隔振等，或者在变换为电量后对干扰信号进行分离或抑制，以减小其影响。

5. 稳定性处理

传感器作为长期测量或反复使用的器件，其稳定性显得特别重要，其重要性甚至胜过精度指标，尤其是对那些很难或无法定期鉴定的场合。

造成传感器性能不稳定的原因是：随着时间的推移和环境条件的变化，构成传感器的各种材料与元器件性能将发生变化。

为了提高传感器性能的稳定性，应该对材料、元器件或传感器整体进行必要的稳定性处理。如结构材料的时效处理、冰冷处理，永磁材料的时间老化、温度老化、机械老化及交流稳磁处理，电气元件的老化筛选等。在使用传感器时，若测量要求较高，必要时也应对附加的调整元件、后续电路的关键元器件进行老化处理。

12.2.2 传感器的发展

传感器的发展动向大致如下：

1. 开发新型传感器

新型传感器大致应包括：①采用新原理；②填补传感器空白；③仿生传感器等诸方面。它们之间是互相联系的。

传感器的工作机理是基于各种效应和定律，由此启发人们进一步探索具有新效应的敏感功能材料，并以此研制出具有新原理的新型物性型传感器件，这是发展高性能、多功能、低成本和小型化传感器的重要途径。结构型传感器发展得较早，目前日趋成熟。一般结构型传感器的结构复杂，体积偏大，价格偏高。物性型传感器大致与之相反，具有不少诱人的优点，加之过去发展也不够，世界各国都在物性型传感器方面投入大量人力、物力加强研究，从而使它成为一个值得注意的发展动向。其中利用量子力学诸效应研制的低灵敏阈传感器，用来检测微弱的信号，是发展新动向之一。例如：利用核磁共振吸收效应的磁敏传感器，可将灵敏阈提高到地磁强度的 10^{-7}；利用约瑟夫逊效应的热噪声温度传感器，可测 10^{-6} K 的超低温；利用光子滞后效应，做出了响应速度极快的红外传感器等。此外，利用化学效应和生物效应开发的、可供实用的化学传感器和生物传感器，更是有待开拓的新领域。

大自然是生物传感器的优秀设计师和工艺师。它通过漫长的岁月，不仅造就了集多种感官于一身的人类，而且还构造了许多功能奇特、性能高超的生物感官。例如狗的嗅觉（灵敏阈为人的 10^{-6}）、鸟的视觉（视力为人的 $8\sim50$ 倍），蝙蝠、飞蛾、海豚的听觉（主动型生物雷达-超声波传感器）等。这些动物的感官功能，超过了当今传感器技术所能实现的范围。研究它们的机理，开发仿生传感器，也是引人注目的方向。

2. 开发新材料

近年来对传感器材料的开发研究有较大的进展，其主要发展趋势有以下几个方面：从单晶体到多晶体、非晶体；从单一型材料到复合材料、原子（分子）型材料的人工合成。由复杂材料来制造性能更加良好的传感器是今后的发展方向之一。

（1）半导体敏感材料　半导体敏感材料在传感器技术中具有较大的技术优势，并在今后相当长时间内仍占主导地位。半导体硅在力敏、热敏、光敏、磁敏、气敏、离子敏及其他敏感元件中，具有广泛的用途。

硅材料可分为单晶硅、多晶硅和非晶硅。单晶硅最简单，非晶硅最复杂。单晶硅内的原子处处规则排列，整个晶体内有 1 个固定晶向；多晶硅是由许多单晶颗粒构成的，每一单晶颗粒内的原子处处规则排列，单晶颗粒之间以界面相分离，且各单晶颗粒晶向不同，故整个多晶硅并无固定的晶向。非晶硅又叫 α-Si，即无序型硅或无定型硅。从宏观上看，原子排列是无序的，即远程无序。但从微观上看，原子排列也绝非完全无序，即近程有序。特别是能够用来制造传感器的非晶硅中都含有微晶，微晶尺寸一般为 10nm 左右，这种非晶硅又叫微晶硅 μ_c-Si。非晶硅中微晶粒子的大小及其分布对其性能有重要影响。

用这 3 种材料都可制成压力传感器，这些压力传感器大致可分为 4 种形式，即压阻式、电容式、MOS 式和薄膜式。目前压力传感器仍以单晶硅为主，但有向多晶和非晶硅的薄膜方向发展的趋势。

蓝宝石上外延生长单晶硅膜是单晶硅用于敏感元件的典型应用。由于绝缘衬底蓝宝石是良好的弹性材料，而在其上异质结外延生长的单晶硅是制作敏感元件的半导体材料，故用这种材料研制的传感器具有无需 ZrO_2 结隔离、耐高温、高频响、寿命长、可靠性好等优点，可以制作磁敏、热敏、离子敏、力敏等敏感元件。

多晶硅压力传感器的发展十分引人注目，这是由于这种传感器具有一系列优点，如温度特性好、制造容易、易小型化、成本低等。

非晶硅应用于传感器，主要有应变传感器、压力传感器、热电传感器、光传感器（如摄像传感器和颜色传感器）等。非晶硅由于具有光吸收系数大，可用作薄膜光电器件，还具有对整个可见光区域都敏感、薄膜形成温度低（$200\sim300$℃）等极为诱人的特性而获得迅速的发展。

用金属材料和非金属材料结合成化合物半导体是另一种思路。目前不仅用金属 Ga 和 As 合成了 GaAs，而且制成了许多化合物半导体，形成了一个庞大的家族。GaAs 发光效率高、耐高温、抗辐射、电子迁移率比 Si 大 5 ~ 6 倍，故可制成高频率器件。预计 GaAs 在光敏、磁敏中会得到越来越多的应用。例如采用炉内合成生长 GaAs 单晶，其重复性、均匀性都有较大的提高。再采用离子注入技术，可制成性能优良的霍尔器件，线性误差为 ±0.2%，霍尔电动势温度系数为 $3 \times 10^{-4}/℃$。

在半导体传感器中，场效应晶体管 FET 的应用令人瞩目。FET 是一种电压控制器件。若在栅极上加一反向偏压，偏压的大小可控制漏极电流的大小。若用某种敏感材料将所要测量的参量以偏压的方式加到栅极上，就可以从漏极电流或电压的数值来确定该参量的大小。FET 很容易系列化、集成化，可做成各种敏感场效应管，如离子敏场效应管（ISFET）、PH - FET、温度 FET、湿度 FET、气敏 FET 等。

（2）陶瓷材料　陶瓷敏感材料在敏感技术中具有较大的技术潜力。陶瓷材料可分为很多种。具有电功能的陶瓷又叫电子陶瓷。电子陶瓷可分为绝缘陶瓷、压电陶瓷、介电陶瓷、热电陶瓷、光电陶瓷和半导体陶瓷。这些陶瓷在工业测量方面都有广泛的应用。其中以压电陶瓷、半导体陶瓷的应用最为广泛。陶瓷敏感材料的发展趋势是继续探索新材料，发展新品种，向高稳定性、高精度、长寿命及小型化、薄膜化、集成化和多功能化方向发展。

半导体陶瓷是传感器应用中的重要材料，其尤以热敏、湿敏、气敏、电压敏最为突出。热敏陶瓷的主要发展方向是高温陶瓷，如添加不同成分的 $BaTiO_3$、ZrO_2、$Mg(AlCrFe)_2O_4$ 和 $ZnO - TiO_2 - NiO_2$ 等。湿敏材料的主要发展方向是不需要加热清洗的材料，如 $ZnCr_2O_4 - SnO_2$、$ZnO - Cr_2O_3$ 等。气敏陶瓷的主要发展方向是不使用催化剂的低温材料和高温材料，如 $r - Fe_2O_3$ 可不用触媒，而 ZrO_2 特别是 TiO_2 在高温下检测氧气更有独到之处。电压敏陶瓷材料的发展方向是低压用材料和高压用材料，如 $ZnO - TiO_2$ 为低压用材料，而 $ZnO - Sb_2O_2$ 为高压用材料。

陶瓷敏感材料在使用时的结构形式也是各种各样的。以陶瓷湿敏传感器为例，可以是体型结构、厚膜型结构、薄膜型结构或涂覆型结构等。

（3）磁性材料　不少传感器采用磁性材料。目前磁性材料正向非晶化、薄膜化方向发展。非晶磁性材料具有导磁率高、矫顽力小、电阻率高、耐腐蚀、硬度大等特点，因而将获得越来越广泛的应用。

由于非晶体不具有磁的各向同性，因而是一种高导磁率和低损耗的材料，很容易获得旋转磁场，而且在各个方向都可得到高灵敏度的磁场，故可用来制作磁力计或磁通敏感元件，也可利用应力-磁效应制得高灵敏度的应力传感器，基于磁致伸缩效应的力敏元件也已得到发展。

由于这类材料灵敏度比坡莫合金高几倍，从而可大大降低涡流损耗，可获得优良的磁特性，这对高频更为可贵。利用这一特点，可以制造出用磁性晶体很难获得的快速响应型传感器。

合成物可以在任意高于居里温度（约 200 ~ 300K）的温度下产生，这就使得发展快速响应的温度传感器成为可能。

（4）智能材料　智能材料是指设计和控制材料的物理、化学、机械、电学等参数，研制出生物体材料所具有的特性或者优于生物体材料性能的人造材料。

有人认为，具有下述功能的材料可称之为智能材料：具备对环境的判断和自适应功能；具备自诊断功能；具备自修复功能；具备自增强功能（或称时基功能）。

生物体材料最突出的特点是具有时基功能，因此这种传感器特性是微分型的，它对变化部分比较敏感。反之，长期处于某一环境并习惯了此环境，则灵敏度下降。一般说来，它能适应环境，调节其灵敏度。除了生物体材料外，最引人注目的智能材料是形状记忆合金、形状记忆陶瓷和形状记忆聚合物。

　　智能材料的探索工作刚刚开始，相信不久的将来会有很大的发展。

1. 试述静态标定的方法。
2. 动静态标定对仪器设备的要求是什么？
3. 提高传感器性能指标的方法有哪些？

第 13 章　传感器的综合应用——小制作

💡 **学习目的**

1）掌握传感器的应用技术。

2）了解传感器与检测电路的调试方法。

随着科学技术的发展，传感器几乎渗透到所有的技术领域，如工业生产、宇宙开发、海洋探索、环境保护、资源利用、医学诊断、生物工程及文物保护等领域，并逐渐深入到人们的生活中。本章仅列举传感器在部分检测与控制中的应用，通过这些简单的制作，使读者充分掌握传感器的工作原理及应用，并加深对传感器的理解。

13.1　电阻应变式力传感器制作的数显电子秤

该电子秤是根据应变式传感器的工作原理制作的数字式电子秤，具有准确度高、易于制作、成本低、体积小巧、实用等特点。其分辨率为 1g，在 2kg 的量程范围内经仔细调校，测量精度可达 0.5%。

13.1.1　工作原理

数显电子秤电路原理图如图 13-1 所示，其主要部分为电阻应变式传感器 R_1 及 IC_2、IC_3 组成的测量放大电路、IC_1 及外围元件组成的数显面板。传感器 R_1 采用 E350 – 2AA 箔式电阻应变片，其常态阻值为 350Ω。测量电路将 R_1 产生的电阻应变量转换为电压信号输出。IC_3 将转换后的电压信号进行放大，作为 A–D 转换器的模拟电压输入。IC_4 提供 1.22V 基准电压，它同时经 R_5、R_6 及 RP_2 分压后作为 A–D 转换器的参考电压。$3\frac{1}{2}$ 位 A–D 转换器 ICL7126 的参考电压输入正端由 RP_2 中间触头引入，负端则由 RP_3 的中间触头引入。两端参考电压可对传感器非线性误差进行适量补偿。

13.1.2　元器件选择

IC_1 选用 ICL7126 集成块；IC_2、IC_3 选用高准确度低温漂精密运放 OP07；IC_4 选用 LM385 – 1.2V 集成块。传感器 R_1 选用 E350 – 2AA 箔式电阻应变片，其常态阻值为 350Ω。各电阻元件选用精密金属膜电阻。RP_1 选用精密多圈电位器，RP_2、RP_3 经调试后可分别使用精密金属膜电阻代替。电容 C_1 选用云母电容或瓷介电容。

13.1.3　制作与调试

该数显电子秤外形可参考图 13-2 所示的形式。其中形变钢件可用普通钢锯条制作，其

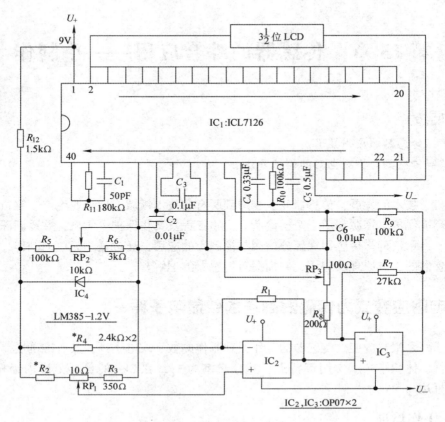

图 13-1　数显电子秤电路原理图

方法是：首先将锯条打磨平整，再将锯条加热至微红，趁热加工成"U"形，并在对应位置钻孔，以便以后安装；然后再将其加热至橙红色（700～800℃），迅速放入冷水中淬火，以提高其硬度和强度；最后进行表面处理工艺。有条件时，可采用图 13-3 所示的准 S 形传感器。秤钩可用清理胶粘接于钢件底部。应变片则用专用应变胶粘接于钢件变形最大的部位（内侧正中），这时其受力的变化与其阻值的变化刚好相反。拎环用活动链条与秤体连接，以便使用时秤体能自由下垂，同时拎环还应与秤体在同一垂线上。

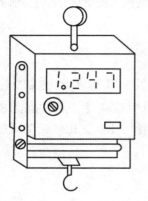

图 13-2　数显电子秤外形图

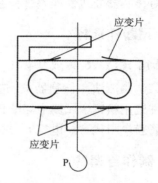

图 13-3　准 S 型应变式传感器

在调试时，应准备1kg及2kg标准砝码各一个，调试过程如下：

1）零位调整。首先在秤体自然下垂无负载时调整 RP_1，使显示器读数为零。

2）满量程调整。当秤承担满量程重量时（如2kg），调整 RP_2，使显示器读数为满量程值。

3）中间位置调整。当秤钩下悬挂 1kg 的标准砝码时，调整 RP_3，使显示器读数为1.000。

4）重复第2）、3）步，直到满足要求为止。

5）最后准确测量 RP_2、RP_3 电阻值，并用精密金属膜电阻代替。

6）RP_1 引出表外，以便于测量前调零之用。

13.2　敲击式电子门铃

该敲击式电子门铃是用压电传感器作为检测元件的。其特点是：当有客人来访时，只要用手轻轻敲击房门，室内的电子门铃就会发出清脆的"叮咚"声。其工作可靠、实用性强。

13.2.1　工作原理

图13-4所示为敲击式电子门铃的电路图，其主要由拾音放大器、单稳态触发器、脉冲计数器、音乐发生和音频放大器等电路组成。

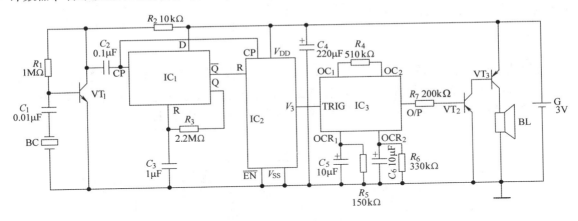

图13-4　敲击式电子门铃电路图

压电陶瓷片 BC 固定在房门内侧上，当有人敲击门时，BC 受到机械振动后，其两端产生感应电压（压电效应），该电压经 VT_1 放大后，作为触发电平加至 IC_1 和 IC_2 的 CP 端，使单稳态触发器翻转，IC_1 的输出端输出低电平脉冲给 IC_2 的 R 端，IC_2 开始对敲击脉冲进行计数。延时约1s后，IC_1 的输出端恢复为高电平，IC_2 停止计数。当1s内敲击脉冲超过3次时，IC_2 的输出端会产生高电平脉冲，触发音乐集成电路 IC_3 工作，IC_3 的 O/P 端输出音乐电平信号，该信号经 VT_2 和 VT_3 放大后，推动扬声器 BL 发出"叮咚"声。

13.2.2　元器件选择

$R_1 \sim R_7$ 均选用 RTX – 1/8W 碳膜电阻器。$C_1 \sim C_3$ 均选用涤纶电容器或独石电容器；

$C_4 \sim C_6$ 均选用 CD11 - 16V 的电解电容器。VT_1 用 9014 或 3DG8 型硅 NPN 小功率晶体管，要求电流放大系数 β 大于等于 150；VT_2 选用 9013 或 3DG12、3DK4 型硅 NPN 中功率晶体管，要求电流放大系数 β 大于等于 100；VT_3 选用 9012 型硅 PNP 中功率晶体管，要求电流放大系数 β 大于等于 50。IC_1 选用 CD4013 双 D 触发器数字集成电路；IC_2 选用 CD4017 十进制计数分频器数字集成电路；IC_3 选用 KD2538 音乐集成电路。BL 选用 0.25W、8Ω 微型电动式扬声器。BC 用 $\phi 27mm$ 的压电陶瓷片，如 FT - 27 等型号。G 用两节 5 号干电池串连而成，电压 3V。

13.2.3　制作与调试

IC_3 芯片通过 4 根 7mm 长的元器件剪脚线插焊在电路板上；除压电陶瓷片 BC 外，焊接好的电路板连同扬声器 BL、电池 G(带塑料架)一起装入绝缘材料小盒内。盒面板为 BL 开出拾音孔；盒侧面通过适当长度的双芯屏蔽线引出到压电陶瓷 BC。

实际安装时，将压电陶瓷片 BC 通过 502 胶粘贴在大门背面正对个人常敲门的位置(一般离地面 1.4m 左右)，门铃盒则固定在室内墙壁上。

13.3　超温报警电路

本超温报警电路是采用 LM45C 贴片式温度传感器设计的，报警温度可任意设定，超过设定温度时会发出声、光报警信号。

13.3.1　工作原理

超温报警电路如图 13-5 所示，该电路主要由贴片式温度传感器 LM45C、LM4431 基准电压源及 CA3140 运算放大器组成的比较器构成。由电位器 RP 设定报警温度(每 10mV 相当于 $1℃$)，例如报警温度为 $80℃$ 时，调节 RP 使 M 点电压为 800mV 即可。

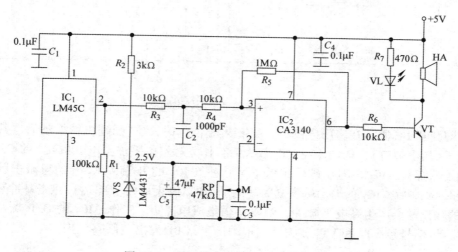

图 13-5　采用 LM45C 的超温报警电路图

当探头 LM45C 所在环境超过设定温度时，CA3140 比较器的 6 脚输出高电平，晶体管

VT 导通，VL 发光，HA 发声以示超温报警。

比较器有一定的滞后，这是为了防止测量温度在阈值温度上下波动时，产生不稳定的报警声。

13.3.2 元器件选择

IC_1 选用美国国家半导体公司生产的 LM45C 贴片式温度传感器，其输出电压与摄氏温度成正比，灵敏度为 10mV/℃，不需要调整。IC_2 选用运算放大器 CA3140。VS 采用 2.5V 硅稳压二极管，如 LM4431；VL 采用 ϕ3mm 高亮度发光二极管。VT 采用 9013 或 3DK4 型硅 NPN 中功率晶体管，要求电流放大系数 β 大于 100。$R_1 \sim R_7$ 选用 RTX – 1/8W 碳膜电阻器。RP 采用 WSZ – 1 型自锁式有机实心电位器。$C_1 \sim C_4$ 均采用 CT1 瓷介电容器；C_5 选用 CD11 – 10V 的电解电容器。HA 采用语音报警专用电喇叭。电源选用直流 5V 稳压电源。

13.3.3 制作与调试

由于本电路较简单，按电路图焊接安装好后，一般不需要调试即可使用。

13.4 水位指示及水满报警器

该水位指示报警器可用于太阳能热水器的水位指示与控制。太阳能热水器一般都设在房屋的高处，热水器的水位在使用时不易观察，给使用者带来不便。使用该水位报警器后，可实现水箱中缺水或加水过多时自动发出声光报警。

13.4.1 工作原理

水位指示与水满报警电路如图 13-6 所示。

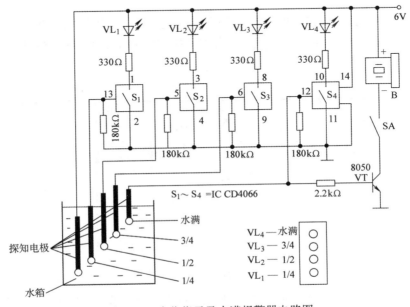

图 13-6 水位指示及水满报警器电路图

该电路由一块四双向模拟开关集成电路 CD4066 和相关元器件组成。每个电路内部有 4 个独立的能控制数字或模拟信号传送的开关。当水箱无水时，由于 180kΩ 电阻的作用，使 4 个开关的控制端部为低电平，开关断开，发光二极管 VL₁ ~ VL₄ 不亮。随着水位的增加，加之水的导电性，使得 IC 的 13 脚为高电平，S₁ 接通，VL₁ 点亮。当水位逐渐增加时，VL₂、VL₃ 依次发光指示水位。水满时，VL₄ 发光，显示水满。同时 VT 导通，B 发出报警声，提示水已满。不需要报警时，断开开关 SA 即可。

13.4.2 元器件选择

IC 选用四双向模拟开关集成电路 CD4066。VT 用 9013 或 8050、3DG12、3DX201 型硅 NPN 中功率晶体管，要求 β 值大于 150。VL₁ ~ VL₄ 用 F5mm 高亮度红色发光二极管。R 用 RTX－1/8W 碳膜电阻器。B 用 YD57-2 型 8Ω 圈式扬声器。电源可用 4 节 1.5V 电池或 6V 直流稳压电源。

13.4.3 制作与调试

制作时可做一个简易面板。并根据实际情况及个人爱好选择合适的报警器 B。调试时将 5 个探知电极安置在水盆的不同水位高度，接通水位报警电路，给水盆中慢慢加水，在各种不同水位对电路报警效果进行调整。

13.5 光控延时照明灯

光控延时照明灯，采用红外发光二极管及光敏晶体管作为双重光控元件，用于走廊楼道照明。

13.5.1 工作原理

图 13-7 所示为光控延时照明灯电路原理图。电路中，时基集成电路 IC 与电位器 RP、电容器 C_1 构成单稳态触发器；VTL₂ 与 IC 第 4 脚内的电路组成光控电路；红外发光二极管 VL 与 VTL₁ 组成红外光控电路。

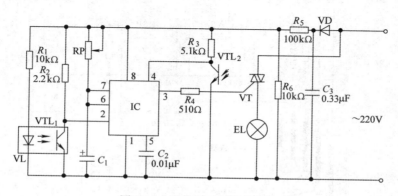

图 13-7 光控延时照明灯电路

在白天有光时，VTL₂ 呈现导通状态，使 IC 的 4 脚(复位端)为低电平，整个控制电路白天不工作。在晚上，VTL_2 因无光照射而呈现截止状态，IC 的 4 脚变为高电平，整个控制电路开始工作。

若光控区无人时，则 VL 发出的红外线使 VTL_1 导通，IC 的第 2 脚为恒定的低电平，3 脚输出低电平，VT 截止，照明灯 EL 不亮(因为只有 IC 第 2 脚有负脉冲输入时，其内部的触发器才动作，IC 的 3 脚才输出高电平)。

当有人进入光控区后，遮挡光照使 VTL_1 截止，IC 的 2 脚变为高电平，人走出光控区后，IC 的 2 脚加入负脉冲，使其内部的触发器翻转，IC 的 3 脚输出高电平，使 VT 受触发而导通，照明灯 EL 被点亮。待 IC 暂态结束后，其 3 脚恢复低电平，使 VT 截止，照明灯 EL 熄灭。

13.5.2 元器件选择

IC 选用 NE555、μA555、SL555 等时基集成电路。VL 选用 HG501 中功率红外发射二极管；VTL_1、VTL_2 选用 3DU 系列的光敏晶体管。VT 选用 MAC97A6 小型塑封双向晶闸管，可驱动 100W 以下的白炽灯泡，使用时应加散热片；VD 选用 1N4004 型等硅整流二极管。RP 选用 WS 型小型精密电位器；$R_1 \sim R_4$、R_6 均选用 RTX - 1/4W 碳膜电阻器；R_5 选用 RTX - 2W 碳膜电阻器。C_1 选用 CD11 型电解电容器；C_2 选用 CT4D 型独石电容器或 CL11 型涤纶电容器；C_3 选用 CBB - 400V 型聚丙烯电容器。

13.5.3 制作与调试

定时电路中除 VL、VTL_1、VTL_2、EL 外，其余元件焊在电路板上，装入塑料盒内，固定在走廊墙壁上。VTL_2 光敏晶体管装在楼梯窗外，使其感受到白天光照。VL、VTL_1 分别安装在走廊两侧墙壁上，离地面约 90cm。在光敏晶体管 VTL_1 前面可加装红色有机玻璃，以防止其他光源干扰。

调节电位器 RP 的阻值，使其定时为 20s 左右。将 VL 对准 VTL_1，再分别安装好(可通电试验，用手遮挡住 VL，再松开，观察灯 EL 是否点亮，以此来检查 VL 与 VTL_1 是否对准)即可。

13.6 热释电红外探头报警器

热释电红外探头报警器由新型热释电式红外探头和语音集成电路等组成，是一种体积小、无须外部接线、使用方便的便携式报警器。每当其前方 5m 范围内有人活动时，便会立即发出"嘟嘟，请注意!"的报警声。其最大的特点是白天和晚上都能正常工作，可广泛用于家庭防护、误入危险区域警示、商店营业部来客告知及外出旅行度假时的安全防范等场所。

13.6.1 工作原理

热释电红外探头报警器的电路如图 13-8 所示，它主要由新型热释电式红外探测头 IC_1 和语音集成电路 IC_2 等组成。IC_1 是一种被动式红外检测器件，它能以非接触方式检测出运动人体所辐射出来的红外能，并将其转化为正脉冲电信号输出；同时，它还能有效地抑制人体辐射波长以外的红外光和可见光的干扰。

当有人进入监视区域内时，IC_1 的 OUT 脚输出与运动人体频率基本同步的正脉冲信号。

该信号直接加到 IC$_2$ 的触发端 TG 脚，使 IC$_2$ 内部电路受触发工作，由其 OUT 脚输出内储的"嘟嘟，请注意!"电信号，经晶体管 VT 功率放大后，推动扬声器 B 发出响亮的报警声。

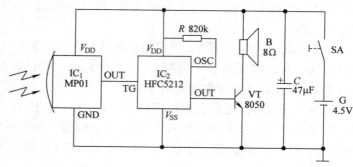

图 13-8　热释电红外探头报警器电路图

电路中，R 为 IC$_2$ 外界时钟振荡电阻器，其阻值大小影响语音声的速度和音调。C 为滤波电容器，主要用来降低电池 G 的交流内电阻，使 B 发声更加纯正响亮。

13.6.2　元器件选择

IC$_1$ 选用 MP01 型热释电式红外探测头，它将菲涅耳透镜、热释电传感器、单片数模混合集成电路组合在一起，构成了一个坚固、小巧、易安装的"一体化"器件。MP01 采用 TO5 封装，典型尺寸为 $\phi11 \sim 14.5mm$。它共有 3 个引脚：电源正极端 V_{DD}、信号输出端 OUT 和公共地端 GND。由于 MP01 是靠感应热释红外线工作的，所以在夜间也能很容易地检测到运动的人体。IC$_2$ 选用 HFC5212 型"嘟嘟，请注意!"语音集成电路。VT 选用 8050 型硅 NPN 中功率晶体管，要求电流放大系数 β 大于 100。R 选用 RTX - 1/8W 碳膜电阻器。C 选用 CD11 - 10V 型电解电容器。B 用 YD58 - 1 型小口径 8Ω、0.25W 动圈式扬声器。SA 用 1 × 1 小型拨动开关。G 用 3 节 5 号干电池串联(须配塑料电池架)而成，电压 4.5V。

13.6.3　制作与调试

IC$_2$ 芯片可通过 5 根 7mm 长铜丝直接插焊在电路板对应数标孔内。焊接时**注意**：电烙铁外壳一定要良好接地，以免交流感应电压击穿 IC$_1$、IC$_2$ 内部的 COMS 集成电路。焊接好的电路全部装入合适的塑料小盒内。盒面板开孔伸出 IC$_1$ 探测镜头，并为 B 开出放音孔。盒侧面开孔固定 SA。

制作成的热释电红外探头报警器，一般无须任何调试便可投入使用。如果 IC$_2$ 语音声的音调或速率不理想，可通过更改 IC$_2$ 外接振荡电阻 R 阻值($620k \sim 1.2M\Omega$)来加以调整。R 阻值大，语音声速慢且低沉;反之，则语音声速快且尖高。

实际使用时，热释电红外探头报警器可放在任何需要对人体进行监视的地方(或固定在墙上)，将 IC$_1$ 探测镜头正对着来人方向即可。该报警器的有效监视范围是一个半径 5m、圆心角达 100° 的扇形区域。由于本装置实测静态总电流小于 0.2mA，故用电十分节省。每换一次新干电池，一般可连续使用数个月时间。

13.7　超声波遥控照明灯

超声波遥控照明灯，采用专用超声波发射集成电路，工作可靠，性能稳定。

13.7.1   工作原理

超声波遥控照明灯由超声波发射器与超声波接收器两大部分组成，图 13-9a 所示为超声波发射器电路。IC_1 是超声波发射专用集成电路，它的外围电路极为简单，当按下按键 SB 时，超声波发射换能器 B_1 即向外发射频率为 40kHz 的超声波。

超声波接收器的电路如图 13-9b 所示，它由超声波接收换能器 B_2、前置放大器 VT_1、声控专用集成电路 IC_2、电子开关和电源等部分组成。设 IC_2 的输出端即 12 脚输出低电平时，VT_2 截止，继电器 K 不动作，其动合触点 K_1 打开，电灯 EL 不亮。如果此时按一下发射器的按键 SB，B_2 就将接收到的超声波信号转变为相应的电信号，经 VT_1 前置放大，然后送入到 IC_2 的输入端，即 1 脚，使 IC_2 内部触发翻转，第 12 脚输出高电平，VT_2 导通，继电器 K 得电吸合，触点 K_1 闭合，电灯 EL 通电发光。如果再按一下发射器 SB，接收控制器收到信号后，IC_2 的第 12 脚就会翻转回低电平，VT_2 截止，电灯 EL 熄灭。

R_3、R_4 组成分压器，且 R_4 的阻值略大于 R_3，因而使 IC_2 的输入端第 1 脚静态直流电平略高于 $1/2 V_{DD}$，可使声控集成电路 IC_2 处于最高接收灵敏度状态。

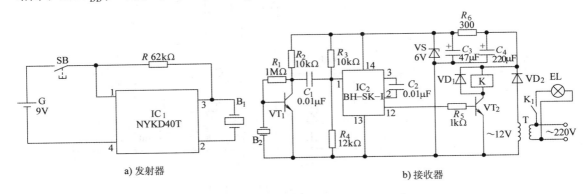

a) 发射器   b) 接收器

图 13-9   超声波遥控照明灯电路图

13.7.2   元器件选择

IC_1 选用 NYKD40T 超声遥控发射专用集成电路，它采用金属壳封装，该集成块的工作电压为 9V，工作电流约为 25mA，有效发射距离为 10m；IC_2 采用 BH-SK-I 型声控集成电路，它采用黑膏软封装。B_1 为压电陶瓷型超声波发射换能器，型号为 UCM-T40；B_2 为与 B_1 相配套的超声波接收换能器，型号为 UCM-R40。发射器为了力求体积小巧，电源 G 应采用 6F22 型 9V 层叠式电池；接收控制器则采用交流电降压整流供电，T 选用 220V/2V、8W 优质成品电源变压器；K 为 JZC-22F、DC12V 小型中功率电磁继电器，其触点容量可达 5A。VT_1 选用 9014 或 3DG8 型硅 NPN 小功率晶体管，要求电流放大系数 β 大于等于 200；VT_2 选用 9013、3DG12、3DK4、3DX21 型硅 NPN 中功率晶体管，要求电流放大系数 β 大于等于 100；VD_1、VD_2 均选用 1N4001 型硅整流二极管；VS 选用 6V、0.5W 硅稳压二极管，如 2CW21C、1N5233 型等；C_1、C_2 选用 CT1 型瓷介电容器；C_3、C_4 选用 CD11-16V 型电解电容。所有电阻均选用 RTX-1/8W 碳膜电阻器。

13.7.3 制作与调试

将焊接好的电路板装入体积合适的绝缘小盒内，注意在盒面板为 B_2 开出接收孔。按图 13-9b 选择元器件参数，一般不需要调试，即能可靠稳定工作，有效工作半径为 10m 左右。

13.8 感应式防盗报警器

该防盗报警器采用多普勒传感器，具有灵敏度高、监视范围广等特点，适用于仓库或庭院作夜间防盗之用。

13.8.1 工作原理

该防盗报警器主要由多普勒传感器、低频放大器、电子开关、延时电路和声响报警电路组成，如图 13-10 所示。

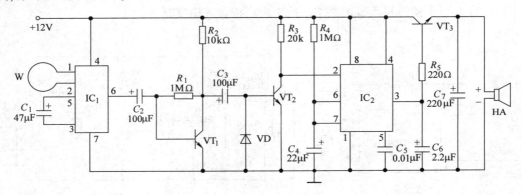

图 13-10 感应式防盗报警器电路图

电路中，IC_1 为多普勒传感器，它通过外接环形天线 W 向周围空间发射微波信号。平时，当无人进入防盗监视区内时，IC_1 的 6 脚输出恒定的直流电压，报警电路不动作；当有人进入 IC_1 的监视区域内活动时，环形天线 W 将会接受到被人体反射回来的微波信号，此微波信号经 IC_1 处理后，从 IC_1 的 6 脚输出脉动电压信号(人体离天线 W 越近，IC_1 的 6 脚输出的信号的电压幅值越大)。此脉动电压信号经电容器 C_2 耦合至晶体管 VT_1 的基极，经 VT_1 放大后从其集电极输出，经电容器 C_3 加至晶体管 VT_2 的基极，使 VT_2 导通，使集成电路 IC_2 的 2 脚变为低电平，IC_2 内部的单稳态触发器翻转进入暂态，其 3 脚输出高电平，使晶体管 VT_3 饱和导通，其发射极有电压输出，使声响报警器 HA 通电工作，反复发出响亮的"有贼，抓贼呀"的报警声。此时，即使侵入者远离监视区域，报警器也会持续报警一段时间(约 25s)。

13.8.2 元器件选择

IC_1 选用 RD627 多普勒传感器模块；IC_2 选用 NE555 时基集成电路。VT_2 选用 3DK4 开关晶体管；VT_1 和 VT_3 选用 8050 型 NPN 型中功率晶体管，要求电流放大系数 β 大于 100。$R_1 \sim R_5$ 选用 RTX–1/4W 碳膜电阻器。$C_1 \sim C_4$、C_6 和 C_7 均选用 CD11–16V 的电解电容器；

C_5 选用涤纶电容器。HA 选用专用内置语音集成电路和扬声器的高响度声响报警器。天线 W 可选用黑白电视机特高频（UHF）用室内环形天线（天线与 IC_1 的 1 脚、2 脚之间用阻抗为 7Ω 的反馈线连接）。电源选用 12V 直流稳压源。

13.8.3　制作与调试

按电路图焊接好后，即可通电调试。调整电阻器 R_4 和电容器 C_4 的数值，可决定报警时间的长短。

13.9　吸烟报警器

该报警器安装在不宜吸烟的场合，当有人吸烟而烟雾缭绕时，会发出响亮刺耳的语言"不要吸烟"，以提醒吸烟者自觉停止吸烟。

13.9.1　工作原理

该报警器由气敏传感器、单稳态触发器、语音集成电路和升压功放报警器等组成，如图 13-11 所示。当气敏元件 MQK-2 的表面吸附了烟雾或可燃性气体时，其 B、L 极间的阻值减小，这时由于 RP_2、R_1 和 B、L 极间电阻的分压，使节点 C 的电位下降，当其电位下降到 $1/3V_{DD}$ 时，IC_1 的 2 脚受触发，由 IC_1 组成的单稳态触发器翻转，其 3 脚输出高电平，它经 R_3、C_2、VD 稳压在 4.2V，为语音集成电路 IC_2 和 VT 供电，这时 IC_2 的 K 点输出语音信号，由 C_3 耦合到 VT 进行一次电压预放大，再经 C_4 送入升压功放模块 TWH68，最后从扬声器中发出响亮的报警语音。虽然单稳态电路延时时间按图设定为 10s，但只要室内的烟雾或可燃性气体不被驱散，2 脚的电位总不大于 $1/3V_{DD}$，它将一直输出高电平持续报警，只有烟雾消除后，MQK-2 的 B、L 极间阻值复原至 $30k\Omega$ 以上，且 2 脚的电位大于 $1/3V_{DD}$ 后，IC_1 才翻转输出低电平，从而停止报警。

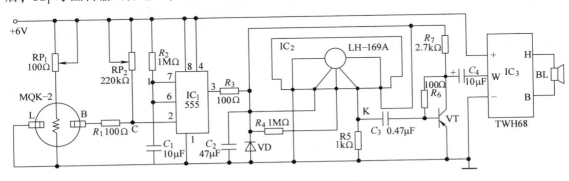

图 13-11　吸烟报警器电路图

13.9.2　元器件选择

气敏传感器选用 MQK-2 型气敏元件；IC_1 选用 NE555 或 LM555 等时基集成电路；IC_2 选用 LH-169A 型语音集成电路；IC_3 选用升压功放模块 TWH68。VT 用 9015 或 3CG21 型硅

PNP 小功率晶体管，要求 β 值大于100。VD 用普通硅二极管 1N4148。RP_1、RP_2 用 WH7 − A 型立式微调电位器。$R_1 \sim R_7$ 选用 RTX − 1/8W 碳膜电阻器。C_1、C_2、C_4 用 CD11 − 10V 的电解电容器，C_3 选用 CC1 型瓷介电容器。BL 用 8Ω、0.25W 小口径电动式扬声器。电源可用 6V/0.5A 的直流稳压电源供电。

13.9.3 制作与调试

整个电路全部组装在体积合适的绝缘小盒（如塑料香皂盒）内。盒面板开孔固定气敏元件，并为扬声器 BL 开出释音孔。调试时先将限流电位器 RP_1 旋至阻值最大处，然后通电，这样可防止大电流冲击损坏 MQK − 2 的加热丝。微调 RP_1 使气敏元件加热的灯丝电压为5V，这时流过加热极电流为130mA 左右。**注意**：必须在 MQK − 2 灯丝预热10min，气敏元件的电阻处于正常工作状态后，再调节 RP_2 使 C 点的电位略大于2V 即可。

13.10 触摸式延时照明灯

触摸式延时照明灯，采用二线制接法，不必更改原有布线，是一款简单、实用的照明灯控制电路，非常适用于楼道、走廊、卫生间等场所。

13.10.1 工作原理

触摸式延时照明灯，采用双 D 触发器数字集成电路制作，其工作原理图如图 13-12 所示。二极管 $VD_1 \sim VD_4$、晶闸管 VT 组成灯光控制器的主电路，R_5 与 VS 构成电源电路，输出约12V 左右的直流电压供集成块 IC 用电。集成块 IC 为一个 D 触发器，它接成典型的单稳态电路，稳态输出时输出端 Q 即1脚输出低电平，故晶闸管 VT 关断，电灯 EL 不亮。若有人触摸电极片 M，人体感应的杂波信号经电阻 R_1 加至集成块的 CP 端，即3脚，单稳电路即翻转进入暂态，Q 端即1脚输出高电平；另一路经电阻器 R_3 向电容器 C_1 充电，使集成块的复位端 R 即4脚的电平不断上升，当升至阈值电平时电路复位，单稳电路翻回到稳定状态，1脚恢复到原来的低电平，VT 因失去触发信号，当交流电过零时即关断，灯 EL 熄灭。发光二极管 VL 是用来指示开关位置的，这样便于在夜间寻找开关。

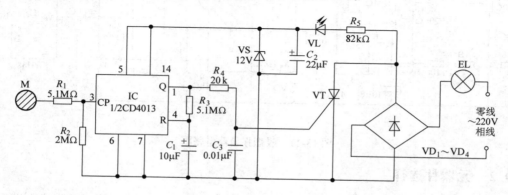

图 13-12 触摸式延时照明灯电路图

13.10.2　元器件选择

IC 选用 CD4013 型双 D 触发器数字集成电路，本电路只用其中一只完好的 D 触发器。VT 可选用普通小型塑料单向晶闸管，如 MCR100 - 8、2N6565、BT169 型等；$VD_1 \sim VD_4$ 选用 1N4004 或 1N4007 型等硅整流二极管；VS 选用 12V、0.5W 型稳压二极管，如 2CW60 - 12、1N5242、UZ - 12B 型等；VL 选用 ϕ5mm 圆形红色发光二极管。R_5 最好选用 RJ - 1/4W 型金属膜电阻器，其余电阻均选用 RTX - 1/8W 碳膜电阻器。C_1、C_2 采用 CD11 - 25V 的电解电容器；C_3 选用 CT1 瓷介电容器。触摸片 M 可用镀铬或镀锡铁皮剪制，然后用 502 胶粘贴在开关面板上。

13.10.3　制作与调试

本控制器在接入照明线路时，控制器与电源相位(即相线与零线位置)必须按图所示位置连接，若接反了，电路则不能正常触摸工作。其接线是遵循相线进开关这一规范的，而且它对外也仅有两根引出端子，所以接线方便。电路的延时时间取决于 R_3 与 C_1 的充电时间常数，更改其数值可以获得所需的延迟时间。

第 14 章　实战演练——常见参数的检测

传感器与自动检测技术是实践性很强的一门技术，通过大量的实践以加深读者对传感器与检测技术的认识与理解，从而激发设计者创造、发明、设计及应用传感器与检测技术的灵感。课程实践主要分三种类型：一类是走出校园到社会中调查实践；一类是借助实验仪器进行准确的测量；第三类是让学生亲自动手设计制作传感器应用电路来实现某种功能。

调查实践的目的一是让学生懂得要设计一款有实际应用价值、性价比较高的传感器必须从市场调查开始；二是让学生从市场和工厂中直观地了解各种传感器的外观结构及参数；三是通过参观使学生对传感器的生产工艺流程有一定的了解，为学习和将来的工作打下基础；四是让学生了解生产和生活中哪些地方、哪些仪器设备和家用电器中用到了传感器，传感器起的作用是什么，从而激发学生学习这门课程的兴趣，调查实践也可以通过网络来实现。

设计制作传感器应用电路第 13 章列举了一部分，希望读者能通过有限的制作不仅能增强实践能力，而且能举一反三扩展自己的思路产生创造发明的灵感。

本章主要介绍借助实验仪器进行常见参数的测量部分。由于各校实践条件不同，实验仪器也不同，但实验原理基本相同，这里介绍的实验项目是以 CSY 系列传感器与检测技术实验仪为平台，工程检测中常用的一些传感器的参数测量实验，供各校参考。

14.1　CSY 系列传感器与检测技术实验台简介

CSY 系列传感器与检测技术实验台主要用于"传感器原理与自动检测技术""电气自动化检测技术""非电量电测技术""工业自动化仪表与控制技术""机械量电测技术"等课程的实验教学。

14.1.1　实验台组成

CSY 系列传感器与检测技术实验台由主控台、四源板(温度源、转动源、振动源、气源)、15 个(基本型)或 22 个(增强型)传感器和相应的实验模板、数据采集卡及处理软件及实验台桌几部分组成，如图 14-1 所示。

(1) 主控台部分　提供高稳定的 ±15V 、 +5V 、 ±2V ~ ±10V 可调、 +2V ~ +24V 可调四种直流稳压电源；主控台面板上还装有电压、频率/转速的 3 位半数显表。音频信号源(音频振荡器)0. 4 ~ 10kHz(可调)；低频信号源(低频振荡器)1 ~ 30Hz(可调)；气压源0 ~ 20kPa 可调；高准确度温度控制仪表(控制准确度 ±0. 5℃)；RS-232 计算机串行接口；流量计。

(2) 四源板　装有振动台 1 ~ 30Hz(可调)；旋转源 0 ~ 2400r/min(可调)；加热源 <200℃(可调)；气源，压力 0 ~ 20kPa 可调。

(3) 传感器　基本型传感器包括：电阻应变式传感器、扩散硅压力传感器、差动变压器、电容式传感器、霍尔式位移传感器、霍尔式转速传感器、磁电转速传感器、压电式传感

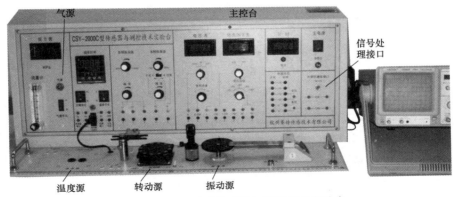

图 14-1 CSY 系列传感器与检测技术实验台

器、电涡流位移传感器、光纤位移传感器、光电转速传感器、集成温度传感器、K 型热电偶、E 型热电偶和 Pt100 铂电阻，共 15 个。

增强型部分：可增加湿敏传感器、气敏传感器、PSD 位置传感器、扭矩传感器、超声位移传感器、电荷耦合器件(CCD)和光栅位移传感器等 7 种传感器和冲击实验台。

（4）实验模块部分 普通型有应变式、压力、差动变压器、电容式、霍尔式、压电式、电涡流、光纤位移、温度和移相/相敏检波/滤波 10 个模块。增强型还增加气敏、湿敏、PSD、扭矩、超声波、CCD 、光栅和冲击实验 8 个模块。

（5）数据采集卡及处理软件 数据采集卡采用 12 位 A－D 转换、采样速度 1000 点/s，采样速度可以选择，既可单步采样亦能连续采样。标准 RS－232 接口，与计算机串行工作。提供的处理软件有良好的计算机显示界面，可以进行实验项目选择与编辑，数据采集，特性曲线的分析、比较，文件存取及打印等。

14.1.2 传感器的简要特性

实验用传感器的简要特性(产品技术指标,参考值)列于表 14-1 中。

表 14-1 实验用传感器的简要特性列表

序号	实 验 模 板	名 称	量 程	准确度	备 注
1	电阻应变式传感器	电阻应变式传感器	0～500g(200g)	±0.5%	简易电子秤
2	压力传感器	扩散硅压力传感器	0～50kPa	±2%	差压
3	差动变压器	差动变压器	±5mm	±1%	
4	电容式传感器	电容式传感器	±2mm	±1%	
5	霍尔式位移传感器	霍尔式位移传感器	±5mm	±2%	
6	基本型 —	霍尔式转速传感器	0～2400r/min	±3%	
7	—	磁电式传感器	0～2400r/min	≤1%	
8	压电式传感器	压电式传感器	≥10kHz	±2%	
9	电涡流位移传感器	电涡流位移传感器	±2mm	±3%	
10	光纤位移传感器	光纤位移传感器	0～1mm	±2%	
11	—	光电转速传感器	0～2400r/min	≤1%	

（续）

序号	实验模板	名　称	量　程	准确度	备　注
12	基本型	集成温度传感器	−55 ~ +150℃	±2%	
13	温度传感器	Pt100 铂电阻	0 ~ 800℃	±2%	三线制
14		K 型热电偶	0 ~ 800℃	±3%	
15		E 型热电偶	0 ~ 800℃	±3%	
16	增强型	—	气敏传感器	$(50 ~ 2000) \times 10^{-6}$		对酒精敏感
17		—	湿敏传感器	10% ~ 95% RH	±5%	
18		超声位移传感器	超声位移传感器	5 ~ 30cm	1cm	

使用注意事项：

1）叠插式接线应尽量避免拉扯，以防折断。

2）注意不要将从各电源、信号发生器引出的线对地短路。

3）振动实验中的振动梁的振幅不要过大，以免引起损坏。

4）各处理电路虽有短路保护，但避免长时间短路。

5）本仪器配备一台超低频双线示波器，最高频率大于等于 1MHz，灵敏度不低于 2mV/cm。

14.2　实验项目简介

实验一　应变式力传感器重量测量——电子秤

1. 实验目的

1）理解金属箔式应变片的工作原理——应变效应和性能。

2）验证金属箔式应变片组成的惠斯顿电桥、汤姆逊[双]电桥及差动全桥的输出特点及性能。

2. 实验原理

电阻丝在外力作用下发生机械变形时，其电阻值发生变化，这就是电阻应变效应，描述电阻应变效应的关系式为

$$\Delta R/R = k\varepsilon$$

式中，$\Delta R/R$ 为电阻丝的电阻相对变化值；k 为应变灵敏系数；$\varepsilon = \Delta l/l$ 为电阻丝长度相对变化。金属箔式应变片是通过光刻、腐蚀等工艺制成的应变敏感元件，通过它来转换被测部位的受力状态变化，电桥作为转换电路完成电阻到电压的比例变化，电桥的输出反映了相应的受力情况。对惠斯顿电桥而言，电桥输出电压为 $U_o = \frac{1}{4}k\varepsilon U_i$；对于汤姆逊[双]电桥，电桥的输出电压为 $U_o = \frac{1}{2}k\varepsilon U_i$；对于差动全桥，电桥的输出电压为 $U_o = k\varepsilon U_i$。

3. 需用器件与单元

应变式传感器实验模板、应变式传感器、砝码若干（每只约 20g）、数显电压表、±15V 电源、±4V 电源、万用表（自备）。

242

注意：为了与实验模板一一对应，本章所介绍的元器件图形、文字代号不做改动，有些可能与前文或国标不一致，特提请读者注意，例如电位器应为 RP，二极管应为 VD、晶体管应为 VT 等。

4. 实验步骤

1）了解所需单元、部件在实验台上的所在位置，观察梁上的应变片。应变片已装于应变片传感器实验模板上，如图 14-2 所示，应变片为棕色衬底箔式结构小方薄片。上下两梁的外表面对称地粘贴两片受力应变片和一片补偿应变片，图 14-3 所示为应变式传感器安装示意图。传感器中各应变片已接入应变式传感器实验模板左上方的 R1、R2、R3、R4 标志端，如图 14-2 所示，加热丝也接于模板上，可用万用表进行测量判别，R1 = R2 = R3 = R4 = 350Ω，加热丝阻值约为 50Ω 左右。

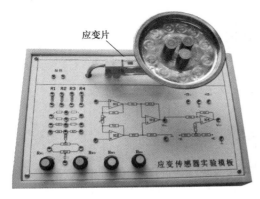

图 14-2　应变式传感器实验模板

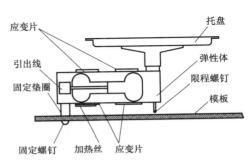

图 14-3　应变式传感器安装示意图

2）实验模板差动放大器调零。方法为：①接入模板电源 ±15V 及地线（从主控箱引入），检查无误后，合上主控箱电源开关，将实验模板增益调节电位器 Rw3 顺时针调节到大致中间位置；②将差动放大器的正、负输入端与地短接，输出端与主控箱面板上数显电压表输入端 Vi 相连，调节实验模板上调零电位器 Rw4，使数显表显示为零（数显表的切换开关打到 2V 档），完毕后关闭主控箱电源。

3）连接电路

① 惠斯顿电桥：参考图 14-4 接入传感器，将应变式传感器的其中一个应变片 R1（即模板左上方的 R1）接入电桥作为一个桥臂，与 R5、R6、R7 接成直流电桥（R5、R6、R7 在模板内已连接好），接好电桥调零电位器 Rw1，接上桥路电源 ±4V（从主控箱引入），检查接线无误后，合上主控箱电源开关，细调 Rw1 使数显表显示为零。

② 汤姆逊[双]电桥：参考图 14-5 接入传感器。R1、R2 为实验模板左上方的应变片，注意 R2 应和 R1 受力状态相反，即桥路的邻边必须是传感器中两片受力方向相反（一片受拉、一片受压）的电阻应变片。

③ 差动全桥：根据图 14-6 所示接线，将 R1、R2、R3、R4 应变片接成全桥，注意受力状态不要接错。

4）实验。在传感器托盘上放置一只砝码，读取数显表数值，依次增加砝码并读取相应的数显表数值，记录实验结果填入表 14-2 中；再依次去掉砝码记录输出值；重复实验过程，实验结束后关闭电源。

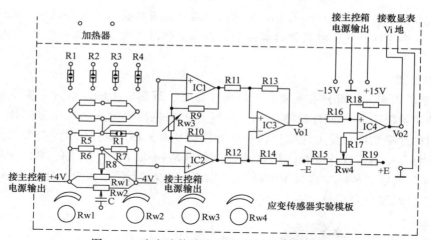

图 14-4　应变片传感器惠斯顿电桥实验接线图

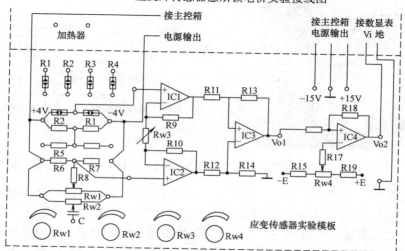

图 14-5　应变片传感器汤姆逊[双]电桥实验接线图

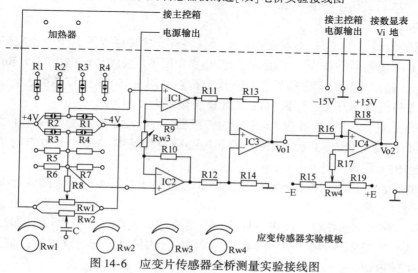

图 14-6　应变片传感器全桥测量实验接线图

表 14-2　电桥输出与重量的对应关系

重量/g						
加法码（正行程）U_o/mV						
取法码（反行程）U_o/mV						
正行程 U_o/mV						
反行程 U_o/mV						
平均值 $\overline{U}_o$/mV						

5）处理数据。绘出输出与输入之间的特性曲线，参考 1.6.1 节计算非线性误差（用端点连线法拟合直线）、灵敏度等指标，写出实验报告。

5. 思考题

1）惠斯顿电桥工作时，分别选择电阻应变片 R1、R2、R3、R4 作为工作桥臂，其结果有何不同？

2）汤姆逊［双］电桥测量时，应变片应该如何选择？应放在：①对边？②邻边？

3）全桥测量中，当两组对边（R1、R3）电阻值相同时，即 R1 = R3，R2 = R4，而 R1 ≠ R2 时，是否可以组成全桥？

4）三种接法其输出有何不用，输出之间的关系是什么？汤姆逊［双］电桥和差动全桥有何优点？比较三种工作方式输出时，放大器的增益能否不同？为什么？

5）某工程技术人员在进行材料拉力测试时在棒材上贴了两组应变片，如何利用这四片电阻应变片组成电桥，是否需要外加电阻？

6）贴片质量对测量准确度有何影响？

7）温度变化对测量有何影响？什么原因会造成温度误差？如何消除该误差？

8）本实验电路对直流稳压电源和放大器有何要求？

注意事项：

1）电桥上端虚线所示的四个电阻实际上并不存在，仅作为一标记。

2）做此实验时应将低频振荡器的幅度调至最小，以减小其对直流电桥的影响。

3）每种电桥在测量前都要调零。

实验二　压电式传感器振动测量

1. 实验目的

1）熟悉压电式传感器的工作原理——压电效应。

2）了解压电式传感器测量振动的原理和方法。

2. 基本原理

压电式传感器由惯性质量块和受压的压电陶瓷片等组成（观察实验用压电加速度传感器结构），工作时传感器感受与试件相同频率的振动，质量块便有正比于加速度的交变力作用在压电陶瓷片上，由于压电效应，压电陶瓷片上产生正比于运动加速度的表面电荷。

3. 需用器件与单元

振动台、压电式传感器、压电式传感器实验模板及双线示波器等。

4. 实验步骤

1）将图14-7所示的压电式传感器装在图14-8所示的检测实验台的振动支架上。

图14-7 压电式传感器

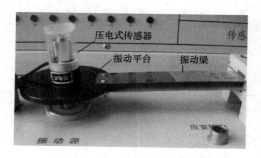

图14-8 压电振动测量安装图

2）将低频振荡器信号接入到台面三源板振动源的低频输入源插孔。

3）将压电式传感器两输出端插入到压电式传感器实验模板两输入端，如图14-9所示，将压电式传感器实验模板电路输出端Vo1与示波器相连。如增益不够大，则将Vo1接入IC2低通滤波器输入端Vi，低通滤波器输出Vo2与示波器相连。

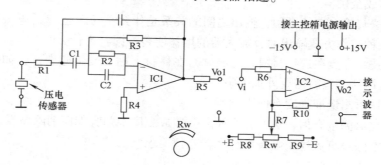

图14-9 压电式传感器实验模板接线图

4）合上主控箱电源开关，调节低频振荡器的频率与幅度旋钮使振动台振动，观察示波器输出波形。

5）用示波器的两个通道同时观察传感器输入端（振源）和模板输出端的波形。

6）记录输入频率与输出（峰-峰）值，填入表14-3中。输入频率用数显表的频率档监测。

7）观察梁的振动幅度及传感器输出大小（峰-峰），确定梁的自然振动频率f_n。

表14-3 输入频率f与传感器输出$U_{峰-峰}$的对应关系

f/Hz							
正行程 $U_{峰-峰}$							
反行程 $U_{峰-峰}$							

5. 思考题

1）梁的振动幅度与低频振荡器的频率有何关系？

2）传感器的输出频率与低频振荡器的频率之间有何关系？是否一致？

3）当梁发生共振时传感器的输出有何特点？

实验三　电容式传感器的位移测量

1. 实验目的

1）了解电容式传感器的结构及特点。

2）掌握电容式传感器的工作原理。

2. 基本原理

利用平板电容 $C = \varepsilon A/d$ 的关系，在 ε、A、d 三个参数中，保持两个参数不变，而只改变其中一个参数，就可使电容量 C 发生变化，通过相应的测量电路，将电容的变化量转换成相应的电压量，则可以制成能测量谷物干燥度（ε 变）、测量微小位移（d 变，如电容式压力传感器）和测量液位高度（A 变）的多种电容式传感器。本实验是一种圆筒形差动变面积式电容传感器位移测量。

3. 需用器件与单元

电容式传感器、电容式传感器实验模板、测微头、数显单元及直流稳压电源。

4. 实验步骤

1）将电容式传感器装于图 14-10 所示的电容式传感器实验模板支架上，并将其连线插入实验模板上。实验接线图如图 14-11 所示。

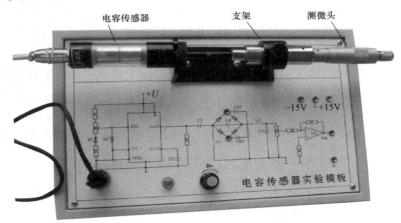

图 14-10　电容式传感器实验模板

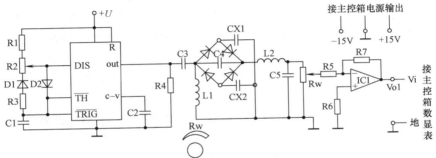

图 14-11　电容式传感器位移实验接线图

2）将电容式传感器实验模板的输出端 Vo1 与数显电压表 Vi 相接，电压表量程置 2V 档，Rw 调节到中间位置。

3）接入 ±15V 电源，旋转测微头使活动杆与传感器动极板相吸合，调整测微头的左右位置，使电压表指示最小，并将测量支架顶部的螺钉拧紧。以此为中心位置（相对零位），左右旋动测微头，每间隔 0.5mm（0.2mm）记下输出电压值，填入表 14-4 中。重复实验过程。

表 14-4　电容式传感器被测位移 X 与输出电压的关系

X/mm	−2.5	−2.0	−1.5	−1.0	−0.5	0	0.5	1.0	1.5	2.0	2.5
正行程 U_o/mV						最小					
反行程 U_o/mV											
正行程 U_o/mV											
反行程 U_o/mV											
平均值 $\bar{U}_o/mV$											

5. 实验数据处理及报告要求

1）根据表 14-4 所测数据，选择适当的比例尺，做出位移和输出电压之间的特性曲线。

2）用端点连线法计算电容传感器的线性度，分析产生非线性误差的原因。

3）计算系统灵敏度。

6. 思考题

1）简述变间隙式和变介电常数式电容传感器工作原理及相应的测量电路。

2）变间隙式和变面积式电容传感器哪种类型的线性更好一些？前者的非线性主要来源于哪些因素？

3）本实验采用的是差动变面积式电容传感器，根据下面提供的电容传感器尺寸，计算在移动 0.5mm 时的电容变化量（ΔC）。传感器外圆筒半径 $R = 8mm$，内圆筒半径 $r = 7.25mm$，当活动杆处于中间位置时，外圆与内圆覆盖部分长度 $L = 16mm$。

4）试设计利用 ε 变化测量谷物湿度的原理与方法，在设计时要考虑哪些因素？

实验四　差动变压器式传感器的位移测量

1. 实验目的

了解差动变压器的工作原理和特性。

2. 基本原理

差动变压器由一个一次绕组和两个二次绕组及一个铁心组成。当铁心随着被测体移动时，由于一次绕组和二次绕组之间的互感发生变化促使两个二次绕组感应电动势产生变化，一个感应电动势增加，另一个感应电动势则减少，将两个二次绕组反向串接（同名端连接），在另两端就能引出差动电动势输出，其输出电动势的大小反映出被测体的移动量。

3. 需用器件与单元

差动变压器实验模板、测微头、双踪示波器、差动变压器、音频振荡器及直流稳压源。

4. 实验步骤

1）根据图 14-12，将差动变压器装在差动变压器实验模板上。

2）在模板上按图 14-13 接线，音频振荡器信号必须从主控箱中的 Lv 端子输出，调节音

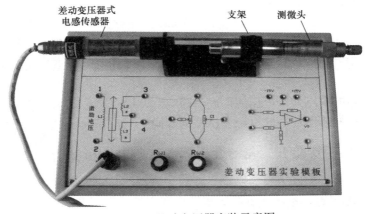

图 14-12 差动变压器安装示意图

频振荡器的频率，输出频率为 4～5kHz(可用主控箱的数显表频率档 f_i 来监测)。调节幅度旋钮使输出幅度为 $U_{峰-峰}=2V$(可用示波器监测)，将差动变压器的两个二次绕组的同名端相连。判别一、二次绕组及二次绕组同名端的方法如下：设任一线圈为一次绕组，并设另外两个绕组的任一端为同名端，按图 14-13 所示接线。当铁心左、右移动时，分别观察示波器中显示的一、二次绕组波形，当二次绕组波形输出幅值变化很大，基本上能过零点，而且相位与一次绕组波形比较能同相和反相变化，说明已连接的一、二次绕组及同名端是正确的，否则继续改变连线再判别，直到正确为止。图 14-13 中 1、2、3、4 为模板中的实验插座。

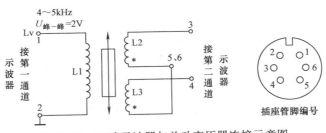

图 14-13 双踪示波器与差动变压器连接示意图

3) 旋动测微头使活动杆与传感器相吸合，调整测微头的左右位置，使示波器第二通道显示的波形值 $U_{峰-峰}$ 为最小，并将测量支架顶部的螺钉拧紧，这时可以进行位移性能实验。假设其中一个方向为正位移，则另一方向为负位移。从 $U_{峰-峰}$ 最小(相对位移零位)处开始旋动测微头，每隔 0.5mm(0.2mm)从示波器上读出电压 $U_{峰-峰}$ 值并填入表 14-5 中，重复实验过程。在实验过程中，注意左、右位移时，一、二次绕组波形的相位关系。

表 14-5 差动变压器被测位移 X 与输出电压 $U_{峰-峰}$ 的关系

X(mm)	-2.0	-1.5	-1.0	-0.5	0(相对)	0.5	1.0	1.5	2.0
正行程 $U_{峰-峰}$/mV					$U_{峰-峰}$ 最小				
反行程 $U_{峰-峰}$/mV					$U_{峰-峰}$ 最小				
正行程 $U_{峰-峰}$/mV									
反行程 $U_{峰-峰}$/mV									
平均值 $\overline{U}_{峰-峰}$/mV									

5. 实验数据处理及报告要求

1）根据表 14-5 所测数据，画出 $U_{峰-峰}$—X 曲线（注意 $X-$ 与 $X+$ 时的 $U_{峰-峰}$ 相位），分析量程为 $\pm 0.5mm$、$\pm 1mm$ 时的灵敏度和非线性误差（用端点连线法拟合直线）。

2）实验过程中差动变压器输出的最小值即为差动变压器的零点残余电压。

6. 思考题

1）差动变压器的零点残余电压能彻底消除吗？

2）试分析差动变压器与一般电源变压器的异同？

实验五　差动变压器零点残余电压补偿

1. 实验目的

了解差动变压器零点残余电压补偿方法。

2. 基本原理

由于差动变压器两只二次绕组的等效参数不对称，一次绕组的纵向排列的不均匀性，一、二次的不均匀、不一致，铁心 $B-H$ 特性的非线性等，因此在铁心处于差动线圈中间位置时其输出电压并不为零，称其为零点残余电压。

3. 需用器件与单元

音频振荡器、测微头、差动变压器、差动变压器实验模板及示波器。

4. 实验步骤

1）按图 14-14 所示接线，音频信号源从 Lv 插口输出，实验模板 R1、C1、Rw1、Rw2 为电桥单元中调平衡网络。

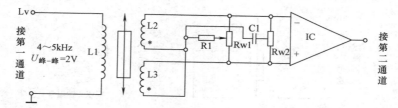

图 14-14　零点残余电压补偿电路之一

2）利用示波器调整音频振荡器输出为 2V 峰-峰值。

3）调整测微头，使差动放大器输出电压最小。

4）依次调整 Rw1、Rw2，使输出电压降至最小。

5）将第二通道的灵敏度提高，观察零点残余电压的波形，注意与激励电压相比较。

6）从示波器上观察，差动变压器的零点残余电压值（峰-峰值）。

5. 思考题

1）请分析经过补偿后的零点残余电压波形。

2）零点残余电压也可用图 14-15 所

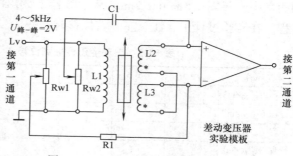

图 14-15　零点残余电压补偿电路之二

示电路进行补偿，请分析其原理。

3）差动变压器能测量振动吗？使用差动变压器测量振动有何限制？

实验六　电涡流式传感器的位移测量

1. 实验目的

了解电涡流式传感器测量位移的工作原理及特性。

2. 基本原理

通以高频电流的线圈会产生高频磁场，当有导体接近该磁场时，会在导体表面产生涡流效应，而涡流效应的强弱与该导体与线圈的距离有关，因此通过检测涡流效应的强弱即可进行位移测量。

3. 需用器件与单元

电涡流式传感器、电涡流式传感器实验模板、数显电压表、测微头及金属薄圆片。

4. 实验步骤

1）观察图 14-16 所示的电涡流式传感器的结构，传感器顶端是一个扁平的多绕线圈，两端用单芯屏蔽线引出。按照图 14-17 在实验模板上装好电涡流式传感器和测微头。

2）在测微头端部装上铁质金属圆片，作为电涡流式传感器的被测体。

3）按图 14-17 所示将电涡流式传感器输出插头接入实验模板上相应的传感器输入插口，传感器作为由晶体管 T1 组成的振荡器的一个电感元件。实验接线如图 14-18 所示。

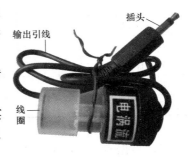

图 14-16　电涡流式传感器

4）将实验模板输出端 Vo 与数显单元输入端 Vi 相接。数显电压表量程置 20V 档。

5）将主控台 +15V 电源与模板上对应的电源插孔相连。

6）旋转测微头使金属圆片与传感器线圈端部接触，开启主控箱电源开关，记下数显电压表读数，然后向后旋转测微头每隔 0.5mm（0.2mm）读取一个数值，直到输出值几乎不变，再向前旋转测微头，重复实验过程，将结果记入表 14-6 中。

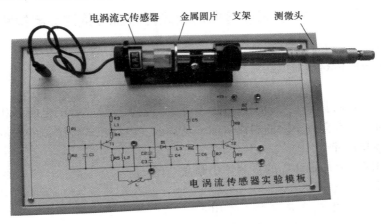

图 14-17　电涡流式传感器安装示意图

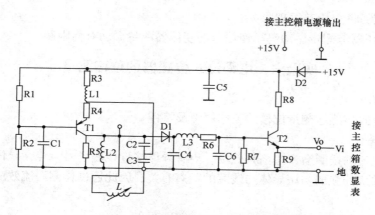

图 14-18　电涡流式传感器位移实验接线图

表 14-6　电涡流式传感器被测位移 X 与输出电压的关系

X/mm	0						
正行程 1U/V							
反行程 1U/V							
正行程 2U/V							
反行程 2U/V							
平均值 $\overline{U}_o$/V							

7）根据表 14-6 中的数据，画出 $U-X$ 曲线，根据曲线找出线性区域及进行正负位移测量时的最佳工作点，试计算量程为 1mm、3mm 及 5mm 时的灵敏度和线性度（用端点连线法拟合直线）。

5. 思考题

1）电涡流式传感器的量程与哪些因素有关？如果需要测量 ±3mm 的量程应如何设计传感器电路？

2）用电涡流式传感器进行非接触位移测量时，如何根据量程选用、使用传感器？

实验七　被测体材质对电涡流式传感器的特性影响检测

1. 实验目的

了解不同的被测体材质对电涡流式传感器性能的影响。

2. 基本原理

影响涡流效应的强弱除了上面提及的因素外，与金属导体本身的电阻率和磁导率也有关系，因此不同的材料就会有不同的涡流效应，从而改变电涡流式传感器的测量性能。

3. 需用器件与单元

与实验六相同，另加铜和铝的被测体小圆盘。

4. 实验步骤

1）传感器安装，电路连接与实验六相同。

2）将原铁金属圆片换成铝或铜圆片。

3）重复实验六步骤，被测体分别为铝圆片和铜圆片时的位移特性，分别记入表 14-7、表 14-8 中。

表 14-7　被测体为铝圆片时的位移与输出电压关系

X/mm						
正行程 U_o/V						
反行程 U_o/V						
平均值 $\overline{U}_o$/V						

表 14-8　被测体为铜圆片时的位移与输出电压关系

X/mm						
正行程 U_o/V						
反行程 U_o/V						
平均值 $\overline{U}_o$/V						

4）根据两个表中数据分别计算量程为 1mm 和 3mm 时的灵敏度和非线性误差。

5）分别比较实验六和本实验所得的结果，并进行小结。

5. 思考题

1）若被测体为非金属材料，是否可利用电涡流式传感器进行位移测试？

2）被测体面积大小及形状对测量结果有何影响？

3）试设计用电涡流式传感器测量振动的原理与方法。

实验八　电涡流式传感器的振动测量

1. 实验目的

了解电涡流式传感器测量振动的原理和方法。

2. 基本原理

根据电涡流式传感器动态特性和位移特性，选择合适的工作点即可测量振幅。

3. 需用器件与单元

电涡流传感实验模板、电涡流式传感器、低频振荡器、振动源单元、直流电源及示波器等。

4. 实验步骤

1）根据图 14-19 所示安装电涡流式传感器。注意传感器端面与被测体振动台面（为铝材料）之间的安装距离为线性区域内（利用实验七中铝材料线性范围）。实验模板输出端（图 14-18）接示波器的一个通道，接入 +15V 电源。

2）将低频振荡信号接入振动源中的低频输入插孔，一般应避开梁的自振频率，将振荡频率设置在 6 ~ 12Hz 之间。

3）低频振荡器幅度旋钮初始为零，慢慢增大幅度，注意振动台面振动时与传感器端面不应碰撞。

4）用示波器观察电涡流实验模板输出端 Vo 波形，调

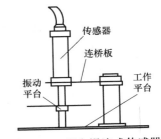

图 14-19　用电涡流式传感器测量振动的安装图

节传感器安装支架高度，读取正弦波形失真最小时的电压峰-峰值。

5）保持振动台的振动频率不变，改变振动幅度可测出相应的传感器输出电压峰-峰值。

5. 思考题

1）电涡流式传感器动态响应好可以测高频振动的物体，电涡流式传感器的可测高频上限受什么限制？

2）有一个振动频率为10kHz的被测体，需要测其振动参数，你是选用压电式传感器还是电涡流式传感器或认为两者均可？

3）能否用本系统数显表头显示振动？为什么？

4）电涡流式传感器是否可以用于称重检测？请说明其原理。

实验九　压阻式压力传感器的压力测量

1. 实验目的

了解扩散硅压阻式压力传感器测量压力的原理和方法。

2. 基本原理

扩散硅压阻式压力传感器是在单晶硅的基片上扩散出 P 型或 N 型电阻条，并接成电桥。在压力作用下，基片产生应力，根据半导体的压阻效应，电阻条的电阻率会产生很大变化而引起电阻值的变化，我们把这一变化量引入测量电路，则其输出电压的变化反映了所受到的压力变化。

3. 需用器件与单元

压力源（已在主控箱内）、压阻式压力传感器、压力传感器实验模板、流量计、三通连接导管、数显表及直流稳压源 +4V、±15V。

4. 实验步骤

1）根据图 14-20 所示连接管路和电路，主控箱内的压缩泵、储气箱、流量计之间的管路在内部已接好。将硬气管一端插入主控箱面板上的气源快速插座中（注意管子拉出时请用手按住气源插座边缘往内压，则硬管可轻松拉出）。软导管与压力传感器接通。这里

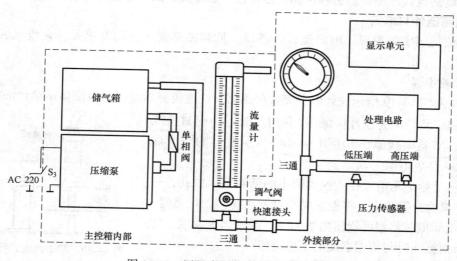

图 14-20　压阻式压力传感器测试系统

选用的差压传感器有两只气嘴，一只为高压嘴，另一只为低压嘴。实验模板及电路连接如图 14-21 和图 14-22 所示，压力传感器有 4 个引脚，①端接地，②端为输出 Vo+，③端接 +4V 电源，④端为输出 Vo−。

2）实验模板上 Rw2 用于调节放大器的零位，Rw1、Rw3 可调放大倍数，模板的放大器输出 Vo2 引到主控箱数显表的 Vi 插座，将电压量程显示选择开关拨到 20V 档，Rw1、Rw3 大约旋至中间（满度的 1/3），反复调节 Rw2 使数显表显示为零。

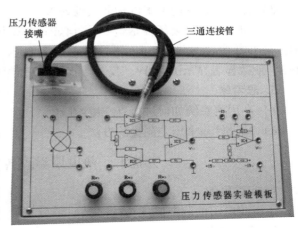

图 14-21　压阻式压力传感器实验模板

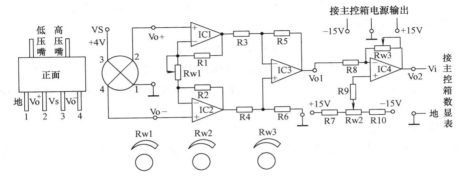

图 14-22　压阻式压力传感器实验接线图

3）先松开流量计下端进气口调气阀的旋钮（逆时针旋转），开通流量计。

4）合上主控箱上的气源开关，起动压缩泵，此时可看到流量计中的滚珠浮起悬于玻璃管中。

5）逐步关小流量计旋钮（顺时针），使标准压力表指示在某一刻度。

6）仔细地逐步由小到大调节流量计的旋钮，使压力在 4～14kPa 之间每上升 1kPa 记下相应的电压表数值，并填于表 14-9 中。

7）再仔细地逐步由大到小调节流量计的旋钮，使压力每下降 1kPa 记下相应的电压表数值，并填于表 14-9 中。反复实验过程。

表 14-9　压力传感器被测压力与输出电压关系

P/kPa							
正行程 $1U_o/\text{V}$							
反行程 $1U_o/\text{V}$							
正行程 $2U_o/\text{V}$							
反行程 $2U_o/\text{V}$							
平均值 $\overline{U}_o/\text{V}$							

8）计算本系统的灵敏度和非线性误差。

9）如果本实验装置要成为一个 14kPa 的压力计，则必须对电路进行标定，过程如下：①当气压为零时，调节 Rw2 使数显电压表显示 0.000V，②输入 14kPa 气压，调节 Rw1、Rw3，使数显表显示 1.400V，反复上述过程直到足够的准确度即可。

5. 思考题

1）利用本系统如何进行真空度测量？

2）试设计一个压差测量的方法。

实验十　热电阻温度传感器的温度测量

1. 实验目的

了解热电阻的测温原理与特性。

2. 基本原理

利用导体电阻随温度变化的特性，对于热电阻要求其材料电阻温度系数大，稳定性好、电阻率高，电阻与温度之间最好有线性关系。常用的有铂电阻和铜电阻，铂热电阻在 0 ~ 850℃范围内电阻 R_t 与温度 t 的关系为

$$R_t = R_0 (1 + At + Bt^2)$$

实验采用的是 Pt100 铂电阻，它的 $R_0 = 100\Omega$，$A = 3.9684 \times 10^{-3}/℃$，$B = -5.847 \times 10^{-7}/℃^2$，铂电阻采用三线连接法，其中一端接两根引线主要为了消除引线电阻对测量的影响。

3. 需用器件与单元

加热源、K 型热电偶、Pt100 铂热电阻、温度控制仪、温度传感器实验模板、数显单元及数字万用表（自备）。

4. 实验步骤

1）将热电偶插入加热源的一个传感器安装孔中，如图 14-23 所示，把其中 K 型热电偶的自由端插入主控箱面板上的热电偶 E_K 插孔中作为标准传感器，与温控表一起用于控制温度，红线为正极，热电偶护套中已安置了两支热电偶，K 型（红线为正、黑线为负）和 E 型（蓝线为正、绿线为负），请注意标号。

2）将加热源的 220V 电源插头插入主控箱面板上的 220V 电源插座上。

3）将主控箱的风扇源（2 ~ 24V）与三源板的冷却风扇对应相连，电压调至最大（电动机转速达额定值）。

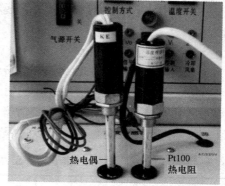

图 14-23　温度传感器测温安装图

4）将 Pt100 铂电阻的三根线分别接入图 14-24 所示的温度传感器实验模板上"Rt"输入端的 a、b 点，用万用表欧姆档测量 Pt100 三根线，其中短接的两根线接 b 点，另一端接 a 点。这样 Pt100 与 R3、R1、Rw1、R4 组成一直流电桥，它是一种惠斯顿电桥。

5）放大器调零。模板加上 ±15V 电源，将 R5、R6 端同时接地，Rw2 大约置中，数显表（2V 档）接到模板输出端 Vo2 上，调节 Rw3，使数显表显示为零。

6）电桥调零。在端点 a 与地之间加 +2V 或 +4V 直流电源，将 Rt 的 b 端及 Rw1 端连接到数显表上调节 Rw1 使电桥平衡，即桥路输出端 b 和 Rw1 中心活动点之间在室温下输出电压为零。

7）按图 14-24 所示将 Rw1 中心活动点与 R6 相接，Pt100 的 b 点接 R5。数显表连到模板输出端 Vo2，将 Pt100 热电阻温度传感器插入温度源的另一传感器插孔中，如图 14-23 所示。开启加热开关，设定温控仪温度值为 50℃，记录下电压表读数，重新设定温度值为 $50℃ + n\Delta t$，建议 $\Delta t = 5℃$，$n = 1\cdots10$，每隔 $1n$ 读出数显表指示的电压值与温度表指示的温度值，并将结果填入表 14-10 中。

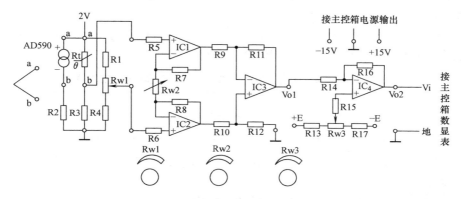

图 14-24　温度传感器实验模板接线图

表 14-10　Pt100 温度传感器被测温度与输出电压间的关系

$t/℃$										
U_o/mV										

8）根据表中数据计算其非线性误差。

5. 思考题

如何根据测温范围和准确度要求选用热电阻温度传感器？

实验十一　热电偶温度传感器的温度测量

1. 实验目的

了解热电偶测量温度的原理与应用范围。

2. 基本原理

将两种不同的金属导体组成一个闭合回路时，如果两个接点有温度差，就会产生热电动势，这就是热电偶温度传感器的工作原理——热电效应。温度高的接点称工作端，将其置于被测温度场中，以相应电路就可以间接测得被测温度值；温度低的接点称为冷端，冷端温度可以是室温或经补偿后的 0℃、25℃。

3. 需用器件与单元

K 型、E 型热电偶，温度源、温度控制仪表及数显单元。

4. 实验步骤

1）将热电偶传感器插到温度源插孔中，如图14-23所示，K型的自由端接到面板 E_k 端作为标准传感器，用于设定温度。

2）将E型热电偶的自由端接入图14-24温度传感器实验模板上标有热电偶符号的a、b孔中，作为实验用传感器，热电偶自由端连线中蓝色为正端，接入"a"点，绿色为负端，接入"b"点。

3）将R5、R6端接地，Rw2大约置中，打开主控箱电源开关，将Vo2端与主控箱上数显电压表Vi端相接，调节Rw3使数显表显示为零。

4）去掉R5、R6接地线，将a、b端与放大器R5、R6相接，数显电压表拨到200mV档，打开主控箱上温控仪开关，设定仪表控制温度值 $t=50℃$，当温度稳定在50℃时，记录下电压表读数值。

5）重新设定温度值为 $50℃+n\Delta t$，建议 $\Delta t=5℃$，$n=1\cdots10$，每隔 $1n$ 读出数显电压表指示值与温控仪指示的温度值，并填入表14-11中。

表14-11　E型热电偶输出热电动势（经放大）与被测温度间的关系

$t/℃$									
U_o/mV									

6）根据表14-11中的数据计算非线性误差 e_L，灵敏度 K。

5. 思考题

1）热电偶温度传感器测温准确度与哪些因素有关？

2）实际工作时如何正确选择热电偶的型号？

实验十二　热电偶冷端温度补偿

1. 实验目的

了解热电偶冷端温度补偿的原理与方法。

2. 基本原理

热电偶冷端温度补偿的方法有0℃恒温法（冰浴法）、冷端恒温法、补偿导线法和电桥自动补偿法。常用的是电桥自动补偿法，图14-25所示为电桥冷端温度补偿原理图，它是在热电偶和测温仪表之间接入一个直流电桥，称冷端温度补偿器，如图14-26所示。补偿器电桥在0℃时达到平衡（亦有20℃平衡的）。当热电偶自由端温度升高时（>0℃）热电偶回路热电动势 U_{ab} 下降，由于补偿器中PN结呈负温度系数，其正向压降随温度升高而下降，促使 U_{ab} 上升，其值正好补偿热电偶因自由端温度升高而降低的热电动势的大小，达到补偿目的。

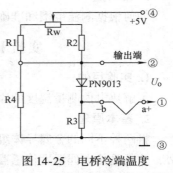

图14-25　电桥冷端温度补偿原理图

3. 需用器件与单元

温度传感器实验模板、热电偶、冷端温度补偿器及外接直流源 +5V 、 ±15V。

4. 实验步骤

1）按实验十一中的 1）、2）、3）、4）步操作。

2）保持工作温度 50℃ 不变，将图 14-26 所示的冷端温度补偿器（0℃）上的热电偶（E型）插入加热器另一插孔中，如图 14-27 所示。在补偿器④、③端加补偿器电源 +5V，使冷端补偿器工作，并将补偿器的①、②端与放大器 R5、R6 相接，读取数显表上数据。

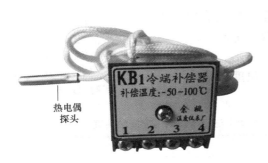

图 14-26　热电偶冷端温度补偿器

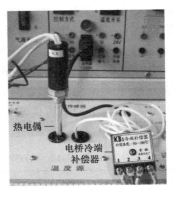

图 14-27　冷端温度补偿器安装图

3）比较补偿前后的数据，根据实验时的室温与 E 型热电偶分度表（附录 C），计算因自由端温度变化而产生的温差值。

5. 思考题

1）此温度差值代表什么含义？

2）请设计用集成温度传感器测量温度的方法。

3）对热电阻温度传感器、热电偶温度传感器和集成温度传感器测温范围有何认识？如何选用合适的传感器来测量温度？应注意哪些事项？

实验十三　集成温度传感器的温度测量

1. 实验目的

了解常用的集成温度传感器基本原理、性能与应用。

2. 基本原理

集成温度传感器是将温敏晶体管与相应的电路集成在同一芯片上，它能直接给出正比于绝对温度的理想线性输出。本实验采用国产 AD590 电流型集成温度传感器。如图 14-28 所示，即可实现电流到电压的转换。使用范围 −55 ~ +150℃，温度灵敏度为 $1\mu A/K$（0℃ =273K）。

图 14-28　AD590 集成温度传感器

3. 需用器件与单元

K 型热电偶、温度控制单元、温度源单元、集成温度传感器、温度传感器实验模板及数显单元。

4. 实验步骤

1）同实验十中1）、2）、3）步操作。

2）将图14-28所示的AD590集成温度传感器插入加热源的另一个插孔中（参考图14-23），尾部红色线为正端，接入实验模板上"AD590"的"a"端，见图14-29，另一端插入"b"点上，"a"端接直流电源+4V，"b"端与数显表Vi相接，数显表量程置200mV档。

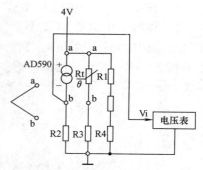

图14-29　集成温度传感器
实验原理图

3）合上电源开关和加热源开关，设定温度控制值为50℃，当温度在50℃时开始记录电压表读数，重新设定温度值为50℃+nΔt，建议Δt=5℃，n=1…10，每隔1n读出数显表指示的电压值与温控仪指示的温度值并记入表14-12中。

表14-12　AD590集成温度传感器输出电压与被测温度间的关系

$t/℃$										
U_o/mV										

4）由表中数据，做出温度t–U曲线，计算在此范围内集成温度传感器的非线性误差。

5. 思考题

1）集成温度传感器输出有几种类型？与其他温度传感器相比有何优缺点？

2）集成温度传感器还可以用在哪些方面？

实验十四　光纤传感器的位移测量

1. 实验目的

了解光纤位移传感器的工作原理和性能。

2. 基本原理

本实验采用传光型多模光纤，它由两束光纤混合组成Y形光纤，探头为半圆分布，一束光纤端部与光源相接发射光束，另一束端部与光电转换器相接接受光束。两光束混合后的端部是工作端亦即探头，如图14-30所示光纤传感器，当探头与被测体相距X，由光源发出的光通过光纤传到端部射出后再经被测体反射回来，由另一束光纤接收发射光信号再由光电转换器转换成电压量，而光电转换器转换的电压量大小与间距X有关，因此可用于测量位移。

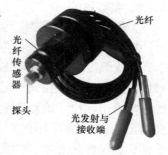

图14-30　光纤传感器

3. 需用器件与单元

光纤传感器、光纤传感器实验模板、数显单元、测微头、直流源±15V及反射面。

4. 实验步骤

1）根据图14-31将光纤位移传感器安装到光纤传感器的实验模板上，两束光纤分别插入实验模板上光电变换座内，其内装有发光二极管VL及光敏晶体管VT。

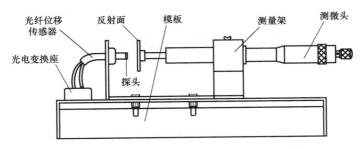

图 14-31　光纤传感器安装示意图

2）将光纤实验模板输出端 Vo1 与数显表 Vi 相连，图 14-32 所示为光纤传感器位移测量接线图。

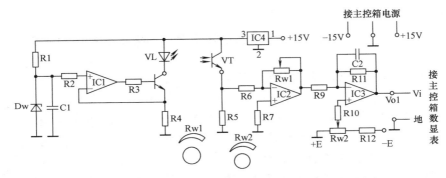

图 14-32　光纤传感器位移测量接线图

3）调节测微头使探头与反射面轻微接触。

4）实验模板接入 ±15V 电源，合上主控箱电源开关，将 Rw1 调到中间偏右的位置，调节 Rw2 使数显表显示为零。

5）旋转测微头，使被测体离开探头，每隔 0.5mm（0.2mm）读出数显表数值，将其填入表 14-13 中。反复测量。

注：电压变化范围从 0→最大→最小必须记录完整。

表 14-13　光纤位移传感器被测位移与输出电压的关系

X/mm	0								
正行程 $1U_o$/V									
反行程 $1U_o$/V									
正行程 $2U_o$/V									
反行程 $2U_o$/V									
平均值 $\overline{U}_o$/V									

6）根据表中数据，做出光纤位移传感器的 $X-U$ 特性图，计算在量程为 1mm 时的灵敏度和非线性误差。

5. 思考题

1）光纤位移传感器测量位移时，对被测体的表面有些什么要求？

2）反射面与传感器探头间的距离由小到大变化时，输出电压如何变化？为什么？

实验十五 光纤传感器的转速测量

1. 实验目的

了解光纤传感器用于测量转速的方法。

2. 基本原理

利用光纤传感器在被测物的反射光强弱明显变化时所产生的信号变化，经电路处理转换成相应的脉冲信号即可测量转速。

3. 需用器件与单元

光纤传感器、光纤传感器实验模板、直流源±15V、可调转速的转动源及数显转速/频率表。

4. 实验步骤

1）按图14-33所示将光纤传感器装于传感器支架上，使光纤探头与电动机转盘平台上的反射点对准。

2）按图14-32将光纤传感器实验模板输出Vo1与数显电压表Vi端相接，接上实验模板上±15V电源，将Rw1调到中间偏右的位置，数显电压表开关拨到2V档，合上主控箱电源开关，①用手转动转盘，使探头避开转盘上的反射点，调节Rw2使数显表显示接近零（≥0）。②再转动转盘使探头对准转盘上的反射点，调节升降支架高度。使数显表指示最大，重复①、②步骤，直至两者的差值最大，再将Vo1与转速/频率输入端fi相连，数显表的转速/频率开关拨到转速档。

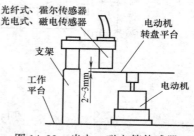

图14-33 光电、磁电等传感器安装示意图

3）将转速调节2~24V输出端接入转动源2~24V插孔中，使电动机转动，逐渐加大电压，使电动机转盘转速加快，固定某一转速观察并记下转速表上的读数，记为n_1。

4）电压不变，将选择开关拨到频率档，记下此时对应的频率读数f，根据转盘上的反射点数z折算成转速值，记为n_2，$n_2 = \dfrac{60f}{z}$。

5）重复步骤3）、4)测量不同电压时的转速与频率。填入表14-14中。

表14-14 输入电压与被测转速间的关系

V/V							
转速 n_1							
频率 f							
转速 n_2							
误差 r							

6）根据表14-14中的数据，以转速n_1作为真值计算两种方法的测速误差（相对误差）：

$$r = \frac{n_1 - n_2}{n_1} \times 100\%$$

5. 思考题

1）测量转速时转速盘上反射点的多少与测速准确度有否影响？

2）你可以用实验来验证一下转盘上仅一个反射点的情况吗？

3）光纤传感器还能用来测量什么参数？试设计用光纤传感器测量振动的方法。

实验十六　光电式转速传感器的转速测量

1. 实验目的

了解光电式转速传感器测量转速的原理及方法。

2. 基本原理

光电式转速传感器有反射型和对射型两种，本实验采用反射型。传感器内部有发光管和光电管，发光管发出的光在转盘上反射后由光电管接受转换成电信号，由于转盘上有黑白相间的 12 个反射点，转动时将获得相应的反射脉冲数，将该脉冲数接入转速表即可得到转速值。

3. 需用器件与单元

光电式转速传感器、+5V 直流电源、可调直流电源、转动源及数显转速/频率表。

4. 实验步骤

1）光电式转速传感器的安装如图 14-33 所示，在传感器支架上装上图 14-34 所示的光电式转速传感器，调节高度，使传感器端面离平台表面 2~3mm，将传感器引线分别插入相应插孔，其中红色接入主流电源 +5V，黑色接地端，蓝色接入主控箱转速/频率输入端 fi。转速/频率表置"转速"档。

图 14-34　光电式转速传感器

2）将转速调节 2~24V 接到转动源 2~24V 插孔上。

3）合上主控箱电源开关，使电动机转动并从转速/频率表上观察电动机转速。如显示转速不稳定，可以调节传感器的安装高度。数据记录与处理同实验十五。

5. 思考题

1）已进行的转速实验中用了多种传感器测量，试分析比较一下在本仪器上哪种方法最简单、方便。

2）试说明用直射式光电转速传感器测量转速的原理与方法，画出简图。

实验十七　霍尔传感器的位移测量

1. 实验目的

熟悉霍尔传感器的原理与特性。

2. 基本原理

根据霍尔效应，霍尔电动势 $U_H = K_H IB$，保持 K_H、I 不变，若霍尔元件在梯度磁场 B 中运动，且 B 是线性均匀变化的，则霍尔电动势 U_H 也将线性均匀变化，这样就可以进行位移测量。

3. 需用器件与单元

霍尔传感器实验模板、霍尔位移传感器、直流电源±4V、±15V、测微头、数显单元及磁性圆片。

4. 实验步骤

1）将霍尔传感器按图14-35所示安装在霍尔传感器实验模板上，实验电路连接如图14-36所示。端口1、3为电源±4V，2、4为输出。

2）传感器调零。接入±15V电源，开启电源，调节Rw2使数显表指示为零（数显表置2V档）。

3）在测微头顶端吸上被测圆形磁铁片（注意极性），旋转测微头使磁片与霍尔传感器相碰，此时数显表指示最大，拧紧测量架顶部的固定螺钉。

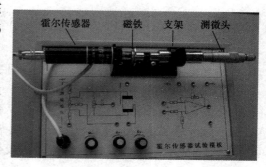

图14-35 霍尔传感器安装示意图

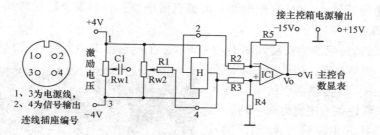

图14-36 霍尔传感器实验接线图

4）旋转测微头，使圆形磁片离开霍尔传感器，每转动0.5mm或0.2mm记下数显表读数，并将读数填入表14-15中，直到数显表读数基本不变为止，反向旋转测微头，重复测量过程。

表14-15 霍尔位移传感器被测位移与输出电压的关系

X/mm								
正行程1U_o/V								
反行程1U_o/V								
正行程2U_o/V								
反行程2U_o/V								
平均值$\overline{U}_o$/V								

5）作出U–X曲线，计算不同线性范围时的灵敏度K和非线性误差e_L。

5. 思考题

1）本实验中霍尔元件位移的线性度实际上反映的是什么量的变化？

2）霍尔传感器能否用来测量振动？请设计测量的原理。与其他测量振动的传感器相比，霍尔传感器测量振动有何限制？

3）霍尔传感器还能测量哪些参数？

实验十八　霍尔转速传感器的转速测量

1. 实验目的

了解霍尔转速传感器的应用。

2. 基本原理

根据霍尔效应表达式：$U_H = K_H I B$，当 K_H 不变时，在转速圆盘上装上 N 只磁性体，并在磁钢上方安装一霍尔转速传感器。圆盘每转一周经过霍尔元件表面的磁场 B 从无到有就变化 N 次，霍尔电动势也相应变化 N 次，此电动势通过放大、整形和计数电路就可以测量被测旋转体的转速。

3. 需用器件与单元

霍尔转速传感器、直流源 +5V、转速调节 2～24V、转动源单元及转速显示单元。

4. 实验步骤

1）根据图 14-33，将图 14-37 所示的霍尔转速传感器装于转动源的传感器调节支架上，探头对准反射面内的磁钢。

2）将主控箱上的 +5V 直流电源加于霍尔转速传感器的电源输入端，红（+）、蓝（⊥），黄输出（f_o）。

3）将霍尔转速传感器输出端（黄线）插入主控台转速/频率输入端 f_i，转速/频率表置转速档。

4）将主控台上的 2～24V 可调直流电源接入转动源的 2～24V 输入插孔中，使电动机转动。调节电源电压使电动机转速变化，观察数显表指示的变化。

5）记录与处理数据同实验十五。

5. 思考题

1）利用霍尔元件测转速，在测量上是否有限制？

2）本实验装置上用了十二只磁钢，能否只用一只磁钢？

3）转速测量有多种方法，各有何优缺点？

4）试设计用图 14-38 所示的磁电式传感器测量转速的方法。

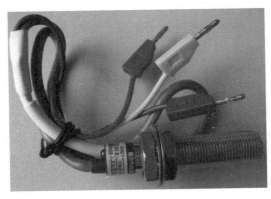

图 14-37　霍尔转速传感器

图 14-38　磁电式传感器

实验十九　气体流量的测定

1. 实验目的

了解最基本的气体流量测定方法。

2. 基本原理

本实验采用的转子流量计的主要测量元件为一根小端向下、大端向上垂直安装的透明锥形管和一个在锥形管中能自由移动的转子，如图 14-39所示。当具有一定流动速度（动能）的流束由小端向大端通过锥形管时，转子由于流束向上的动能作用而浮起。这时，由锥管内壁和转子最大外径处构成的环隙面积也相应增加，从而使流束的流速（动能）亦随之下降，直到流束由于流动产生的向上作用力和转子在流束中由于重量而产生的向下的作用力相等时，转子就稳定在一定位置的高度上，也即转子在锥管中的高度位置和流束的流动速度（即流量）间具有一定关系，因此，可通过读取转子的位置高度来测量流量的大小。转子直径最大处的锐边是读数边。

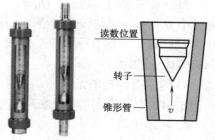

图 14-39　转子流量计简图

3. 需用器件与单元

气动源与流量计。

4. 实验步骤

1）观察图 14-39 所示的转子流量计的基本结构，并将流量计与气源相连。

2）起动压力源开关让气泵工作。

3）缓慢开启流量计下端调节阀，让转子停留在玻璃管中间位置，读取示值。

4）示值修正：流量计测量时的流体和状态，往往与流量计分度时的流体和状态不同，因此，测量时读取的流量计示值并不是被测流体的真实值，必须对示值按实际的流体和状态进行修正，具体修正有：①测量液体时的修正；②测量气体时的修正；③黏度修正。本实验被测气体为干燥气体，若流量计上读取示值为 $Q_N = 50 \mathrm{Nm}^3/\mathrm{h}$，浮子材料为 1Cr18Ni9Ti，在流量计入口处测得温度为 $10℃$，绝对压力 $P_s = 0.5\mathrm{MPa}$（$5\mathrm{kg/cm}^2$），此时流经流量计的流量计算如下：从有关手册查得干燥空气在标准状态时，密度 $\rho_N = \rho_{SN} = 1.225\mathrm{kg/m}^3$，压缩系数 $Z_{SN} = 0.999$，在 $10℃$ 时的压缩系数 $Z_s = 0.992$，根据被测气体为干燥气体时的示值修正公式

$$Q_S = Q_N \sqrt{\frac{\rho_N P_N T_S Z_S}{\rho_{SN} P_S T_N Z_{SN}}}$$

式中，Q_S 是实际体积流量（Nm^3/h）；Q_N 是仪表示值（Nm^3/h）；ρ_N 是被测气体在标准状态下的密度（$\mathrm{kg/Nm}^3$）；ρ_{SN} 是干燥空气在标准状态下的密度（$\mathrm{kg/Nm}^3$）；T_N、P_N、Z_{SN} 是干燥空气在标准状态下的绝对温度（293.15K）、绝对压力 $1.013 \times 10^5 \mathrm{Pa}$（760mmHg）、压缩系数；$T_S$、$P_S$、$Z_S$ 是被测干燥气体在工作状态下的绝对温度、绝对压力、压缩系数。

则得 $Q_S = 22.04 \mathrm{Nm}^3/\mathrm{h}$。可见示值与实际值相差较大。举此例的目的在于让参与实验的学员对流量测量有一个初步认识。

5. 思考题

示值修正，根据实际读数值，查阅有关资料进行示值修正。

实验二十　气体成分检测——气敏(酒精)传感器

1. 实验目的

了解气敏传感器的工作原理及特性。

2. 基本原理

气敏传感器是由微型 Al_2O_3 陶瓷管 SnO_2 敏感层、测量电极和加热器构成。在正常情况下，SnO_2 敏感层在一定的加热温度下具有一定的表面电阻值($10k\Omega$ 左右)，当遇有一定含量的酒精成分气体时，其表面电阻可迅速下降，通过检测回路可将这一变化的电阻值转成电信号输出，从而可测量酒精的含量。

3. 需用器件与单元

气敏传感器、气敏传感器实验模块，$+10V$、$+5V$ 直流稳压电源，数显表。

4. 实验步骤

1）将 $+10V$、$+5V$ 电源接入图 14-40 所示的气敏传感器实验模块上。

2）打开电源开关，给气敏传感器预热数分钟，若预热时间较短则可能产生较大的测试误差。

3）调整 RL 使数显表指示为零，然后在酒精探头上放入沾有酒精的棉球，观察数显表变化及浓度指示灯的亮度变化。调整棉球酒精浓度，观察数显表及浓度指示灯的亮度。根据数显表及浓度指示灯的变化，估算酒精的浓度。

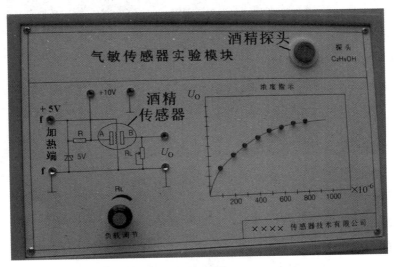

图 14-40　气敏传感器实验模块

实验二十一　湿　度　检　测

1. 实验目的

了解湿度传感器的工作原理及特性。

2. 基本原理

本实验采用的是高分子薄膜湿敏电阻。感测机理是：在绝缘基板上溅射了一层高分子电解质湿敏膜，其阻值的对数与相对湿度成近似的线性关系，通过电路予以修正后，可得出与相对湿度成线性关系的电信号。

3. 需用器件与单元

±5V 直流电源、湿敏传感器实验模块及数字电压表。

4. 实验步骤

注：本实验的湿度传感器的输出已由内部放大器进行放大、校正，输出的电压信号与相对湿度成近似线性关系。

1）将主控箱 +5V 电源接入图 14-41 所示的湿敏传感器实验模块电源输入端，输出端与数字电压表相接，电压表置 2V 档。

2）在湿敏传感器中滴入少许温水，使水分能够蒸发。观察数显表变化。

3）待数显表稍稳定后，记录数显表读数，根据传感器标定值，得出被测的相对湿度。

4）改变湿度传感器水分的多少，观察湿度指示灯的变化和数显表读数，并读取相对的湿度大小。

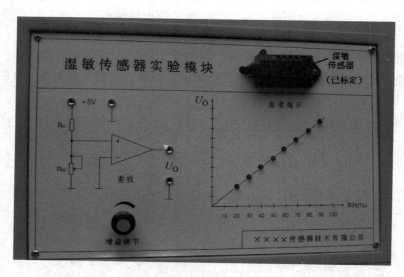

图 14-41　湿敏传感器实验模块

实验二十二　超声波传感器测距

1. 实验目的

了解超声波在介质中的传播特性；了解超声波传感器测量距离的原理和结构。

2. 基本原理

超声波传感器由发射探头、接收探头及相应的测量电路组成。超声波是听觉阈值以外的振动，其常用频率范围在 $1 \times 10^4 \sim 1 \times 10^7 \mathrm{Hz}$，超声波在介质中可以产生 3 种形式的振荡波：横波、纵波及表面波。用于测量距离时采用纵波。本实验用超声波发射探头的发射频率为 40kHz，在空气中波速为 344m/s。当超声波在空气中传播碰到金属界面时会产生一个反射波和折射波，从金属界面反射回来的波由超声波接收探头接收输入测量电路。计算超声波从发射到接收之间的时间差 Δt，从 $S = C \cdot \Delta t / 2$ 就能算出相应的距离。其中 C 为声波在空气中的传播速度。

测距系统框图如图 14-42 所示，由图可见，系统由超声波发送、接收、MCU（微控制单元）和显示 4 个部分组成。

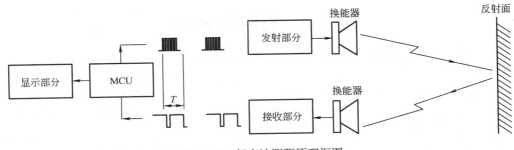

图 14-42　超声波测距原理框图

3. 需用器件与单元

超声波传感器实验模板、超声波发射及接收器件、反射挡板、数显表及 ±15V 电源。

4. 实验步骤

1）超声波传感器发射和接收四根尾线中，编号为①、②的两根线插入发射电路两个端孔；编号为③、④的两根线插入接收电路两个端孔。从主控箱接入 ±15V。

2）距超声波传感器 5cm（0～5cm 左右为超声波测量盲区）处放置反射挡板，合上电源。实验模板滤波电路输出端与主控箱 Vi 相接，电压选择 2V 档。调节挡板对正探头的角度，使输出电压达到最大。

3）以三源板侧边为基准，平行移动反射板，依次递增 2cm，读出数显表上的数据，记入表 14-16 中。

表 14-16　超声波传感器输出电压与距离的关系

X/cm							
U_o/V（正行程）							
U_o/V（反行程）							
$\overline{U}/\text{V}$ 输出平均值							

4）根据表 14-16 中的数据画出 $U - X$ 曲线，并计算其灵敏度和线性度。

5. 思考题

1）调节反射挡板的角度，重复上述实验，超声波传感器还可用于测量角度吗？

2）此实验测量的最大距离是多少？

3）超声波传感器用途非常广泛，除测距外还可用于测速、测料位、防碰、防盗及探物等。请用超声波传感器设计一个汽车倒车防碰装置，画出框图及原理图。

附　录

附录A　传感器分类表

测量对象		测量原理	传感器产品名称
A	光强 光束 红外光	1. 光电子释放效应	光电管、光电倍增管、摄像管、火焰检测器
		2. 光电效应	光敏二极管、光敏晶体管、光敏电阻、遥控接受光元件晶体光传感器、内藏IC的光电二极管
		3. 光导效应	光导电元件、量子型红外线传感器、分光器
		4. 热释电效应	热释电红外传感器、热释电传感器、红外线传感器
		5. 固体摄像元件	CCD图像传感器
B	放射线	1. 气体电离电荷	电离箱、比例计数管、GM计数管
		2. 固体电离	半导体放射线传感器
		3. 二次电子发射	耗尽型电子传感器
		4. 荧光体发光（常温）	闪烁计数管、荧光玻璃传感器
		5. 荧光体发光（加热）	热致发光
		6. 切伦科夫效应	切伦科夫传感器
		7. 化学反应	玻璃射线计、铁射线计、铈射线计
		8. 光色效应	光纤放射线传感器
		9. 发热	热量计
		10. 核反应	核反应计数管
C	声/超 声波	1. 压电、电致伸缩效压	石英送话器、陶瓷送话器、陶瓷超声波传感器
		2. 电磁感应	磁铁送话器
		3. 静电效应	驻极体传声器
		4. 磁致伸缩	铁氧体超声波传感器、磁致伸缩振动元件
D	磁场 磁通 电流	1. 法拉第效应	光纤磁场传感器、法拉第器件、电流传感器
		2. 磁阻效应	磁阻式磁场传感器、电流传感器、MR元件、磁性簿膜磁阻元件
		3. 霍尔效应	霍尔元件、霍尔IC、磁二极管、电流传感器、速度传感器、霍尔探针
		4. 约瑟夫逊效应	SQUID高灵敏度磁传感器
		5. 磁电效应	铁磁性磁传感器、磁头、电流传感器、地磁传感器、光学CT、裂纹测试仪
E	力/重 量	1. 磁致伸缩	磁致伸缩负荷元件、磁致伸缩扭矩传感器
		2. 压电效应	压电负荷元件
		3. 应变计	应变计负荷元件、应变式扭矩传感器

（续）

测量对象		测量原理	传感器产品名称
E	力/重量	4. 扭矩	差动变压器式扭矩传感器
		5. 电磁耦合	电磁式扭矩传感器
		6. 导电率	薄板式力传感器
F	位置速度角度	1. 电磁感应	差动变压器、分相器、接近开关、电涡流测厚仪、自整角机
		2. 电阻变化	电位计、电位传感器、位置/角度传感器、扭矩传感器
		3. 温度计	滑动电位计、应变式变形传感器
		4. 光线/红外线	旋转编码器、千分尺、直线编码器、光电开关、光传感器、高度传感器、光断流器、光纤光电开关、激光雷达
		5. 霍尔效应、磁阻效应	引导开关、磁性尺、同步器、编码器
		6. 声波	超声波开关、高度计
		7. 机械变化	微动开关、限位开关、门锁开关、断线传感器
		8. 陀螺仪	陀螺仪式位置传感器、陀螺仪式水平传感器、陀螺罗盘
G	压力	1. 压电效应	陶瓷压力传感器、振动式压力传感器、石英压力传感器、压电片
		2. 阻抗变化	滑动电位计式压力传感器、薄膜式压力传感器、硅压力传感器、感压二极管
		3. 光弹性效应	光纤压力传感器
		4. 静电效应	电容式压力传感器
		5. 力平衡	力平衡式压力传感器
		6. 电离	电离真空传感器
		7. 热传导率	热电偶真空传感器、热敏电阻式真空传感器
		8. 磁致伸缩	磁致伸缩式压力传感器
		9. 谐振线圈	谐振式压力传感器
		10. 霍尔效应	磁阻式压力传感器
H	温度	1. 热电效应	热电偶、热电堆、铠装热电偶
		2. 阻抗的温度变化	热敏电阻（NTC，PTC，CTR）、测辐射热器、感温可控硅、温度传感器、精密测温电阻 SIC 薄膜热敏电阻、薄膜铂金温度传感器、油温传感器
		3. 热释电效应	热释电温度传感器、驻极体温度传感器
		4. 导电率	陶瓷温度传感器、铁电温度传感器、电容式温度传感器
		5. 光学特性	光温度传感器、红外线温度传感器、分布式光纤温度传感器
		6. 热膨胀	液体封入式温度传感器、双金属、双金属式温度传感器、恒温槽、热保护器、压力式热保护器、活塞管式温度传感器
		7. 半导体特性	晶体管温度传感器、光纤半导体温度传感器

（续）

测量对象		测量原理	传感器产品名称
H	温度	8. 色温	色温传感器、双色温度传感器、液晶温度传感器
		9. 热辐射	放射线温度传感器、光纤放射线温度传感器、压电式放射线温度传感器、戈雷线圈
		10. 核磁共振	NQR 温度传感器
		11. 磁特性	磁温度传感器、感温铁氧体、感温式铁氧体热敏元件
		12. 谐振频率变化	石英晶体温度传感器
I	气体/湿度	1. 导电率变化	电阻式气体传感器(厚膜、薄膜)、接触燃烧式气体传感器、容积控制型气体传感器 热传导式气体传感器、溶液导电率式气体传感器、半导体气体传感器、辐射热计 电阻式湿度传感器、热敏电阻式湿度传感器
		2. 门电位效应	FET 气体传感器、FET 湿度传感器
		3. 静电容量变化	金属 MOS 型气体传感器、电容式湿度传感器
		4. 原电池	氧化锆固体电解质气体传感器
		5. 电极电位	离子电极式气体传感器
		6. 电解电流	恒电位电解式气体传感器、电量式气体传感器、五氧化二磷水分传感器
		7. 离子电流	离子传感器
		8. 光电子释放效应	紫外、红外线吸收式气体传感器、化学发光式气体传感器
		9. 热电效应	热电式红外线气体传感器
		10. 光电效应	量子式红外线气体传感器
		11. 热释电效应	热释电式红外线气体传感器
		12. 膨胀	电容式红外线气体传感器
		13. 电池电流	原电池气体传感器
		14. 振子谐振频率	石英振动式气体传感器、石英振动式湿度传感器
		15. 露点	露点湿度传感器
J	溶液/成分	1. 膜电位	玻璃离子电极、固体膜离子电极、流体膜离子电极、ISFET
		2. 电解电流	极谱式色标传感器
		3. 光电效应	萤光度式色标传感器、比色传感器
		4. 核磁共振	核磁共振传感器
		5. 电气阻抗	导电率式色标传感器
		6. 红外线/紫外线吸收	紫外线吸收式色标传感器
		7. 音叉共振	音叉式密度传感器
		8. 放射线	放射线式密度传感器
		9. 生物传感器	微生物传感器、免疫传感器、氧传感器

（续）

测量对象		测量原理	传感器产品名称
K	流量流速	1. 电磁感应	电磁式流量传感器
		2. 超声波	超声波式流量传感器
		3. 卡罗曼涡流	涡流流量传感器
		4. 相关	相关流量传感器
		5. 转数	容积式流量传感器、涡轮式流量传感器
		6. 热传导	热线式流量传感器
		7. 光吸收/反射	激光多普勒流量传感器、光纤多普勒血流传感器
		8. 压力	差压式流量传感器、泄漏传感器
L	物位	1. 介电常数	电容式物位传感器、介电常数物位传感器
		2. 超声波	超声波物位传感器
		3. 光特性	光纤液位传感器
		4. 微波	微波式物位传感器
		5. 应变计	半导体应变式物位传感器、浸入式物位传感器
		6. 热敏电阻	热敏电阻式物位传感器
		7. 压力	压力式物位传感器
		8. 位置变化/落体/浮子	位移式物位传感器、浮子式物位传感器
		9. 电涡流	电涡流式物位传感器
		10. 电磁感应	电磁式物位传感器
		11. 放射线	放射线式物位传感器
M	振动冲击加速度	1. 电磁感应	冲击传感器、振动传感器
		2. 压电特性	血压用柯氏声传感器、振动加速度传感器、加速度传感器、冲击传感器、振G传感器、地震传感器、加速度心音传感器、角速度传感器
		3. 阻抗变化	加速传感器、水中电话、G传感器
		4. 静电效应	加速度传感器、G传感器、加速度计
		5. 其他	地震传感器
N	速度转数	1. 电磁感应	转速表、同步感应器、电磁感应式旋转传感器、发电式旋转速度传感器
		2. 光电特性	光电式旋转速度传感器
O	其他		物体传感器、条形码阅读器、超声波探测元件、照度传感器、雨量传感器、ID卡传感器、磁场强度传感器、复合传感器、电位传感器等

附录 B 热电阻分度表

铂热电阻分度表（一）

分度号 Pt100 $R(0℃) = 100\Omega$

温度/℃	电阻值/Ω	温度/℃	电阻值/Ω	温度/℃	电阻值/Ω	温度/℃	电阻值/Ω	温度/℃	电阻值/Ω
−200	18.52	10	103.90	220	183.19	430	257.38	640	326.48
−190	22.83	20	107.79	230	186.84	440	260.78	650	329.64
−180	27.10	30	111.67	240	190.47	450	264.18	660	332.79
−170	31.34	40	115.54	250	194.10	460	267.56	670	335.93
−160	35.54	50	119.40	260	197.71	470	270.93	680	339.06
−150	39.72	60	123.24	270	201.31	480	274.29	690	342.18
−140	43.88	70	127.08	280	204.90	490	277.64	700	345.28
−130	48.00	80	130.90	290	208.48	500	280.98	710	348.38
−120	52.11	90	134.71	300	212.05	510	284.30	720	351.46
−110	56.19	100	138.51	310	215.61	520	287.62	730	354.53
−100	60.26	110	142.29	320	219.15	530	290.92	740	357.59
−90	64.30	120	146.07	330	222.68	540	294.21	750	360.64
−80	68.33	130	149.83	340	226.21	550	297.49	760	363.67
−70	72.33	140	153.58	350	229.72	560	300.75	770	366.70
−60	76.33	150	157.33	360	233.21	570	304.01	780	369.71
−50	80.31	160	161.05	370	236.70	580	307.25	790	372.71
−40	84.27	170	164.77	380	240.18	590	310.49	800	375.70
−30	88.22	180	168.48	390	243.64	600	313.71	810	378.68
−20	92.16	190	172.17	400	247.09	610	316.92	820	381.65
−10	96.09	200	175.86	410	250.53	620	320.12	830	384.60
0	100.00	210	179.53	420	253.96	630	323.30	840	387.55

铜热电阻分度表（二）

温度/℃	Cu50 电阻值/Ω	Cu100 电阻值/Ω	温度/℃	Cu50 电阻值/Ω	Cu100 电阻值/Ω
−50	39.24	78.49	60	62.84	125.68
−40	41.40	82.80	70	64.98	129.96
−30	43.55	87.10	80	67.12	134.24
−20	45.70	91.40	90	69.26	138.52
−10	47.85	95.70	100	71.40	142.80
0	50.00	100.00	110	73.54	147.08
10	52.14	104.28	120	75.68	151.36
20	54.28	108.56	130	77.83	155.66
30	56.42	112.84	140	79.98	159.96
40	58.56	117.12	150	82.13	164.27
50	60.70	121.40			

附录 C　热电偶分度对照表

（一）K 型（镍铬-镍硅）　　　热电偶测温范围（-90~1 300℃）　　　（参考端温度为0℃）

热电动势/mV ＼ 分度/℃ ＼ 测量端温度/℃	0	10	20	30	40	50	60	70	80	90
-0	-0.000	-0.392	-0.777	-1.156	-1.527	-1.889	-2.243	-2.586	-2.920	-3.242
+0	0.000	0.397	0.798	1.203	1.611	2.022	2.436	2.850	3.266	3.681
100	4.095	4.508	4.919	5.327	5.733	6.137	6.539	6.939	7.38	7.737
200	8.137	8.536	8.938	9.341	9.745	10.151	10.561	10.969	11.381	11.793
300	12.207	12.623	13.039	13.456	13.874	14.292	14.721	15.132	15.552	15.974
400	16.395	16.818	17.241	17.664	18.088	18.513	18.938	19.363	19.788	20.214
500	20.640	21.066	21.493	21.919	22.346	22.772	23.198	23.624	24.050	24.476
600	24.902	25.327	25.751	26.176	26.599	27.022	27.445	27.867	28.288	28.709
700	29.128	29.547	29.965	30.383	30.799	31.214	31.629	32.042	32.455	32.866
800	33.277	33.686	34.095	34.502	34.909	35.314	35.718	36.121	36.524	36.925
900	37.325	37.724	38.122	38.519	38.817	39.310	39.703	40.096	40.488	40.897
1000	41.296	41.657	42.045	42.432	42.817	43.202	43.585	43.968	44.349	44.729
1100	45.108	45.486	45.863	46.238	46.612	46.985	47.356	47.726	48.095	48.462
1200	48.828	49.192	49.55	49.916	50.276	50.633	50.990	51.344	51.697	52.049
1300	52.398	—	—	—	—	—	—	—	—	—

（二）E 型（镍铬-铜镍）　　　热电偶测温范围（-200~900℃）　　　（参考端温度为0℃）

温度℃	0	10	20	30	40	50	60	70	80	90
	热电动势 mV									
0	0	0.591	1.192	1.801	2.419	3.047	3.683	4.329	4.983	5.646
100	6.317	6.996	7.683	8.377	9.078	9.787	10.501	11.222	11.949	12.681
200	13.419	14.161	14.909	15.661	16.417	17.178	17.942	18.71	19.481	20.256
300	21.033	21.814	22.597	23.383	24.171	24.961	25.754	28.549	27.345	28.143
400	28.943	29.744	30.546	31.35	32.155	32.96	33.767	34.574	35.382	36.19
500	36.999	37.808	38.617	39.426	40.236	41.045	41.853	42.662	43.47	44.278
600	45.085	45.819	46.697	47.502	48.306	49.109	49.911	50.713	51.513	52.312
700	53.11	53.907	54.703	55.498	56.291	57.083	57.873	58.663	59.451	60.237
800	61.022	61.806	62.588	63.368	64.147	64.294	65.7	66.473	67.245	68.015
900	68.783	69.549	70.313	71.075	71.835	72.593	73.35	74.104	74.857	75.608
1000	76.358	—	—	—	—	—	—	—	—	—

附录 D　常用传感器中英文对照表

传感器	Sensor/Transducer	热电偶温度传感器	Thermocouple Temperature sensor
力传感器	Force Sensor	集成温度传感器	Integrated Temperature Sensor
压力传感器	Pressure Sensor	辐射温度传感器	Radiant Temperature Sensor
电阻应变式传感器	Resistance Strain Transducer	位移传感器	Displacement Sensor
压电式传感器	Piezoelectric Firm Sensor	物位传感器	Level Sensor
电容式传感器	Electric Capacitance Transducer	光栅传感器	Fiber Grating Sensors
电感式传感器	Inductive Sensor	光电式传感器	Photoelectrical Sensor
压阻传感器	Piezoresitive Sensor	红外式传感器	Infrared Sensor
温度传感器	Temperature Sensor	磁电感应式传感器	Magnetoelectric Induction Sensor
电阻传感器	Resistance Sensor	霍尔式传感器	Hall Sensor
热敏电阻温度传感器	Thermistor Temperature Transducer	生物传感器	Biosensor
		湿度传感器	Humidity Transducer

部分习题参考答案

第 2 章

7. （1） 12.5mV；（2） 0mV；（3） 25mV

12. 8N

13. （1） -6.9V；（2） 4 348N

14. $-100\sin\omega t(\text{N})$

18. $\Delta C = 531.24\text{pF}$；$\dfrac{\Delta C}{C_0} = -\dfrac{5}{8} = -0.625$

第 3 章

10. （1） $t = 950\text{℃}$；（2） $t = 950\text{℃}$

11. $\Delta t = 471.4\text{℃}$

参 考 文 献

[1] 余成波，胡新宇，赵勇. 传感器与自动检测技术[M]. 2版. 北京：高等教育出版社，2009.

[2] 曲波，肖圣兵，吕建平. 工业常用传感器选型指南[M]. 北京：清华大学出版社，2002.

[3] 吴旗. 传感器与自动检测技术[M]. 北京：高等教育出版社，2003.

[4] 刘灿军. 使用传感器[M]. 北京：国防工业出版社，2004.

[5] 金发庆. 传感器技术与应用[M]. 2版. 北京：机械工业出版社，2004.

[6] 孙传友，孙晓斌，张一. 感测技术与系统设计[M]. 北京：科学出版社，2004.

[7] 郁有文，常建，程继红. 传感器原理及工程应用[M]. 2版. 西安：西安电子科技大学出版社，2003.

[8] 李科杰. 新编传感器技术手册[M]. 北京：国防工业出版社，2002.

[9] 孙希任，梁恺，孙世贵. 航空传感器使用手册[M]. 北京：机械工业出版社，1995.

[10] 王煜东. 传感器及应用[M]. 3版. 北京：机械工业出版社，2017.

[11] 武昌俊. 自动检测技术及应用[M]. 3版. 北京：机械工业出版社，2015.

[12] 张靖，刘少强. 检测技术与系统设计[M]. 北京：中国电力出版社，2002.

[13] 刘迎春，叶湘滨. 传感器原理设计与应用[M]. 长沙：国防科技大学出版社，2004.

[14] 张洪润，张亚凡. 传感器技术与应用教程[M]. 北京：清华大学出版社，2005.

[15] 沙占友. 集成化职能传感器原理与应用[M]. 北京：电子工业出版社，2004.

[16] 孙宝元，杨宝清. 传感器以及应用手册[M]. 北京：机械工业出版社，2004.

[17] 梁森. 自动检测与转换技术[M]. 3版. 北京：机械工业出版社，2013.

[18] 杨帮文. 最新传感器使用手册[M]. 北京：人民邮电出版社，2004.

[19] 何希才. 传感器及其应用[M]. 北京：国防工业出版社，2001.

[20] 王雪文，等. 传感器原理及应用[M]. 北京：北京航空航天大学出版社，2004.

[21] 刘笃仁，等. 传感器原理及应用技术[M]. 西安：西安电子科技大学出版社，2003.

[22] 刘迎春，等. 现代新型传感器原理与应用[M]. 北京：国防工业出版社，2002.

[23] 刘伟传. 传感器原理及实用技术[M]. 北京：电子工业出版社，2006.

[24] 沙占友. 集成化智能传感器原理与应用[M]. 北京：电子工业出版社，2004.

[25] 王元庆. 新型传感器原理及应用[M]. 北京：机械工业出版社，2003.

[26] 王俊峰，张玉生. 检测与控制技术[M]. 北京：人民邮电出版社，2006.

[27] 刘亮. 先进传感器及其应用[M]. 北京：化学工业出版社，2005.

[28] 谢志萍. 传感器与检测技术[M]. 北京：电子工业出版社，2004.

[29] 宋文绪，杨帆. 传感器与检测技术[M]. 北京：高等教育出版社，2004.

[30] 刘修文. 使用电子电路设计制作300例[M]. 北京：中国电力出版社，2005.

[31] 徐军，冯辉. 传感器技术基础与应用实训[M]. 北京：电子工业出版社，2010.

[32] 顾学群. 传感器与检测技术[M]. 北京：中国电力出版社，2009.

[33] 胡孟谦，张晓娜. 传感器与检测技术项目化教程[M]. 青岛：中国海洋大学出版社，2011.